地域・都市計画

石井一郎＋湯沢昭＝編著

鹿島出版会

まえがき

　戦後初の国土計画は，「復興国土計画要綱（昭和22年）」であり，敗戦により焦土と化した国土の復興を目的としたものである。そして昭和25年には，「国土総合開発法」が制定され，その後の全国総合開発計画へと受け継がれ，昭和37年の「全国総合開発計画（全総）」から始まって，平成10年の「21世紀のグランドデザイン（五全総）」まで続くことになる。これら計画の共通目標は，「国土の均衡ある発展」であり，大都市の過密解消と地域格差の是正を目指し，資本・技術・労働生産要素の適切な地域配分であった。全国総合開発計画に基づく計画は，今日のわが国の経済活動の基礎となる様々な社会資本や産業基盤の整備につながってきた。しかし，その過程においては，1990年代初頭に発生したバブルの崩壊などによる国土計画の見直しや，それまでの中央政府主導の国土計画から，都道府県などの地方政府や国民の要望を十分に踏まえるような策定過程の分権化と透明化が求められるようになってきた。このような時代背景から，国土総合開発法が平成17年に改正され，「国土形成計画法」と改められた。

　本書は，大学・高専などにおいて地域計画や都市計画を学ぶ学生を対象として編集したものである。大学等におけるカリキュラム編成では，地域計画と都市計画は別な科目としてシラバスを作成していることが多いが，国土計画・地方計画・都市計画・農村計画は便宜的に分けているにすぎず，本来は体系的に教授することが望ましいと考える。したがって，本書では，地域計画と都市計画を総合的な観点から理解してもらうことを目的として編集した。内容としては，地域計画・都市計画の内外の歴史，わが国における地域計画と都市計画の変遷，都市計画法と都市施設，現在の都市が抱えている課題として，環境，防災，エネルギー，都市再生に関する現状と対策，さらには，住民参加による地域づくりについても記述した。これらの内容は，建設部門の技術士受験のためにも有用な情報を多く含んでいるため，受験参考書としても活用して頂きたい。

　現在の地域や都市は様々な問題や課題を抱えている。これらの課題を解決し，21世紀の新たな地域や都市を創造するためには，わが国が歩んできたこれまでの地域計画や都市計画の課題を整理することが不可欠であると思われる。本書を通じて，それらの一端でも理解して頂ければ幸いである。

　なお，本書をまとめるにあたっては多くの図書や文献を参考にさせて頂いた。また，国や地方自治体のホームページから図表や写真を引用した。入手先については，本文中に記載するか巻末に参考文献としてまとめて掲載し，必要に応じて図表等に参考文献番号を付けて出典を明示した。

　2007年2月

　　　　　　　　　　　　　　　　　　　　　　　　　　　　著者しるす

目　次

まえがき

第1章　世界の地域・都市計画 — 1

1.1　世界の都市の歴史 … 1
(1)　古代の都市 … 1
(2)　中世の都市 … 3
(3)　近世の都市 … 4

1.2　現代の都市・地域計画 … 5
(1)　イギリスの都市・地域計画 … 5
(2)　アメリカの都市・地域計画 … 6
(3)　フランスの都市・地域計画 … 7
(4)　ドイツの都市・地域計画 … 8

第2章　日本の地域計画 — 9

2.1　戦前・戦後の地域計画 … 9
(1)　戦前の地域計画 … 9
(2)　戦後の地域計画 … 11

2.2　全国総合開発計画 … 11
(1)　全国総合開発計画（全総） … 11
(2)　新全国総合開発計画（新全総） … 12
(3)　第三次全国総合開発計画（三全総） … 14
(4)　第四次全国総合開発計画（四全総） … 14
(5)　21世紀の国土のグランドデザイン（五全総） … 16
(6)　新たな国土計画（国土形成計画） … 19

2.3　大都市圏整備計画 … 20
(1)　首都圏基本計画 … 20
(2)　近畿圏基本整備計画 … 23
(3)　中部圏基本開発整備計画 … 24

2.4　特定地域の振興 … 24
(1)　離島の振興 … 24
(2)　豪雪地帯の振興 … 27
(3)　過疎地域の振興 … 28

第3章　日本の都市計画 — *31*

3.1 都市計画の歴史 — *31*
 (1) 古代の都市計画 — *31*
 (2) 中世の都市計画 — *32*
 (3) 近世の都市計画 — *33*
 (4) 近代の都市計画 — *36*

3.2 都市計画制度の沿革 — *38*
 (1) 東京市区改正条例と土地建物処分規則 — *38*
 (2) 旧都市計画法と市街地建築物法の制定 — *38*
 (3) 都市計画関連法制度の整備 — *39*
 (4) 新都市計画法の制定 — *40*
 (5) 阪神・淡路大震災から2000年都市計画法改正へ — *41*

第4章　地域・都市計画の策定と評価 — *43*

4.1 地域・都市計画の目的 — *43*
 (1) 地域計画・都市計画とは — *43*
 (2) 地域計画・都市計画の対象 — *43*

4.2 地域計画の策定手順 — *45*
 (1) 地域の課題 — *45*
 (2) 計画目標の設定 — *45*
 (3) 基本計画の立案 — *46*
 (4) 事業化計画の立案 — *47*

4.3 地域・都市計画のための基礎データ — *47*
 (1) 統計データ — *47*
 (2) 地理情報データ — *48*
 (3) 社会調査データ — *48*

4.4 地域計画のための経済分析 — *49*
 (1) 事業評価の実施時期 — *49*
 (2) 産業連関分析による事業効果の計測 — *51*
 (3) 市場財の便益計測 — *51*
 (4) 非市場財(環境財)の便益計測 — *54*

第5章　都市計画法 — *57*

5.1 都市計画法の構成 — *57*
 (1) 目的と基本理念 — *57*
 (2) 都市計画の関連法規 — *57*

5.2 都市計画区域 — *58*
 (1) 都市計画区域の指定区域 — *59*
 (2) 都市計画区域の指定効果 — *59*

5.3 準都市計画区域 — *59*

5.4 都市計画の内容 — *60*

	(1) 都市計画の種類 ································· 60
	(2) 都市計画の内容 ································· 60
	(3) 開発許可制度 ··································· 62
5.5	都市計画の決定 ··································· 62
	(1) 都市計画の決定と決定権者 ············· 62
	(2) 都市計画の案の作成 ······················· 62
	(3) 決定手続き ······································· 62
5.6	都市計画の提案制度 ····························· 62
	(1) 制度の仕組み ··································· 64
	(2) 手続きの流れ ··································· 65

第6章　土地利用計画 ——————— 67

6.1　国土利用計画法による土地利用計画 ············ 67
　　(1)　土地利用基本計画 ························· 67
　　(2)　土地取引の規制のしくみ ············· 68
6.2　都市計画法による土地利用計画 ············ 69
　　(1)　区域区分 ······································· 69
　　(2)　地域地区 ······································· 70
　　(3)　促進区域 ······································· 74
　　(4)　地区計画等 ··································· 75

第7章　都市施設 ——————— 77

7.1　交通施設と公共交通 ······················· 77
　　(1)　都市計画道路 ······························· 77
　　(2)　都市高速鉄道 ······························· 78
　　(3)　路面電車 ······································· 80
　　(4)　新交通システム ··························· 80
　　(5)　バスとバスターミナル ················· 81
　　(6)　駐車場 ··· 83
7.2　公共空地 ··· 84
　　(1)　公園 ··· 84
　　(2)　広場および駅前広場 ····················· 85
7.3　供給施設・処理施設 ······················· 85
　　(1)　上水道 ··· 85
　　(2)　下水道 ··· 86

第8章　市街地開発事業 ——————— 89

8.1　土地区画整理事業 ····························· 89
　　(1)　土地区画整理事業の歴史 ············· 89
　　(2)　事業の仕組み ······························· 90
　　(3)　特徴と効果 ··································· 92

8.2 市街地再開発事業 …… 93
- (1) 市街地再開発事業の歴史 …… 93
- (2) 事業の仕組み …… 93
- (3) 特徴と効果 …… 94

8.3 新住宅市街地開発事業 …… 95
- (1) 新住宅市街地開発事業の歴史 …… 95
- (2) 事業の仕組み …… 96
- (3) 特徴と効果 …… 97

第9章 都市交通計画 — 99

9.1 都市交通と公共交通 …… 99
- (1) 都市交通の種類 …… 99
- (2) 都市規模と交通機関 …… 99

9.2 道路交通調査 …… 100
- (1) 交通量調査 …… 100
- (2) パーソントリップ調査 …… 101
- (3) 自動車起終点調査 …… 101

9.3 将来交通需要推計 …… 101
- (1) 将来交通量の推計手法 …… 101
- (2) 将来交通量の推計手順 …… 102
- (3) 発生・集中交通量推計 …… 102
- (4) 分布交通量推計 …… 103
- (5) 分担交通量推計 …… 103
- (6) 配分交通量推計 …… 104
- (7) その他の推計方法 …… 104

9.4 道路交通運用 …… 105
- (1) 交通渋滞のメカニズム …… 105
- (2) 交通渋滞対策 …… 106
- (3) 交通需要マネジメント（TDM） …… 107

9.5 高度道路交通システム（ITS） …… 109
- (1) 道路交通情報通信システム（VICS） …… 110
- (2) 自動料金収受システム（ETC） …… 110

第10章 地域環境計画 — 111

10.1 地域環境に関する法体系 …… 111
- (1) 公害問題から環境問題 …… 111
- (2) 環境分野における法体系と環境基準 …… 112

10.2 環境影響評価法による環境保全 …… 116

10.3 地域の環境対策 …… 119
- (1) 都市の環境対策 …… 119
- (2) 道路の環境対策 …… 120
- (3) 河川の環境対策 …… 121

第11章　都市景観計画 ——————————— *123*

11.1　景観法とまちづくり ·································· *123*
　(1)　景観法 ·· *123*
　(2)　景観条例と景観まちづくり ···················· *124*
11.2　街路樹 ··· *125*
11.3　ポケットパーク ·································· *127*
　(1)　都市景観の向上 ································· *128*
　(2)　景観整備デザインの方向性 ···················· *129*
　(3)　ポケットパークの設置による景観向上策 ······ *131*
11.4　都市の色彩と照明 ································ *132*
11.5　ストリートファニチャー ······················ *133*

第12章　都市防災計画 ——————————— *135*

12.1　都市と災害 ······································· *135*
　(1)　わが国の災害 ···································· *135*
　(2)　都市型災害 ······································ *136*
12.2　防災対策の枠組み ································ *138*
　(1)　中央防災会議 ···································· *138*
　(2)　防災基本計画 ···································· *138*
　(3)　災害対策基本法 ································· *139*
　(4)　大規模地震対策特別措置法 ···················· *139*
　(5)　地震防災対策特別措置法 ······················· *139*
　(6)　災害救助法 ······································ *139*
12.3　災害対策と減災 ··································· *140*
　(1)　都市の防火区画 ································· *140*
　(2)　避難路の確保 ···································· *141*
　(3)　避難地・防災拠点の配置 ······················· *141*
　(4)　密集市街地の改善 ······························· *143*
　(5)　ライフラインの防災 ····························· *143*
　(6)　都市水害の発生 ································· *144*
　(7)　市街地の河川整備 ······························· *144*

第13章　都市エネルギー計画 ——————————— *147*

13.1　都市のエネルギー問題 ··························· *147*
　(1)　環境問題の発生と現状 ·························· *147*
　(2)　都市における環境問題とエネルギー問題 ······ *147*
13.2　都市への新エネルギーの導入 ·················· *149*
　(1)　自然エネルギー ································· *150*
　(2)　リサイクルエネルギー ·························· *151*
　(3)　従来型エネルギーの新しい利用形態 ··········· *152*
13.3　都市の省エネルギー対策 ······················· *152*

		(1) 屋上緑化 ··· 152

- (1) 屋上緑化 ·· 152
- (2) ヒートポンプ ······································ 153
- (3) 省エネルギー化に向けた施策の総合的展開 ········· 154
- **13.4 都市エネルギー計画** ······························ 154
  - (1) 省エネルギー計画 ································ 155
  - (2) 新エネルギー計画 ································ 157

第14章　都市再生とまちづくり ── 159

- **14.1 都市再生および地域再生事業によるまちづくり** ······ 159
- **14.2 中心市街地の現状と方向性** ······················· 161
- **14.3 中心市街地活性化のための法体系** ················· 162
  - (1) 中心市街地の活性化に関する法律 ················· 162
  - (2) 大規模小売店舗立地法 ··························· 163
- **14.4 地域資源を活かしたまちづくり** ··················· 165
  - (1) まちづくり活動と地域資源 ······················· 165
  - (2) 産業遺産を活かしたまちづくり ··················· 166
  - (3) 文化遺産を活かしたまちづくり ··················· 167
  - (4) 温泉資源を活かしたまちづくり ··················· 167
  - (5) 観光資源を活かしたまちづくり ··················· 168

第15章　住民参加による地域づくり ── 171

- **15.1 パブリックインボルブメント** ····················· 171
  - (1) PIとは ··· 171
  - (2) PIの内容 ······································· 171
  - (3) 別大国道拡幅事業とPI活動 ······················· 172
- **15.2 特定非営利活動団体（NPO）** ······················ 174
  - (1) NPOとは ·· 174
  - (2) NPOの現状 ······································ 174
  - (3) NPO活動と地域づくり ···························· 174
- **15.3 アダプト・プログラム** ··························· 175
  - (1) アダプト・ア・ハイウェイ・プログラムの起源 ····· 175
  - (2) プログラムの基本的な仕組み ····················· 176
  - (3) アダプト・ア・ハイウェイ・プログラムの意義 ····· 176
  - (4) アダプト・ア・ハイウェイ・プログラムの発展 ····· 176
  - (5) わが国への導入 ································· 177
  - (6) 先進地の事例紹介 ······························· 178

参考文献　181
索　　引　183

第1章

世界の地域・都市計画

1.1 世界の都市の歴史

都市は有史以来人類がその文明を発展させ，文化を育成し経済活動，生活レベルが向上するにともない，世界各地で生まれ発展し，なかには跡を留めない都市もあれば現代に続く都市もある。この文明の発展あるいは衰退と，都市の発展あるいは滅亡とは密接な関連があり，都市の歴史はそれを形づくりそこで営みを続けてきた民族の歴史そのものである。本章では世界を古代，中世，近世から現代と区分し，それぞれの時代を代表する地域での都市形成の歴史を追う。

(1) 古代の都市（B.C.3000年頃～A.D.400年頃）

古代において人類が定住を始めたのは農耕を営み文明を発達させ，人々の交易が行われ経済活動が行われた地域であった。地球上で四大文明地域といわれるエジプトのナイル川，メソポタミアのチグリス・ユーフラテス川，インドのインダス川，中国の黄河はいずれも豊かな水量を持ち，河川の季節的な氾濫により肥沃な土壌を有する地域である。これら流域に多くの民族が定住して農耕を営み，経済の繁栄に従って初期の都市がつくられていった。

(a) ナイル川流域（エジプト文明）

エジプトではナイル川の季節的な氾濫によって肥沃となった土壌が農業の生産を高め，やがて各地の小部族の都市国家が統合されて統一国家を形成するようになり，高度な文明を成立させた。統一の支配者である王はピラミッド建設を巨大な土木工事として指揮し，首都には多くの人々が集まり，計画的な都市の建設が行われた。世界最古の都市はエジプトのメネスⅠ世がB.C.2800年頃に建設したメンフィス（Memphis）といわれる。メンフィスは城壁に囲まれ，宮殿・寺院を中心とした規模の大きな都市であったといわれるが，遺跡は残っていない。続いてイラハン王により建設されたカフン（Kahun）はB.C.2500年頃に建設されたといわれる。城壁に囲まれた中規模の都市であったが，直線的な街路で規則的に区画割され，建設が計画的に行われた跡が認められる。この都市では工事に関係した奴隷，一般市民，貴族などの居住区が指定され計画的に配置されていた。

その後エジプトは分裂したが，B.C.2000年頃に再統一され，首都はテーベ（Thebae）となった。B.C.1700年頃には西アジアの遊牧民によってナイル川下流域が侵略されたが，B.C.1600年頃に追放し，首都はテーベからテルエルアマルナに移ったこともある。

(b) チグリス・ユーフラテス川流域（メソポタミア文明）

メソポタミアは紀元前に最も農業技術の進歩していた地域といわれている。チグリス・ユーフラテス流域の肥沃な地域では，集約農業ができる程度まで技術が発展した。この技術文明と強大な国家形成とが背景となり多くの大規模な都市が建設された。

シュメール人の支配により，B.C.2500年頃には当時最大のウル，ウルク，ラガシュ等の都市国家が建設され，その後，B.C.1700年頃にバビロニア帝国のハンムラビ王の時代に首都はバビロンとなった。メソポタミアの都市は，豊富な農産物や物資をねらう外周の遊牧民族の侵入に対して防衛機能があるように建設されていたので，どの都市も共通して巨大な城壁で囲まれていた。特に大規模な都市が建設されたバビロンでは，城壁に囲まれ中央をユーフラテス川が流れ，市街地は橋によって連絡され，居住地は密集していたが排水施設が整備されていた。このメソポタミアの都市建設は

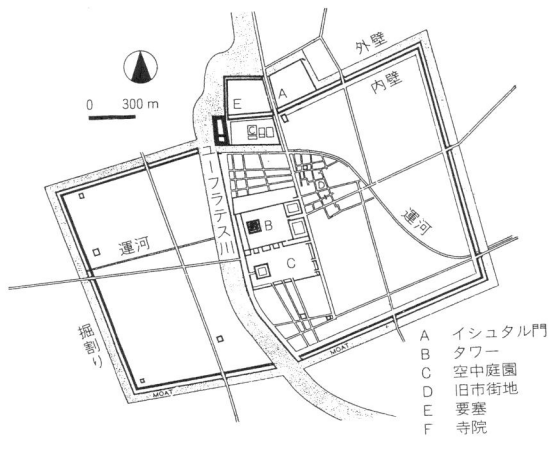

図1・1　古代都市バビロン

```
A　イシュタル門
B　タワー
C　空中庭園
D　旧市街地
E　要塞
F　寺院
```

その後の東西交流に伴って，ギリシャ以降のヨーロッパの都市建設に影響を与えたといわれている（図1・1）。

(c)　インダス川流域（インダス文明）

インダス川流域にはB.C.2000年頃に，モヘンジョダロやハラッパといった都市文明が栄えた。両都市とも城砦と城壁で囲まれた長方形の市街地からなり，市内は東西・南北に走る大通りを中心にして細い街路で規則的に区画割されて，計画的な市街地が形成されていた。特に排水施設，公共施設が整備されており，都市計画に優れた技術をもっていたが，その後B.C.1500年頃に滅亡している。

(d)　黄河流域（黄河文明）

黄河流域では，B.C.2000年頃になって農耕集落が発生し，そこから多くの都市国家が出現した。B.C.1500年頃に，これら都市国家を征服して殷朝ができ，その最後の首都といわれる殷墟は，宮城を中心として城郭で取り囲み，城壁外に一般住民の住居や青銅器等の工作所などが建設されていた。その後この地域を支配した西周の鎬京（こうけい），その後の東周の洛邑（らくよう：洛陽），戦国時代を経て全国統一を果たした秦の咸陽（かんよう）と首都は変わり，さらに前漢の長安（西安），後漢の洛陽と移ったが，それぞれ都市整備が進められた。

(e)　ギリシャの都市国家

古代ギリシャにアテネ（Athenai），スパルタ等の都市国家が造られたのはB.C.900年頃といわれる。また地中海沿岸に多くの植民都市が建設されたが，その主なものは現在のイスタンブール，ナポリ，マルセイユ等である。

古代ギリシャの都市の特徴は城壁で囲まれた市街地と，その周辺の丘・アクロポリス（Acropolis）である。市街地の中心には広場・アゴラ（Agora）があり市場がつくられ，その近辺に議事堂，野外劇場や競技場などの公共施設が配置された。アクロポリスには壮麗な神殿が建てられた。

なかでもアテネは古代ギリシャ最大の都市であり，現代までアクロポリスの神殿，アゴラや野外劇場などの原型を残している。しかし街路網は規則的ではなく立派な公共施設群に似あわず不整形であった。その後の都市計画家ヒポダモスによる計画都市の代表がB.C.480年頃のミレトス（Miletos）とアレキサンドリア（Alexandria）である。ミレトスは区画が整形されアゴラや競技場などは主要街路の交点付近に配置され，ヨーロッパの格子型に区画割された都市の原型とされている（図1・2）。

(f)　ローマ帝国

都市国家ローマ（Roma）はギリシャ初期の都市の建設の影響を受けていた。B.C.600年頃から，テヴェレ川沿いの丘に城壁に囲まれ，神殿・広場・競技場・野外劇場をもった都市が建設された。初期の街路網は不整形で計画的ではなかったが，B.C.27年にローマ帝国の首都となり，暴君として知られた皇帝ネロの時代に大火に見舞われた。この後から街路幅を広げる等の計画的な都市建設がなされ，大規模な公共建築物が配置された。市民が集まるフォーラムが中心にあり，宮殿，寺院，公会堂，円形競技場，野外劇場と大衆浴場，凱旋門などのモニュメント的な建築物が多く建設

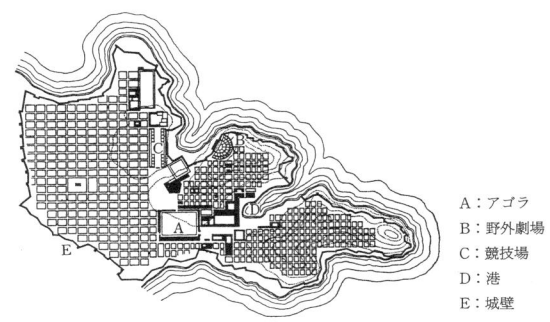

```
A：アゴラ
B：野外劇場
C：競技場
D：港
E：城壁
```

図1・2　ギリシャの古代都市ミレトス

された。また，水道など生活関連施設も整備されたが，一般市民階級の住宅は密集した共同住宅であり，不衛生な環境であった。

ローマ帝国は領土を広げ，ヨーロッパ各地に政治・軍事上の拠点として植民都市を多く建設した。これらの植民都市は，ローマと同様に周囲を城壁に囲まれ，中心部には市民広場，公会堂，円形競技場が設けられ，街路は格子状であった。このほかに，自然発生的な各民族による都市が現在のドイツ・フランス・スペインなどの各地につくられ，またローマ時代の後半からは都市の中心部にキリスト教会が配置されることが多くなった。ローマ帝国はA.D.330年，首都をビザンティウム（イスタンブール）に移したが，A.D.395年に東および西ローマ帝国に分裂した。

(2) 中世の都市 （A.D.400年頃～1400年頃）

(a) ヨーロッパ

西ローマ帝国は476年に滅亡したが，東ローマ帝国はその後ビザンティン帝国として15世紀まで続くことになる。中世に形づくられた都市は近世以降の都市建設に大きな影響を与えた。現代ヨーロッパの都市は，この中世にその端緒をもつものが多い。

西ローマ帝国の滅亡で古代都市の繁栄時代は終わり，その後大規模な都市は出現しなかったが，ヨーロッパの各部族により，他の部族・国家の侵入を防ぐため，自然の地形を利用した要衝にあって城壁をもつ，いわゆる城郭都市といわれる都市が，ドイツ・フランス・イギリスの各地でつくられた。

これらの都市はギリシャ・ローマ時代の中心都市に比べると小規模で，街路網も不整形で公共施設や生活関連施設も劣っていたが，市街地中心に教会・広場・市場が配置された。アーヘン，ニュールンベルク，ヨークはこの例である。中にはローマ時代の植民都市のように，矩形で格子型の街路を持つ都市も建設された。この中でカトリック教会が中世の都市に与えた影響は非常に大きい。ローマ時代の都市建設の中で公会堂（バシリカ）は重要な都市施設であったが，キリスト教が全ヨーロッパに普及することにより，バシリカは大聖堂となり主要都市の中心に置かれるようになった。

キリスト教布教のため大司教管区，司教管区，教区の教会組織と修道院が設けられたが，この組織が都市や国家の形成に大きく影響を与え，大司教管区として大聖堂の置かれたケルン，ヨーク，マインツ，カンタベリーなどは中世の代表的な都市となった。

中世の都市形成のもう一つの流れは，貿易を中心とした商業都市の繁栄である。11世紀からの十字軍の遠征に伴い東方貿易が盛んとなり，北イタリアのベネチア，ジェノア，ミラノ，フィレンツェなどが繁栄した。これらの中心部には大聖堂・アーケード・広場・市場がつくられた。また，12世紀には北海・バルト海沿岸に商人のギルド（同盟組織）が中心となったハンザ同盟都市がつくられた。リューベック，ハンブルク，ブレーメン，ベルゲンなどが代表的な都市である。これらの都市は，14世紀頃には城郭をもった都市となり，中心部には教会・ギルド街・市場・広場・市庁舎などがつくられた。

(b) 中国

唐が国を支配する時代に入ってA.D.630年頃に建設された首都の長安（現：西安）は，計画的に形づくられた都市として，国王の住いする宮城，行政を行う皇城を市の北面中央に置き，皇城の正面より南へ幅60mの朱雀大路を設け，都市の周囲を防護する城壁の南面には明徳門を置いた（図1・3）。

朱雀大路を中心にして左右対称の区画配置となっており，各区画は坊とよばれ，東西10坊，南北13坊に区画分けされた。都市域を囲む城郭は，東西9.5km，南北8.5km，高さは5m以上といわれ，

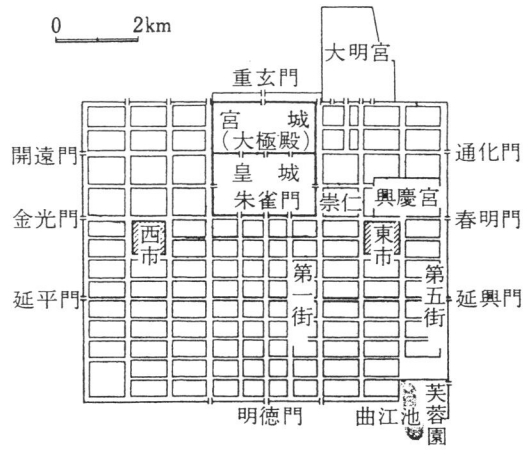

図1・3 中国の中世都市長安

この城郭・明徳門・朱雀大路など首都の壮大さは，人々に国力と王の権威を印象づけたものと考えられる。

この長安の都市建設手法は，唐の後の宋，清の首都建設に引き継がれたばかりでなく，日本・朝鮮・インドシナ地方の都市計画にも大きな影響を与えた。

907年に唐は滅亡しその後は分裂時代に入り民族間の抗争が続いた。960年に宋（北宋）が統一国家をつくり，開封を首都と定めたが，12世紀始めに北方から金に攻められて南下し南宋となり，臨安（杭州）を首都とし，金は燕京（北京）を首都として分裂状態が続いた。1264年にモンゴルの皇帝フビライ・ハンが中国全土を征服して国号を元とし，大都（北京）を首都とした。

(3) 近世の都市 （A.D.1400年頃〜1900年頃）

(a) ヨーロッパ

15世紀末頃から封建制度の崩壊が始まり，イタリアで始まったルネッサンス運動が各国へ波及していった。また宗教改革，新大陸の発見，植民地の展開など大きな変化が続いて起こった。この中で国家としてポルトガル，スペインが台頭し，次いでオランダ，イギリス，続いてフランスが力を持つようになり，それぞれの首都を中心としながらヨーロッパの諸都市は発展していった。

ルネッサンスは，文学・美術から建築・都市計画にも影響を与え，壮麗な建築様式はルネッサンスからバロックへと発展する。この時代には壮麗な建築物や都市景観を形づくる広い直線街路，庭園等が取り入れられた。フランスの首都パリ，別荘地ベルサイユがその典型であり，この都市デザインはポツダム，ウィーン，サンクトペテルブルク等へと広まった。都市の重要な構成要素である広場が，建築物の前庭や記念碑の付近，市場，交通の接点などに配置された。

パリ（Paris）は当初家屋が密集し不衛生な街であったが，ナポレオン3世の時代になり当時のパリ県知事オスマンにより都市の大改造が推進された（図1・4）。スラムや密集市街地を撤去し，並木をもつ広い直線街路と広場を取り入れ環境を改善するとともに，都市全体に一体感をもたせようとパリ改造計画（1853〜1870年）が実行されていった。18世紀後半にはイギリスから産業革命が起こり，資本主義経済が徐々に確立していった。その結果，マンチェスター，バーミンガム，リーズ，シェフィールド等の工業都市が出現した。

(b) アメリカ

1492年にコロンブスにより新大陸が発見され，16世紀からヨーロッパからの移民が始まり東部海岸から開発が始まっていき，1776年イギリスから独立を達成した。大西洋岸ではボストン，フィラデルフィア，ニューヨークなどの都市が建設され

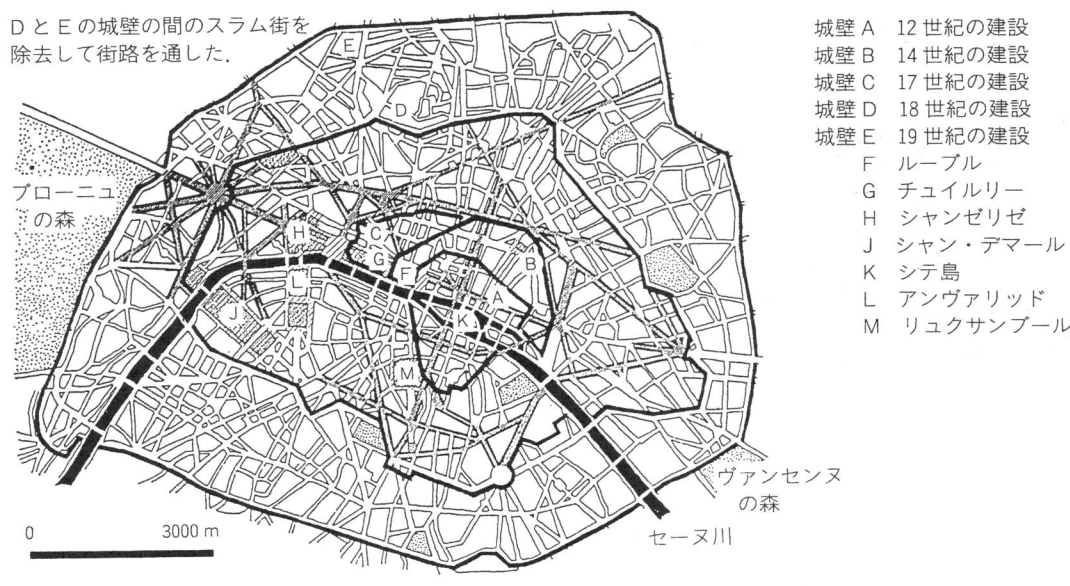

図1・4　オスマンのパリ大改造

たが，これらは当時のヨーロッパの都市形態に倣ったものが多かった。城壁は作られなかったが，多くの都市は格子型の街路網を基本形態とし，1800年にはワシントンが首都と定められた。

(c) 中国

元を北方に追いやり1368年に明が建国された。首都は当初は南京とされたが，後に北京となった。1616年に，ふたたび北からの女真族による後金が建国され，明を滅ぼして国号を清と改め，首都を瀋陽から北京に移した。12世紀以降，中国の首都は北京を中心としながらも何回か変遷を重ねてきた。北京の都市形態は，長安と同様に北面中央に宮殿がおかれ城壁で囲まれ，街路は格子状を基本としており，商業地域は域外となっている。太平洋岸の大都市である香港はイギリスに割譲されたものの国際都市として発展し，そのほか広州，上海，福州，天津等も港湾都市として発展していった。

1.2 現代の都市・地域計画

有史以来，産業・文化の発展とともに都市は変遷，発展を遂げて現代を迎えることとなった。ここでは，19世紀末から現代にかけての西欧先進諸国における都市および地域計画を概観する。

(1) イギリスの都市・地域計画

(a) 田園都市

イギリスでは18世紀後半から世界に先駆けて産業革命が始まり，それまでの歴史では経験しなかった活発な経済活動が営まれることになった。動力を用いた大工場がロンドン，マンチェスターなどの都市に立地し，都市人口が膨らんでいったが，人口の過半数を占める労働者階級の住宅は密集した共同住宅で，その居住環境，衛生状態は非常に悪いものであった。

1909年には，都市計画の区域と保存すべき郊外地の区別，街路・鉄道・公園・緑地・上水道・下水道・その他の公共施設・住宅などの計画的な考え方を示した都市計画法が定められた。都市環境の改善を，新しい都市を建設することにより実現しようと考える資本家が現れた。なかでもロバート・オーウェンは，都市を離れた農村に工業村を建設することを提唱し，実践した。これは荒廃していく農村地域を再生することと，都市の劣悪な住宅環境から抜け出し健康な住環境を実現することの両方を目的としたものである。

この当時としては進歩的な考えは，まだ一般的には受け入れられず，イギリスでは一カ所で具体化されただけであったが，オーウェンが提案した郊外の都市における共同体的な町の建設と居住環境の改善は，その後各国の都市計画の思想に影響を与えることとなった。エベネザー・ハワードは，オーウェン以後の都市建設に対する提案を統一し，1898年に理想的な都市は「田園都市」にあるとして都市建設の考え方「明日の田園都市：Garden City of Tomorrow」を発表した（図1・5）。この内容は，大都市の環境悪化を避けるために，農村の環境と都市の機能を併せ持った自給自足的な小都市を建設するというもので，おおよそ次の条件であった。

① 計画人口を定める。
② 土地は原則として公有地，交通機関と供給施設は公営とする。
③ 都市の周囲は農耕地で囲み拡大を制限する。
④ 産業を育成する。

ハワードは，このような経済面でも交通面でも自立した小都市を既存の大都市から30～50km離して建設し，これらを交通ネットワーク化して国土を構成すれば，大都市の抱える諸問題を解消して健全な社会が形成できると考えた。

田園都市のモデルプランは，市街地の中央に大公園を設置し，周囲には市役所，劇場，病院など

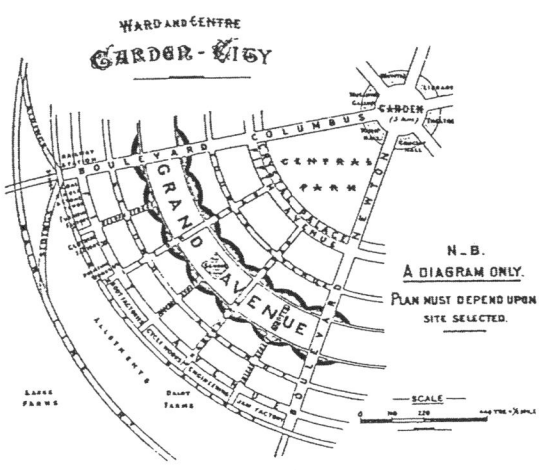

図1・5　田園都市のモデルプラン

の公共施設が置かれ，中間地帯には住宅，教会，学校が，外周地帯には鉄道が環状に敷設され，製造工場，倉庫，市場などが配置されている。市街地内に30,000人，外周地帯の外側の農業用地に2,000人が生活する小都市である。

1899年に田園都市協会，1903年に田園都市株式会社が設立されてレッチワース（ロンドンから約54km，面積1,842ha，計画人口30,000人）が建設され，1919年にウェルウィン（ロンドンから約36km，面積682ha，計画人口50,000人）が建設された。この思想はのちのアメリカ大都市郊外の住宅都市の建設に活用され，またその後のロンドン郊外に建設されたニュータウンもこれら田園都市の流れを受けている。わが国でも戦前につくられた田園調布，芦屋などの高級住宅地や，近年の高級住宅地開発の構想に影響を与えている。

(b) 大ロンドン計画とニュータウン

1944年にロンドンの改造を目的とした大ロンドン計画が立案された（図1・6）。これは交通混雑，過密な住宅と工業地の混在，緑地の不足などの諸問題の解消を考えたものである。

この計画は全体が環状地域から構成され，中心市街地，郊外地域，幅約10マイルの緑地帯に分けられている。この緑地帯の役割は新規開発を遮断することで，その外周には既存都市の整備と8カ所のニュータウンが整備され，余剰な人口と工業地を受け入れることとした。さらにその外周部は田園地域としてロンドン都市圏の拡大を防ぐこととした。

ニュータウンは田園都市論の理念を受け継ぎ，小学校，教会，コミュニティセンター，ショッピングセンターを中心とする近隣住区の集合体として構成された。わが国の3大都市圏で開発された初期のニュータウンである，千里ニュータウン（大阪），高蔵寺ニュータウン（名古屋），多摩ニュータウン（東京）などはこの計画をモデルとして建設されている。

(2) アメリカの都市・地域計画

(a) 近隣住区

イギリスの田園都市への運動は，自動車時代に入ったアメリカに影響を与え，アメリカ的な田園都市を建設する運動につながった。この中でクラレンス・アーサー・ペリーは1929年に，小学校校区を標準単位として地域内の安全性・利便性・快適性を確保するための「近隣住区論」を提唱した（図1・7）。この理念は以下のようなものであった。

① 住区の規模は小学校1校の人口に対応する。
② 地域外の通過交通は区域内部に進入しないよう，幹線道路は外周に配置する。
③ レクリエーション用，小公園などのオープンスペースを配置する。
④ 学校，教会その他の公共施設は住区の中心

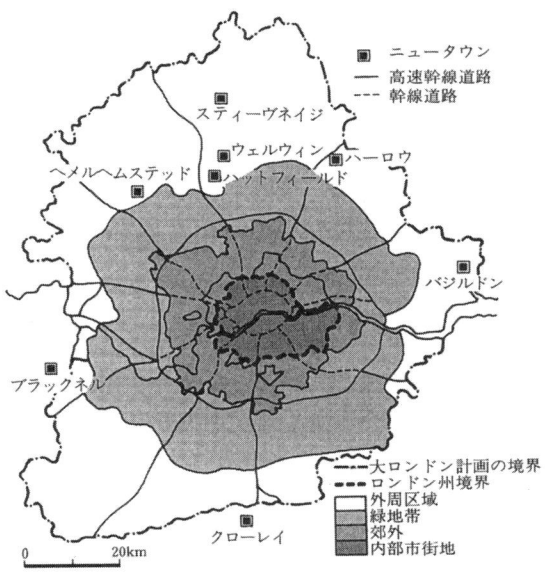

図1・6 大ロンドン計画

図1・7 近隣住区のプラン

図1・8　ラドバーンの計画

または公共用地の周囲に配置する。

⑤　住民サービスに必要な店舗は道路交差点，あるいは隣接住区の店舗付近に配置する。

(b)　ラドバーン・システム

ニューヨーク市住宅公社は1928年にニュージャージー州のラドバーンの開発を計画した（図1・8）。これは地域内には通過交通が進入しないよう，歩行者路と自動車用道路は交互配置により完全に分離され，住宅へのアプローチ道路はクルドサックと呼ばれる行き止まり小路の形態が採用された。また歩行者用の小路は公共緑地および学校その他の公共施設につながり，子供たちの安全な登校が保障された。この方式は「ラドバーン・システム」と呼ばれ，この後各国のニュータウンなどの計画に採用されることとなった。イギリスに始まった田園都市の思想は，アメリカの近隣住区計画，ラドバーン計画へと発展し，次にはイギリスへと逆輸入され第二次大戦後のニュータウン計画に適用されている。

(3)　フランスの都市・地域計画

(a)　パリの整備

パリは中世以来フランスの首都として，都市域を防護する城壁を取り払いつつ拡張が行われてきた。前述のようにナポレオン3世の時代には，県知事オスマンにより大改造計画（1840年）が実行された。その際，環状の大通り，放射状幹線の追加，街路の直線化，スラムの撤去が積極的に行われ，広場・公園が整備され，統一感ある大型建築物などが形成された。凱旋門広場から発するシャンゼリゼ大通りなど，ほぼ今日みられる都市景観が構築され，美しい街並みが現代まで保たれている（写真1・1）。

第二次世界大戦後の都市計画として，パリおよび地方の中心都市では，既存市街地の近代化を目的とした都市再開発事業が多く実施されてきた。また再開発とともに伝統的建築物の修復にも力が入れられている。

近年パリでは現代的な都市機能を充実させるため都心外延部のラ・デファンス，都心地区のレ・アル，ルーブルの再開発が進められた。マルセイユ，リヨンなどの地方都市でも大規模な都市改造が行われている。フランスにおける新都市事業においてはランドスケープ（都市景観），建築デザイン

写真1・1　パリの街並み

写真1・2　パリのラ・デファンス地区

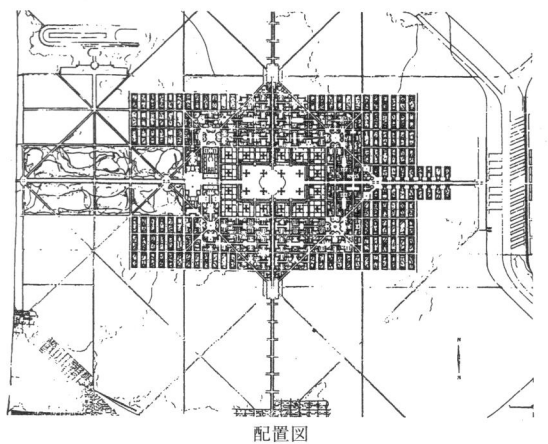
配置図

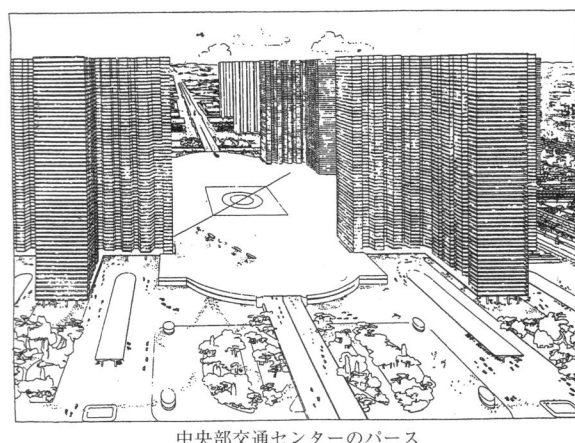
中央部交通センターのパース

図1・9　ル・コルビジェ提案の現代都市

に対する斬新性が特色である（**写真1・2**）。

(c) ル・コルビジェの現代都市

20世紀のフランスを代表する都市計画家の一人であるル・コルビジェは，世界中の多くの建築家・都市計画家に影響を与えたといわれている。彼は1924年の著書「ユルバニスム：現代都市」のなかで，今後の都市は大都市の機能的な面と田園の開放的な空間と新しい交通体系とを結合させるべきであるとして，それまでにはない斬新な人口300万人の都市を提案した（**図1・9**）。この提案は，高層建築の集中的な効率の良さを活かすため，都心部には60～70階建ての高層オフィスビルを配置し，なおかつ大規模で開放的な空間を積極的に取り入れるように，中央部には鉄道・航空機のための交通センターを置くという，垂直的な都市構造ともいえる衝撃的に斬新なものであった。これらの案はそのままの形では実現していないが，その思想はラ・デファンス再開発計画にも積極的に取り入れられ，交通施設の立体化，都心部の大規模なオープンスペースの考え方は，わが国における大都市再開発計画にも応用されている。

(4) ドイツの都市・地域計画

ドイツでは土地区画整理に関する法律，アディケス法が制定されて公共用地を確保する手段が開かれた。この土地区画整理の手法は世界各国の都市開発で広く実施されるようになった。この結果フランクフルト，ミュンヘン，ケルンなどの大都市ではいずれも区画整理によって広い公共地を持つこととなった。

都市計画学者ゴットフリート・フェーダーは，1939年に「新都市」を著し，都市は環境・機能・効率の面から小都市のほうが好ましいとの考えを示し，人口2万人を最適規模として提案した。彼は，公共建築物を中心とし職業別に必要面積を算出して，簡潔な都市構造を提案している。この都市計画の考え方は，わが国の戦前の都市計画と戦後の広域都市圏，広域生活圏の計画構想にも影響を与えている。

ドイツでは戦争によって多くの住宅が破壊されたため，住宅再建とともに都市の復興計画が進められた。復興計画は旧来からの伝統的な都市の再建・復元と，自動車交通の発展に対処するための都市機能の向上，という二つの理念を実現させる形で進められた。例えばミュンヘンをはじめとするドイツの多くの都市改造の特色は，都心部には不規則で伝統的・芸術的な面を残し，郊外部では合理的・機能的建設がみられることである。すなわち都心は歩行者の流れに重点をおいた，伝統的な都市景観の再生，郊外部では自動車交通の利便性を図る合理的で機能的な住宅団地が造られた。

ドイツの都市計画の特色は，各都市が独自の土地利用計画と地区詳細計画をもち，国の地域計画との整合を図りながら実行しているところである。土地利用計画をマスタープランとして，地区詳細計画は住民参加の下に法的な拘束力をもつ計画である。また環境保全問題など，共同して都市の改善を図る意欲が高いといわれており，自然環境の保全を念頭においた都市建設が実行されるようになった。

第2章

日本の地域計画

2.1　戦前・戦後の地域計画

(1)　戦前の地域計画

　明治維新とともにわが国は中央集権のもとに近代化を進めた。この近代化のなかで始めに整備されたのは、交通路であり、中でも鉄道建設に力を注いだ。明治5年に新橋と横浜間にわが国最初の鉄道が開業し、明治22年には新橋と神戸間の東海道本線が開通し、続いて全国の鉄道網が整備されるようになった。

　地域計画のもう一つの重要な課題は、水利開発による水資源の活用であり、生活用水（上水道用水）と農業用水の確保であった。明治政府は、東北地方の産興策と士族授産のため国が行う大規模開拓の適地を調査し、福島県の安積が最適地であるとの結論を出し、オランダ人技師ファン・ドールン等による技術的な再調査が行われた後に明治12年に明治政府にとって第一号の事業として安積疎水工事を着工した。そして、明治15年に完成し通水式が挙行された。安積疎水は現在も郡山市とその周辺の市町村の生活を支える貴重な水となっている。

　一方、明治政府は、江戸を東京と改名し、京都から東京に遷都した。その結果、当時の京都の人口は35万人から25万人へと激減し、産業も衰退して行く中で、京都復興の大事業として計画されたのが、琵琶湖疎水である。当時の土木事業の多くは外国人技術者の設計・監督によるものであったが、琵琶湖疎水工事は、設計も工事もすべて日本人の手による初の事業であった。その中心的な技術者が田邊朔朗である。田邊朔朗は琵琶湖疎水工事計画を題材とした卒業論文（工部大学校、現在の東京大学）を書いており、その論文が当時の京都府知事であった北垣国道の目に止まり、琵琶湖疎水工事の青年技術者として採用された。起工式は明治18年に、明治23年には竣工式が行われた。この琵琶湖疎水の完成により京都市民は安定した水源を得ることができ、生活用水だけではなく、農業用水をも得て、さらに明治24年にはわが国で最初の水力発電所である蹴上発電所も完成し、京都市民に安い電力を供給できるようになった。

　わが国は第一次世界大戦の戦争景気に便乗して

写真2・1　安積疎水一六橋水門（猪苗代町HPより）

写真2・2　琵琶湖疎水（京都府HPより）

表2・1　全国総合開発計画の策定経緯

	全国総合開発計画（全総）	新全国総合開発計画（新全総）	第三次全国総合開発計画（三全総）	第四次全国総合開発計画（四全総）	21世紀の国土のグランドデザイン
閣議決定	昭和37年10月5日	昭和44年5月30日	昭和52年11月4日	昭和62年6月30日	平成10年3月31日
策定時の内閣	池田内閣	佐藤内閣	福田内閣	中曽根内閣	橋本内閣
背景	1 高度成長経済への移行 2 過大都市問題、所得格差の拡大 3 所得倍増計画（太平洋ベルト地帯構想）	1 高度成長経済 2 人口、産業の大都市集中 3 情報化、国際化、技術革新の進展	1 安定成長経済 2 人口、産業の地方分散の兆し 3 国土資源、エネルギー等の有限性の顕在化	1 人口、諸機能の東京一極集中 2 産業構造の急速な変化等により、地方圏での雇用問題の深刻化 3 本格的国際化の進展	1 地球時代（地球環境問題、大競争、アジア諸国との交流） 2 人口減少・高齢化時代 3 高度情報化時代
長期構想					「21世紀の国土のグランドデザイン」 一極一軸型から多軸型国土構造へ
目標年次	昭和45年	昭和60年	昭和52年からおおむね10年間	おおむね平成12年（2000年）	平成22年から27年（2010～2015年）
基本目標	〈地域間の均衡ある発展〉 都市の過大化による生産性・生活面の諸問題、地域による生産性の格差について、国民経済的視点からの総合的解決を図る。	〈豊かな環境の創造〉 基本的課題を調和しつつ、高福祉社会をめざして、人間のための豊かな環境を創造する。	〈人間居住の総合的環境の整備〉 限られた国土資源を前提として、地域特性を生かしつつ、歴史的、伝統的文化に根ざし、人間と自然との調和のとれた安定感のある健康で文化的な人間居住の総合的環境を計画的に整備する。	〈多極分散型国土の構築〉 安全でうるおいのある国土の上に、特色ある機能を有する多くの〈極〉が成立し、特定の地域への人口や経済機能、行政機能等諸機能の過度の集中がなく地域間、国際間で相互に補完、触発しあいながら交流している国土を形成する。	〈多軸型国土構造形成の基礎づくり〉 多軸型国土構造の形成を目指す「21世紀の国土のグランドデザイン」実現の基礎を築く。地域の選択と責任に基づく地域づくりの重視。
基本的課題	1 都市の過大化の防止と地域格差の是正 2 自然資源の有効利用 3 資本、労働、技術等の資源の適切な地域配分	1 長期にわたる人間と自然との調和、自然の恒久的保護、保存 2 開発の基礎条件整備による開発可能性の全国土への拡大均衡化 3 地域特性を活かした開発整備による国土利用の再編効率化 4 安全、快適、文化的環境条件の整備保全	1 居住環境の総合的整備 2 国土の保全と利用 3 経済社会の新しい変化への対応	1 定住と交流による地域の活性化 2 国際化と世界都市機能の再編成 3 安全で質の高い国土環境の整備	1 自立の促進と誇りの持てる地域の創造 2 国土の安全と暮らしの安心の確保 3 恵み豊かな自然の享受と継承 4 活力ある経済社会の構築 5 世界に開かれた国土の形成
開発方式等	〈拠点開発構想〉 目標達成のため工業の分散を図ることが必要であり、東京等の既成大集積と関連させつつ開発拠点を配置し、交通通信施設によりこれらを有機的に連絡させ相互に影響させると同時に、周辺地域の特性を生かしながら連鎖反応的に開発をすすめ、地域間の均衡ある発展を実現する。	〈大規模プロジェクト構想〉 新幹線、高速道路等のネットワークを整備し、大規模プロジェクトを推進することにより、国土利用の偏在を是正し、過密過疎、地域格差を解消する。	〈定住構想〉 大都市への人口と産業の集中を抑制する一方、地方を振興し、過密過疎問題に対処しながら、全国土の利用の均衡を図りつつ人間居住の総合的環境の形成を図る。	〈交流ネットワーク構想〉 多極分散型国土を構築するため、①地域の特性を生かしつつ、創意と工夫により地域整備を推進、②基幹的交通、情報・通信体系の整備を国自らあるいは国の先導的な指針に基づき全国にわたって推進、③多様な交流の機会を国、地方、民間諸団体の連携により形成。	〈参加と連携〉 ─多様な主体の参加と地域連携による国土づくり─（4つの戦略） 1 多自然居住地域（小都市、農山漁村、中山間地域等）の創造 2 大都市のリノベーション（大都市空間の修復、更新、有効活用） 3 地域連携軸（軸状に連なる地域連携）の展開 4 広域国際交流圏（世界的な交流機能を有する圏域）の形成
投資規模	「国民所得倍増計画」における投資額に対応	昭和41年度から昭和60年度約130～170兆円 累積政府固定資本形成（昭和40年価格）	昭和51年度から昭和65年度約370兆円 累積政府固定資本形成（昭和50年価格）	昭和61年度から平成12年度1,000兆円程度 公、民による累積国土基盤投資（昭和55年価格）	投資総額を示さず、投資の重点化、効率化の方向を提示

工業生産が伸び，京浜工業地帯，名古屋工業地帯，阪神工業地帯，北九州工業地帯の四大工業地帯が形成された。大正8年には「都市計画法」が成立したものの，その適用は都市に限定されていた。昭和15年には，大東亜共栄圏建設・国防国家体制を目指す「国土計画設定要綱」が閣議決定された。この要綱は，食料や軍需資材の自給，防空，人口分散といった軍事的色彩の強いものであったが，ほとんど成果は見られなかった。

(2) 戦後の地域計画

わが国は第二次世界大戦に敗戦し国土は廃墟と化し，海外の領土も失い，狭い国土で約8千万人の国民を養っていく方策を見いだす必要があった。戦後初の国土計画は，内務省国土局による「復興国土計画要綱」（昭和22年）であり，敗戦により焦土と化した国土を復興させるものであった。

この要綱は，国土総合開発計画的側面と経済計画的側面を併せ持つ計画であり，この計画要綱の発表により，国土計画の策定に対する世論が高まり，総合国土審議会が設置されるに至った。

1950（昭和25）年には「国土総合開発法」が制定された。この法律は，その後のわが国の国土計画の基幹をなすものであり，手本とされたのはアメリカのテネシー渓谷開発計画（TVA：Tennessee Valley Authority）である。その法律の第一条には，「この法律は，国土の自然的条件を考慮して，経済，社会，文化等に関する施策の総合的見地から，国土を総合的に利用し，開発し，及び保全し，並びに産業立地の適正化を図り，あわせて社会福祉の向上に資することを目的とする」とある。具体的な国土総合開発計画としては，以下の内容が記述されている。

① 土地，水その他の天然資源の利用に関する事項
② 水害，風害その他の災害の防除に関する事項
③ 都市及び農村の規模及び配置の調整に関する事項
④ 産業の適正な立地に関する事項
⑤ 電力，運輸，通信その他の重要な公共的施設の規模及び配置並びに文化，構成及び観光に関する資源の保護，施設の規模及び配置に関する事項

この国土総合開発計画は，①全国総合開発計画，②都道府県総合開発計画，③地方総合開発計画，④特定地域総合開発計画から構成されている。この中で最も早く実施に至ったのが特定地域総合開発計画であり，その第一号が昭和28年に閣議決定された北上川特定地域である。この計画は日本のTVAと呼ばれた壮大な計画で，洪水対策，発電，各種産業の振興などを目的に，北上川の本・支流に5大ダムが建設され，地域の食料増産と所得の向上に寄与した。この計画は1958（昭和33）年の北奥羽・十和田岩木川・仙塩の3地域を最後に，全部で21地域の総合開発事業がそれぞれ10カ年計画で実施され，国土保全・電源開発・工業立地条件整備などに成果をあげた。

全国総合開発計画は，1962（昭和37）年の「全国総合開発計画（全総）」から始まって，1998（平成10）年の「21世紀のグランドデザイン（5全総）」まで続くことになる（表2・1）。

2.2　全国総合開発計画

(1) 全国総合開発計画（全総）

昭和30年代の中ごろから，わが国の経済は岩戸景気と呼ばれる好況となり，工業化と都市化が進み，東京や大阪などの大都市へ人口と産業が集中した。一方では，公共投資による社会資本の整備が遅れたために，大都市への集中の弊害が大きくなった。他方，地方都市では生産性が向上せず，所得の地域格差が拡大するようになり，その是正が政策課題となった。

そこで国土総合開発法に基づいて，全国総合開発計画が1962（昭和37）年に策定された。この計画の目標は「地域の均衡ある発展」であり，大都市の過密解消と地域格差の是正，資本と技術と労働生産要素の適切な地域配分を目指した。この計画がわが国における本格的な地域計画の始まりでもある。

全総の基本目標を実現するための開発方式は「拠点開発構想」である。具体的には，新産業都市建設促進法（昭和37年）と工業整備特別地域整備促進法（昭和39年）により実施された。

新産業都市は，既成の大都市である東京や大阪などから遠く離れた地域に，新しく大規模な工業等の集積を図り，周辺の開発を促進することが目

的であった。その結果，新産業都市としては，太平洋ベルト地帯以外に工業開発拠点が15地区指定された。

工業整備特別地域は，太平洋ベルト地域の既成の大都市の中間またはその周辺地域に，大都市の過密化からの分散を図るという目的も兼ねて，6地域が指定された。このように新産業都市15地区と工業整備特別地域6地区は，同じような工業開発拠点であるが，その設置目的は異なっている（図2・1）。

(2) 新全国総合開発計画（新全総）

全国総合開発計画（全総）は，拠点開発方式がとられ，新しい工業地帯に集中的に投資が行われた。また山村や離島にも各種の振興計画により施策が実施された。しかし，日本経済は予想を上回る高度成長を遂げたため，国土利用に著しい偏在を生じ，大都市と地方都市との地域格差は拡大するばかりで，大都市も過密化による環境問題が顕

図2・1　新産業都市・工業整備特別地域指定状況図[7]

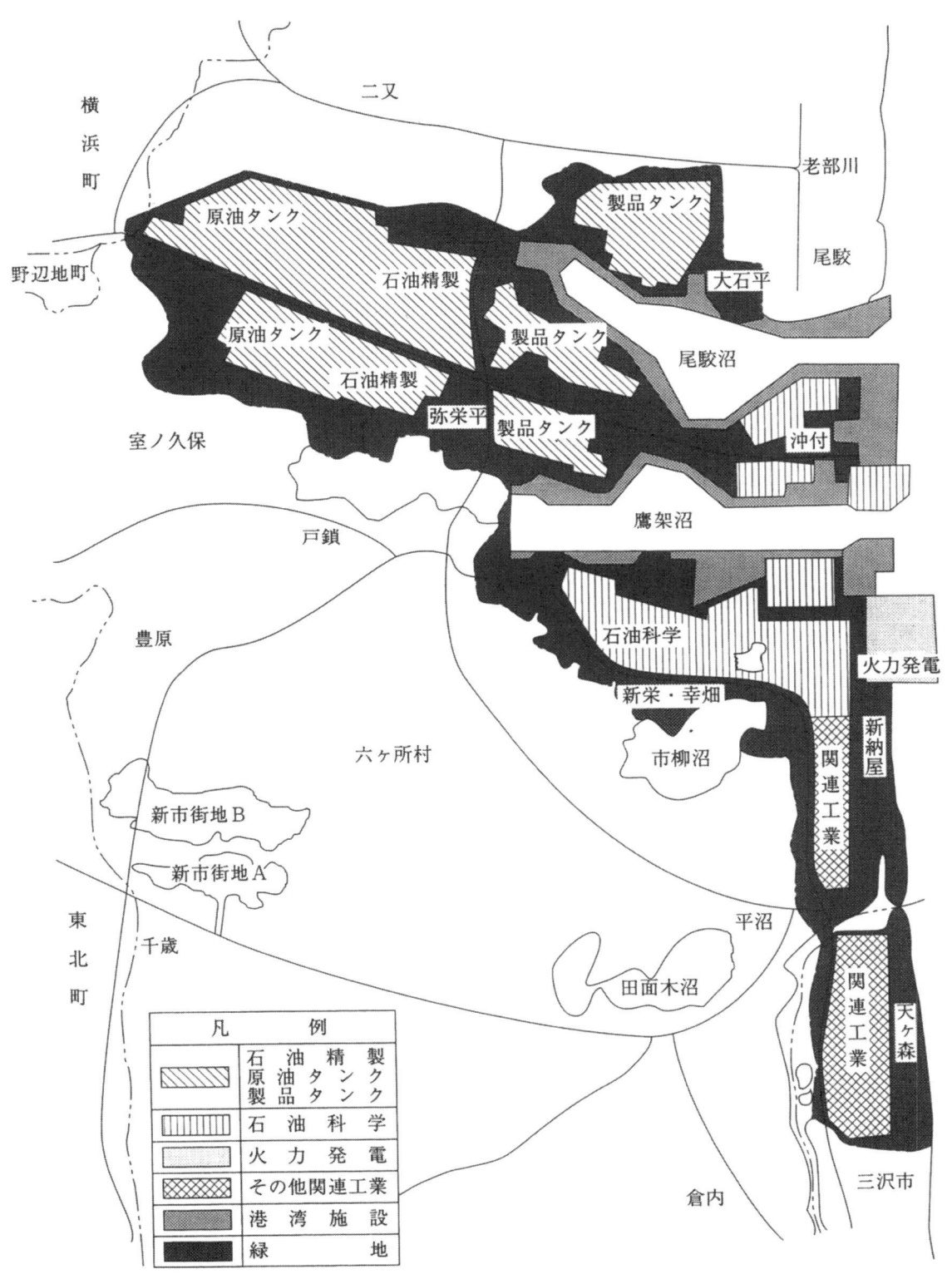

図2・2 むつ小川原工業開発計画（むつ小川原第2次基本計画）[8]

在化した。

昭和40年代になると，高度経済成長により資本力も蓄積されはじめ，特に新幹線や高速道路などの新しい高速交通体系を活用して，国土利用の再編効率化を目指し，人間のための豊かな環境を創造することを基本目標とした，新全国総合開発計画（新全総）が1969(昭和44)年に策定された。

新全総の基本目標は「豊かな環境の創造」であり，それを実現するための開発方式は「大規模プロジェクト構想」である。具体的には，以下のようなプロジェクトがあげられている。

東京を含めて，札幌から福岡までの七大集積地（札幌，仙台，東京，名古屋，大阪，広島，福岡）を通信交通網で結び，国土軸の主幹とし，各地域を縦横に連絡する全国ネットワークを形成する。具体的な政策としては，①全国的な情報通信網の整備，②東京・大阪・札幌・福岡などの基幹空港および全国の主要空港を整備して全国的な空港網の形成，③東京～福岡間，東京～仙台間の新幹線鉄道を早期完成し，順次全国網を整備，④約7,600kmの高速道路とそれを補完する道路の整備と，仙台や広島などに大規模流通拠点港湾を整備，⑤苫小牧東部地区，むつ小川原などの大規模工業開発，⑥琵琶湖総合開発，筑波学園都市の建設などがある。

また，過密・過疎問題の解決を図る手法として，中核都市を中心とした広域生活圏を設定し，これを地域計画の単位とした。中核都市の道路や公園，上下水道や住宅地などの整備・充実を行い，高度な都市施設を設けるとともに，広域圏を構成している市町村と中核都市を結ぶ道路網と電話網の整備や各種の工業施設の整備を図るものである。しかし，昭和40年代後期に発生した石油ショックや公害問題の顕在化等により新全総も大きな転換を迫られることになる。

(3) 第三次全国総合開発計画（三全総）

過去二回の全国総合開発計画の基本方針である「国土の均衡ある発展」のための工業機能分散や高速交通体系の確立に併せて，さらに流通機能の分散，大学などの高等教育機関や高度医療施設の分散配置を進めることにより，人間活動の全国的再配置と大都市への集中制御，地方振興による過疎過密問題の解決を図ることを目的として，第三次全国総合開発計画（三全総）が1977(昭和52)年に策定された。

三全総の基本目標は「人間居住の総合的環境の整備」であり，それを実現するための開発方式は「定住構想」である。定住構想を実現するための機能としては，①広域的な土地利用の調整，②水の利用や水質の保全の計画管理，③自然環境の保全や治山治水，などの国土資源の管理をはじめとして，生産活動の適切な配置と雇用の確保，広範な公共サービスの提供などをあげている。定住構想における定住圏とは，都市と農漁村を一体化した地域計画の基礎単位であり，新全総の広域生活圏を発展させたものである。また定住構想においては，限られた国土資源を前提として地域特性を活かしつつ，歴史的・伝統的文化に根ざし，人間と自然との調和のとれた安定感のある健康で文化的な人間居住の総合的環境を整備することを目標としている（図2・3）。

(4) 第四次全国総合開発計画（四全総）

昭和50年代の後半になると，わが国の経済は，貿易黒字が膨張し，世界一の債権国となり，東京はニューヨーク，ロンドンと並んで世界の三大金融センターの一つになった。東京圏が世界都市としての役割を高める中で，地方中枢都市・地域中核都市における高次都市機能集積拠点の多角的分散が必要となってきた。そのために，工業の分散，政府機関の移転，文化および各種研究施設の東京以外への立地などを目的として，第四次全国総合開発計画（四全総）が1987(昭和62)年に策定された。

四全総の基本目標は「多極分散型国土の構築」であり，それを実現するための開発方式は「交流ネットワーク構想」である。多極分散型国土を実現するためには，地域主導による地域づくりを推進し，東京などの大都市への人口や諸機能の過度の集中を防がなければならない。そのためには定住と交流のための交通・情報・通信体系の整備が必要であり，高規格幹線道路網としては長期構想として14,000kmをもって形成し，地域相互間の連絡強化を図る。東京国際空港（羽田空港）をはじめとするジェット機空港の整備，コミューター航空の導入，ユニットロードシステムによる高度な物流システムの形成を図る。情報・通信体系としては，サービス総合デジタル網（ISDN）を全国的に構築し，情報・通信コストの総合的な低廉

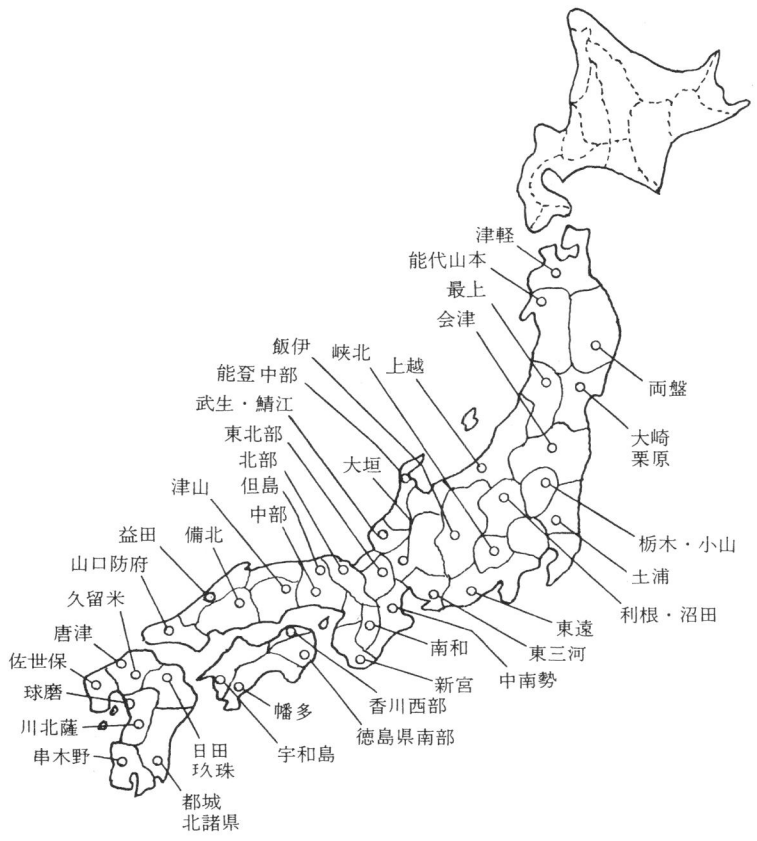

図2・3 モデル定住圏（三全総）

化と地域間情報格差の解消を図る。

　四全総の開発方式の一つに「リゾート地域の指定」がある。リゾート地域の指定は，1987（昭和62）年に施行された「総合保養地域整備法」に基づくものである。この法律の目的は，その第一条に「良好な自然条件を有する土地を含む相当規模の地域である等の要件を備えた地域において，国民が余暇等を利用して滞在しつつ行うスポーツ，レクリエーション，教養文化活動，休養，集会等の多様な活動に資するための総合的な機能の整備を民間事業者の能力の活用に重点を置きつつ促進する措置を講ずることにより，ゆとりある国民生活のための利便の増進並びに当該地域及びその周辺の地域の振興を図り，もって国民の福祉の向上並びに国土及び国民経済の均衡ある発展に寄与することを目的とする」とある。すなわち，それまでの重厚長大産業を主とした地域経済の活性化から，観光を中心とした地域の活性化を図ろうとするものである。その背景には，①人生80年時代に

ふさわしいゆとりある国民生活の実現，②地域の資源を活用した第三次産業を中心とする地域振興の推進，③民活活力の活用等による内需の拡大，が挙げられる。また従来のように国が行う事業ではなく，地域の主体的な取り組みを国が支援するという観点から，国による地域指定は行わず，都道府県が基本構想を作成し，主務大臣の承認を得る方式となっている。その上で，当該事業に基づいて実施される事業に対しては，国からの税，金融，財政上の支援措置等が講じられることになる（図2・4）。

　リゾート法に基づいて基本構想が承認されたのは，第一号が1988（昭和63）年7月に指定された三重県の「国際リゾート（三重サンベルトゾーン）構想」，宮崎県の「宮崎・日南海岸リゾート構想」，福島県の「会津フレッシュリゾート構想」であり，最終的には42道府県で基本構想が承認された（表2・2）。

　リゾート法が施行された昭和62年は，いわゆる

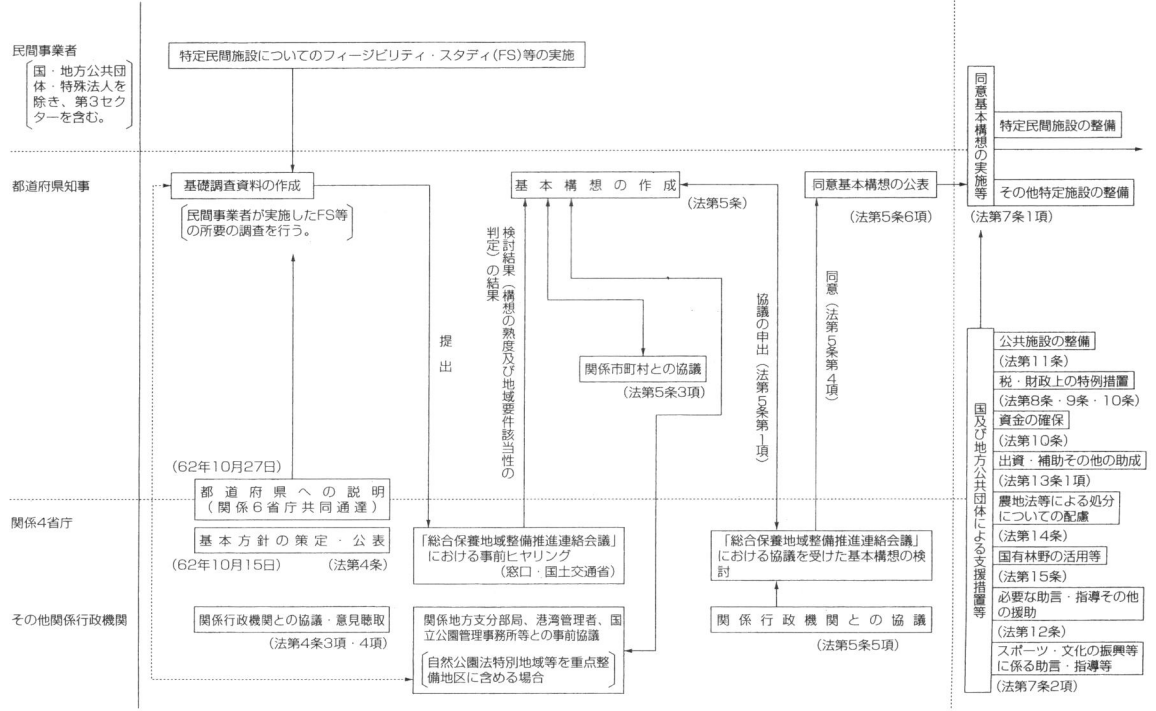

図2・4　リゾート法の流れ[8]

写真2・3　宮崎・日南海岸リゾート構想の中核的施設
（シーガイア）

バブルの絶頂期であり，地方においても観光客の増加による地域活性化を期待したが，リゾートのための施設整備の内容は，ゴルフ場，スキー場，ホテル建設の三点セットが大部分を占め，また開発による地価の高騰や開発資金の増大，リゾートマンションの乱立による地域景観の破壊や環境問題，その後のバブルの崩壊により，地域に多くの負債と課題を残す結果となった。しかし，リゾート法の目的である「保養，休養等を目的として快適な自然環境の中で一定期間滞在して生活を楽しむ」ことは，これからのゆとりある生活を送るためには，重要な施策であるため，①長期的視点にたったリゾート整備，②リゾートについての政策理念の再確立，③リゾート整備体制の強化，が求められている。

(5) 21世紀の国土のグランドデザイン（五全総）

わが国の国土構造は，東京を頂点とする太平洋ベルト地帯に人口や諸機能が集中しており，これは経済面を中心とする20世紀の歴史的発展過程を色濃く反映したものである。その結果，今日の高い経済水準を獲得したものの，大都市と地方都市間の地域格差の増大，失われた貴重な自然環境，国土の脆弱性による自然災害の発生など，多くの国土構造上の課題を抱えている。

国民意識の転換が進み，少子高齢化社会の進展，財政的制約が増す中での国土づくりには，各地域の個性的で主体的な地域づくりが求められているとともに，国，地方公共団体に加え，企業，各種ボランティア団体，地域住民等，多様な主体の責任ある積極的な参加と，各主体の資質を活かした相互連携が不可欠となっている。

第2章　日本の地域計画

表2・2　リゾート法による基本構想の承認内容

番号	道府県 (承認年月日)	構想名 特定地域面積／重要整備地区面積／地域数	主要プロジェクト
1	三重県 S63.7.9	国際リゾート「三重サンベルトゾーン」構想 156,000ha／22,000ha／8地区	志摩スペイン村 新鳥羽水族館等
2	宮崎県 S63.7.9	宮崎・日南海岸リゾート構想 133,000ha／16,000ha／6地区	シーガイア こどものくに等
3	福島県 S63.7.9	会津フレッシュリゾート構想 178,000haÅ^16,000haÅ^9inaE	磐梯清水平リゾート グランデルホテル＆スキーリゾート等
4	兵庫県 S63.10.28	総合保養地域の整備に関する基本構想 60,000ha／19,000ha／9地区	淡路島国際公園都市 五色ヘルシーリゾート等
5	栃木県 S63.10.28	日光・那須リゾートライン構想 170,000ha／17,000ha／8地区	ハンターマウンテンスキーボウル塩原 アーデル霧降素ポートバレイ等
6	新潟県 S63.12.7	雪と緑のふるさとマイ・ライフリゾート新潟構想 163,000ha／23,000ha／8地区	舞子高原後楽園スキー場 当間高原リゾート等
7	群馬県 S63.12.26	ぐんまリフレッシュ高原リゾート構想 175,000ha／38,000ha／13地区	パルコール嬬恋 草津音楽の森等
8	埼玉県 H1.3.10	秩父リゾート地域整備構想 99,000ha／12,000ha／4地区	秩父ミューズパーク 彩の国ふれあいの森等
9	秋田県 H1.3.30	北緯40°シーズナルリゾートあきた構想 177,000ha／26,000ha／9地区	八幡平オートキャンプパーク 秋田県田沢湖スキー場等
10	岩手県 H1.3.30	さんりく・リアス・リゾート構想 173,000ha／22,000ha／7地区	シーサイドキャピタルホテル 高田松原野外活動センター等
11	千葉県 H1.4.18	房総リゾート地域整備構想 178,000ha／30,000ha／11地区	水産ポートセンター 名洗港マリンリゾート等
12	長崎県 H1.4.18	ナガサキ・エキゾチック・リゾート構想 145,000ha／20,000ha／7地区	ハウステンボス ルネサンスナガサキ・伊王島等
13	北海道 H1.4.18	北海道富良野・大雪リゾート地域整備構想 334,000ha／27,000ha／8地区	トマムリゾート サホロリゾート等
14	広島県 H1.6.23	瀬戸内中央リゾート構想 121,000ha／20,000ha／8地区	中央森林公園 エアポートビレッジ等
15	福岡県 H1.10.4	玄海レク・リゾート構想 143,000ha／24,000ha／9地区	スペースワールド 九州ゴルフ倶楽部八幡コース等
16	大分県 H1.10.4	別府くじゅうリゾート構想 149,000ha／27,000ha／9地区	ハーモニーランド くじゅう高原「ガンジーファーム」等
17	京都府 H1.10.4	丹後リゾート構想 128,000ha／26,000ha／8地区	天橋立宮津ロイヤルホテル スイス村等
18	長野県 H2.2.6	"フレッシュエア信州" 千曲川高原リゾート構想 178,000ha／17,000ha／8地区	小海リゾートシティリエックス 小諸高原ゴルフコース等
19	宮城県 H2.3.29	栗駒・船形リフレッシュリゾート オアシス21構想 170,000ha／12,000ha／8地区	栗駒高原オートキャンプ場 リゾートパークオニコウベゴルフ場等
20	石川県 H2.3.29	石川県南加賀・白山麓総合保養地域整備構想 155,000ha／17,000ha／6地区	白山瀬女高原スキー場 ゴルフクラブツインフィールズ等
21	福井県 H2.5.28	奥越高原リゾート構想 113,000ha／14,000ha／5地区	勝山城 スキージャム勝山等
22	熊本県 H2.6.29	天草海洋リゾート基地建設構想 93,000ha／7,000ha／6地区	樋合マリンプロジェクト 天草四郎メモリアルホール等
23	青森県 H2.6.29	津軽・岩木リゾート構想 159,000ha／23,000ha／8地区	鰺ヶ沢プリンスホテル 鰺ヶ沢高原ゴルフ場等
24	愛媛県 H2.6.29	えひめ瀬戸内リゾート開発構想 140,000ha／27,000ha／10地区	サンセットヒルズカントリークラブ ホテルアジュール等
25	滋賀県 H2.12.19	琵琶湖リゾートネックレス構想 174,000ha／20,000ha／7地区	ビワコマイアミランド 奥ビワコマキノプリンスホテル等
26	香川県 H2.12.19	瀬戸内・サンリゾート構想 110,000ha／16,000ha／6地区	レオマワールド 仁尾港マリーナ等
27	和歌山県 H2.12.19	"燦" 黒潮リゾート構想 162,000ha／26,000ha／7地区	東急南紀白辺リゾート 千里海岸総合リゾート等
28	愛知県 H3.3.29	三河湾地域リゾート整備構想 82,000ha／8,000ha／6地区	チッタナポリ 一色さかな広場等
29	山梨県 H3.3.29	山梨ハーベストリゾート構想 155,000ha／17,000ha／6地区	大泉・清里スキー場 ポール・ラッシュ・フォレスト等
30	島根県 H3.3.29	島根中央地域リゾート構想 169,000ha／20,000ha／7地区	三瓶フィールドミュージアム 旭テングストンスキー場等
31	沖縄県 H3.11.28	沖縄トロピカルリゾート構想 226,000ha／29,000ha／10地区	オーラコーポレーション谷茶 読谷リゾート等
32	鳥取県 H2.12.4	ふるさと大山ふれあいリゾート構想 147,000ha／15,000ha／8地区	大山アークカントリクラブ 日吉津CCZ計画等
33	佐賀県 H3.12.4	歴史と自然のパノラマさがリゾート構想 175,000ha／25,000ha／8地区	TCワールド・シエスタ・パティオ 有田ポーセリンパーク等
34	山形県 H3.12.4	蔵王・月山地域リゾート構想 179,000ha／26,000ha／8地区	蔵王ライザスキーワールド チェリーランド等
35	高知県 H3.12.4	土佐浜街道リゾート構想 143,000ha／20,000ha／7地区	グリーンピア土佐横浪 手詰港マリンタウンプロジェクト等
36	茨城県 H4.9.3	茨城・きらめき・リゾート構想 176,000ha／12,000ha／6地区	ヴィレッジクラブリゾートホテル プラトさとみ等
37	鹿児島県 H4.10.14	鹿児島サン・オーシャン・リゾート構想 168,000ha／20,000ha／8地区	枕崎お魚センター マリンピア喜入等
38	静岡県 H5.2.16	にっぽんリゾート・ふじの国構想 165,000ha／28,000ha／11地区	伊豆高原駅前開発計画 初島リゾート計画等
39	山口県 H5.2.22	サザンセット・サンシャインリゾート構想 35,000ha／9,000ha／4地区	サンレク片添リゾート ハートランドひらお等
40	岡山県 H5.3.30	韮山美作リゾート構想 163,000ha／13,000ha／11地区	ロシェフォール湯原 上山地域総合開発等
41	徳島県 H6.3.30	ヒューマン・リゾートとくしま海と森構想 157,000ha／21,000ha／8地区	アスティとくしま コート・ベール徳島等
42	北海道 H10.1.29	北海道ニセコ・羊蹄・洞爺湖周辺地域整備構想 328,000ha／14,000ha／7地区	

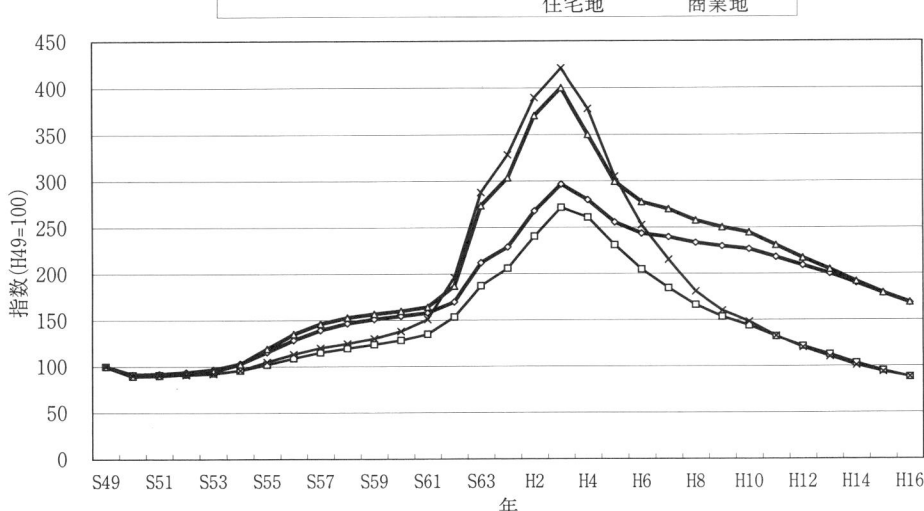

図2・5　公示地価の推移

このような背景から，わが国における第5番目の全国総合開発計画が1998（平成10）年に策定された。この計画は，目標年次2010～2015年までの計画期間中に，国土構造転換への道を切り開き，長期構想「21世紀の国土のグランドデザイン」実現の基礎を築くことを基本目標に，時代に適合した課題を設定し，戦略的に施策を展開するとしている。開発方式としては，「参加と連携」であり，具体的には以下に示す四つの戦略を展開するとしている。

(a)　多自然居住地域の創造

中小都市や中山間地域等を含む農山漁村の豊かな自然に恵まれた地域を21世紀の国土のフロンティアとして位置づけて地域連携を進め，都市的サービスとゆとりある居住環境を併せて享受できる自立的圏域を創造する。

① 都市と農村漁村等の多様な連携による魅力ある地域の創造
② 新しいライフスタイルの実現と地域の誇りの醸成
③ 人と自然の新しい関係の構築

(b)　大都市のリノベーション

過密に伴う諸問題を抱える大都市において，豊かな生活空間を再生するとともに，経済活力の維持に積極的に貢献するため，大都市空間を修復，更新し，有効に活用する。

① ゆとりと潤いのある大都市空間の創造
② 暮らしの安全と安心の確保
③ 国境を越えた都市間競争に対応した大都市機能の発揮

(c)　地域連携軸の展開

地域の自立を促進し，活力ある地域社会を形成するため，異なる資源を有する市町村等の地域が，都道府県境を超えて広域にわたる連携をすることにより，軸状の連なりからなるまとまりを形成し，全国土に展開する（図2・6）。

① 都市圏間連携による地域における高次機能の充実と相互活用
② 全国土における高次機能享受の機会均等とわが国の活力の維持・拡大
③ 選択可能性の高い暮らしの実現と新しい価値の創出

(d)　広域国際交流圏（世界的な交流機能を有する圏域）の形成

全国各地域が世界に広く開かれ，独自性のある国際的役割を担い，東京等の大都市に依存しない自立的な国際交流活動を可能とする地域的まとまりを国土に複数形成する。

① 参加と連携による地域の国際交流機能の広域的な強化
② 世界に誇りうる開かれた国土の形成
③ 主体的な国際交流による地域の自立

(6)　新たな国土計画（国土形成計画）

戦後復興期から日本の地域開発の基本法となっ

	「地域連携軸構想」の名	人口(千人)(2000年)	面積(km²)
1	青函インターブロック交流圏構想	1,992	16,172
2	環十和田プラネット広域交流圏構想	2,326	14,674
3	岩手・秋田地域連携軸	657	5,385
4	宮城・山形地域連携軸構想	2,935	11,428
5	南とうほくSUNプラン	3,386	11,233
6	21世紀FIT構想	2,260	9,451
7	福島・新潟地域連携軸構想	2,051	8,947
8	北関東・新潟地域連携軸構想	3,837	6,151
9	関東大環状連携軸構想	13,886	44,695
10	中部横断自動車道沿線連携軸構想	2,350	7,181
11	中部縦貫地域連携軸構想	7,221	37,022
12	三遠南信軸	2,050	5,729
13	東海環状軸	7,532	10,281
14	日本中央横断軸構想	4,555	9,602
15	紀伊半島広域交流圏	4,370	14,189
16	京滋奈三・広域交流圏	4,720	5,325
17	福井・滋賀・三重地域連携軸構想	4,029	13,979
18	T・TAT地域連携軸構想	3,985	11,233
19	瀬戸内海グランドデザイン	9,698	33,391
20	西瀬戸経済圏構想	14,121	46,403
21	西日本中央連携軸構想	5,987	30,448
22	中四国連携軸構想	5,947	27,961
23	日本海国土軸構想	2,903	16,324
24	東九州軸構想	4,349	13,956
25	九州中央軸構想	9,538	23,995
26	九州北部地域連携軸構想	7,409	11,497
27	有明海・八代海沿岸地域開発構想	11,054	28,086
28	九州西岸軸構想	507	2,083
29	中九州連携軸構想	3,080	13,740
30	南九州広域交流圏構想	4,816	24,322
31	南の海洋連携軸構想	3,104	11,458
	平均値	5,053	16,979

出典:「平成12年国勢調査」(総務省)を基に国土交通省国土計画局作成。

※ここであげた「地域連携軸構想」は,『「21世紀の国土のグランドデザイン」戦略推進指針』(平成11年6月)において主なものとして取り上げられたもの。

(注) 1. 上記は,「地域連携軸構想」のイメージ図であり,その範囲を必ずしも厳密に示しているものではない。
2. これらの「地域連携軸構想」は,新しい全国総合開発計画「21世紀の国土のグランドデザイン」(平成10年3月)第3部の記述に関わるものであり,地域において提唱されている構想の例である。

図2・6 「地域連携軸構想」のイメージ図[9]

てきた「国土総合開発法(昭和25年)」に基づき,第一次の「全国総合開発計画(昭和37年)」から第五次の「21世紀の国土のグランドデザイン(平成10年)」までの国土総合開発計画が策定された。これらの国土計画はいずれも国主導による「国土の均衡ある発展」がその根底にあり,わが国の戦後の混乱期から昭和40年代後半の高度経済成長に至る時期においては,それなりの役割を担ってきたことも事実である。しかし,21世紀の今日において,全国総合開発計画そのものの見直しの議論がなされており,その背景として以下のようなことが指摘されている。

① 戦後復興や高度成長期には,増加する人口や発展する産業の要請に応えるために,経済的に価値の高い土地利用が求められていたが,人口が減少傾向に向かい,また経済成長が安定化する時代の到来においては,国土の開発より,国土環境保全や都市の更新が求められている。

② 戦後からの地域開発は,社会資本整備や種々の優遇措置の適用を通じて,国主導で行われてきたが,従来型の社会資本整備に対する充足感が高まり,また国や地方自治体の財政難により,政策手段としての行き詰まり感が見られる。

③ 地方分権論の高まりにより,国土計画においても中央政府主導から,都道府県などの地方政府の意見や国民の要望を十分に踏まえるような策定過程の分権化と透明化が求められている。

このような時代背景から,国土総合開発法(昭和25年)が2005(平成17)年に一部改正され,法律の名称も「国土形成計画法」と改められた。それに伴って,従来の全国総合開発計画も国土形成計画に改められ,同計画は「全国計画」と「広域地方計画」から構成されている。全国計画は国の責務を明確にするために,総合的な国土の形成に関する施策の指針を定めるものである。広域地方計

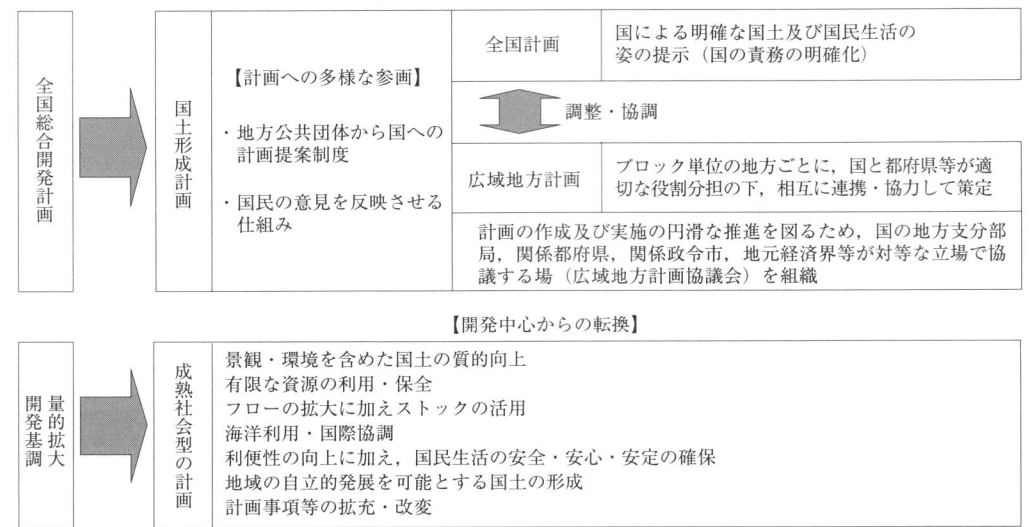

図2・7 国土形成計画法の仕組み

画は，政令で定める二つ以上の都府県の区域において，広域的見地から必要と認められる主要な施策等を国土交通大臣が定めるものとしている（図2・7）。

広域地方計画制度の創設に伴い，首都圏整備法（昭和31年），近畿圏整備法（昭和38年），中部圏開発整備法（昭和41年）の一部が改正され，併せて，東北開発促進法（昭和32年），九州地方開発促進法（昭和34年），四国地方開発促進法（昭和35年），北陸地方開発促進法（昭和35年），中国地方開発促進法（昭和35年）が廃止された。

2.3　大都市圏整備計画

前述したように国土総合開発法の一部改正により新たに国土形成計画法（平成17年）が誕生した。この法律における広域地方計画制度の創設に伴い，地方別の地域開発促進法の中で，東北，九州地方，四国地方，北陸地方，および中国地方開発促進法が廃止され，首都圏整備法，近畿圏整備法，および中部圏開発整備法の一部が改正された（表2・3）。

大都市圏整備計画は，現在までに首都圏が第五次首都圏基本計画（平成11年），近畿圏が第五次近畿圏基本整備計画（平成12年）および中部圏が第四次中部圏基本開発整備計画（平成12年）まで策定されており，各圏域の目標とする社会や生活の姿が示されている。目指すべき圏域構造として，首都圏は「分散型ネットワーク構造」，近畿圏は「多核格子構造」，中部圏は「世界に開かれた多軸連結構造」を掲げており，各計画に基づいて大都市圏の整備の推進を図っている。

(1)　首都圏基本計画（首都圏整備法，昭和31年）

昭和20年代後半に，わが国の経済が復興するにつれて，首都東京都区部への人口集中が激しくなった。そこで，大ロンドン計画を範にして首都圏構想が生まれた。首都圏構想では，①人口と工業の分散，②市街地周辺におけるグリーンベルトの設定，③その外側でのニュータウンの建設が計画された。

昭和31年に策定された首都圏整備法の目的は，「首都圏の整備に関する総合的な計画を策定し，その実施を推進することにより，わが国の政治，経済，文化等の中心としてふさわしい首都圏の建設とその秩序ある発展を図ることを目的とする」とある。ここでいう首都圏とは，東京都の区域および政令で定めるその周辺の地域を一体とした広域をいう（埼玉県，千葉県，神奈川県，茨城県，栃木県，群馬県，山梨県の1都7県）。

首都圏整備計画は，首都圏整備法に基づいて策定されるもので，「基本計画」「整備計画」「事業計画」から構成されている。基本計画は，整備計

表2・3　大都市圏整備計画の体系

	首都圏	近畿圏	中部圏
対象区域	東京都，埼玉県，千葉県，神奈川県，茨城県，栃木県，群馬県及び山梨県の1都7県	福井県，三重県，滋賀県，京都府，大阪府，兵庫県，奈良県及び和歌山県の2府6県	富山県，石川県，福井県，長野県，岐阜県，静岡県，愛知県，三重県及び滋賀県の9県
基本計画	首都圏基本計画 ○大臣決定 ○現行計画（第5次） ・平成11年3月決定 ・計画期間　平成11〜27年度 ・目指すべき圏域構造 ：拠点的な都市（広域連携拠点及び地域の拠点）を中心に自立性の高い地域を形成し，相互の機能分担と連携交流を行う構造	近畿圏基本整備計画 ○大臣決定 ○現行計画（第5次） ・平成12年3月決定 ・計画期間　概ね15年 ・目指すべき圏域構造 ：各都市・地域が個性を活かして「核」となり，さらに都市・地域間の重層的な連携によって，東西方向，南北方向に格子状に結びついた構造	中部圏基本開発整備計画 ○大臣決定 ○現行計画（第4次） ・平成12年3月決定 ・計画期間　概ね15年 ・目指すべき圏域構造 ：多様で特色ある資源や高度な産業・技術を活かした連携・交流と中部国際空港を活かした重層的な国際交流を推進することで，4つの国土軸と国土軸を連結する6つの圏域軸を形成
整備計画等	首都圏整備計画 ○大臣決定 ○現行計画 ・平成13年10月決定 ・計画期間　平成13〜17年度	近畿圏建設計画 ○知事作成・大臣同意 ○現行計画 ・平成13年10月　知事作成，大臣同意 ・計画期間　平成13〜17年度	中部圏建設計画 ○知事作成・大臣同意 ○現行計画 ・平成13年10月　知事作成，大臣同意 ・計画期間　平成13〜17年度
事業計画	首都圏事業計画 ○大臣決定 ○毎年度策定	近畿圏事業計画 ○大臣決定 ○毎年度策定	中部圏事業計画 ○大臣決定 ○毎年度策定

画の基本となるものであり，現在まで第一次首都圏基本計画（昭和33年）から第五次首都圏基本計画（平成11年）まで策定されている。

(a)　第一次首都圏基本計画（昭和33年）から第四次首都圏基本計画（昭和61年）

　第一次首都圏基本計画は，1958（昭和33）年に策定されたものであり，首都圏の区域を都心からの距離約100km，面積26,100km^{2}とした。また，首都圏全域を三つに区分し，①東京都区部と隣接都市からなる区域を既成市街地として，大規模な工場や大学などの新設を制限し，②既成市街地の外側で幅約10kmの近郊地帯をグリーンベルトとして既成市街地の拡大を物理的に抑制し，③その外側の周辺地域を人口や工業を定着させるための市街地開発区域として工業衛星都市を建設するとした。

　昭和30年代後半になると，首都圏には中枢管理諸機能をはじめ，資本，労働，技術などが集積し，人口も激増するようになった。その結果，①の既成市街地が拡大し，②のグリーンベルト予定地を浸食し，過密現象が激化した。そこで首都圏の各地域がそれぞれ最も適した機能を分担して，一体となった巨大都市複合体とする方針で，①の既成市街地は，中枢機能を分担する地域として，都市機能を純化する方向で再編し，②のグリーンベルトの近郊地帯を廃止して，近郊整備地帯として通勤圏とし，③の周辺地域の衛星都市は，あらゆる機能を分担しうる都市とし，首都東京の機能を効率的に補完するものとして，昭和43年に第二次首都圏基本計画が策定された。

　1976（昭和51）年に策定された第三次首都圏基本計画の特徴は，多極構造の広域都市複合体としての首都圏の形成である。これは地震などの自然災害に対して安全性の高い地域構造とする必要があり，東京大都市圏の中の中枢機能を分散して，周辺地域内に広く多角的に育成し，広域都市複合体の建設を目指すものである。例えば，大学については東京都区部から既成市街地以外への地域への分散を図り，周辺地域に社会的文化的機能の充実した都市を育成し，東京都心への通勤通学の必要のない近郊外郭地域として形成する。

　わが国の高度経済成長により，東京は日本の首都であるだけではなく，ニューヨーク，ロンドンと並んで世界の中心の一つとなり，国際化と情報化の進展がさらに東京都心への一極依存構造を助長して，首都圏における人口増加の定着，国際化，

情報化，技術革新などの社会変化などの流れを止めることができなくなった。その結果，首都圏はわが国の政治・経済・文化などの諸機能の中心として，適切な地域構造を形成する必要性に迫られた。以上のことから，昭和61年に第四次首都圏基本計画が策定された。基本方針としては，既成の市街地においては整備改善を中心として都市環境の向上と土地利用の高度化を図るとし，具体的なプロジェクトとしては，東京臨海副都心計画と東京駅再開発計画がある。東京臨海副都心計画は，①埠頭機能の沖合展開，②産業構造の転換による工場・倉庫などの遊休化，③埋立てによる広大な土地，④東京湾岸道路整備による利便性の向上，⑤都心部における業務床の不足，などから，臨海部を再開発し，業務機能と居住機能を中心として，商業や豊かな水辺を活かしたスポーツ・レクリエーションなどの機能を効果的に配置するものである。

東京駅再開発計画は，東京駅が代表的な鉄道ターミナルであると同時に，丸の内や大手町などの都心地域に位置し，都心地域の都市環境を左右する存在であることから，首都東京の顔としてふさわしい空間として整備しようとするものである。計画としては，①鉄道ターミナル機能の増進を図り，②中枢業務地区にふさわしい業務機能を整備し，③業務交流機能，宿泊機能，情報通信機能，商業機能や地域インキュベーション機能の整備を行い，④丸の内駅舎は都市景観のランドマークとして保全し，⑤丸の内口と八重洲口の駅前広場を整備する，などがある。

(b) 第五次首都圏基本計画（平成11年）

わが国をめぐる大きな変化と，五全総に示されたわが国が目指す将来像の下で，首都圏が果たすべき役割としては，①国際競争力を維持しわが国の活力創出に資するための地域の形成，②国内外にわたる多様な活動の連携を支援する地域の形成，③自然の循環を重視した環境共生型の地域構造や生活様式の創出，④4千万人の暮らしを支える安全で快適な生活の場の形成，があげられている。

一方，新しい首都圏基本計画において特に考慮すべき課題としては，①依然として大きな問題である過密と東京中心部への一極依存構造への対応，②東京都市圏における自立性の高い地域の形成に向けた拠点整備への一層の取組み，③北関東・山梨・関東東部地域における地域整備の新たな展開，④都市空間の再編整備への本格的な取組み，がある。

以上のような首都圏の果たすべき役割や考慮すべき課題を踏まえ，次のような目標とすべき社会や生活の姿を掲げ，首都圏の整備を推進する。

① わが国の活力創出に資する自由な活動の場の整備

世界規模での競争の激化等の中で，首都圏が引き続きわが国の発展に寄与するため，個人や企業による経済・社会・文化活動が展開しやすい場を形成する。

② 個人主体の多様な活動の展開を可能とする社会の実現

価値観，生活様式の多様化や情報収集・発信能力の高まりに伴う個人の社会的影響力の増大等を踏まえ，個人やNPO等の主体的・自発的活動を積極的に取り入れるとともに，特に女性や高齢者等の自由な社会的活動を妨げる諸要因の解消に努める。

③ 環境と共生する首都圏の実現

環境負荷の低減，自然循環の回復および個人の健康と快適性の向上を重視した持続可能な社会を実現する地域整備を進めるとともに，それにふさわしい生活様式の創造を図る。

④ 安全，快適で質の高い生活環境を備えた地域の形成

震災等の大規模災害に対する防災性の向上により安全，安心を確保するとともに，通勤混雑等の大都市問題の解決により，地域特性を踏まえた暮らしやすい居住環境の整備を促進する。

⑤ 将来の世代に引き継ぐ共有の資産としての首都圏の創造

世代を超えて効用が十分に発揮される社会資本の整備を，官民一体となって重点的かつ効率的に行う。また，分散型ネットワーク構造を支える広域的基盤施設の整備を重点的に推進する。さらに，東京湾の適正な利用と保全を図る。

大都市問題を解決し，上記のような目指すべき首都圏の将来像を実現するため，現在の一極依存の地域構造から，分散型ネットワーク構造を目指す。このため，首都圏内外との広域的な拠点となる業務核とし，関東北部・内陸西部地域の中核都

市圏を「広域連携拠点」として，その育成・整備を進めるとともに，拠点相互間や他の地域等との連携・交流を強化する。また，地域における諸活動の中心となる都市を「地域の拠点」として機能の集積を高める。

このような首都圏の目指すべき地域構造を踏まえて，首都圏を，「東京都市圏」「関東北部地域」「関東東部地域」「内陸西部地域」および「島しょ地域」の五つに分け，各地域の特性に応じて，地域の整備を推進する（図2・8）。

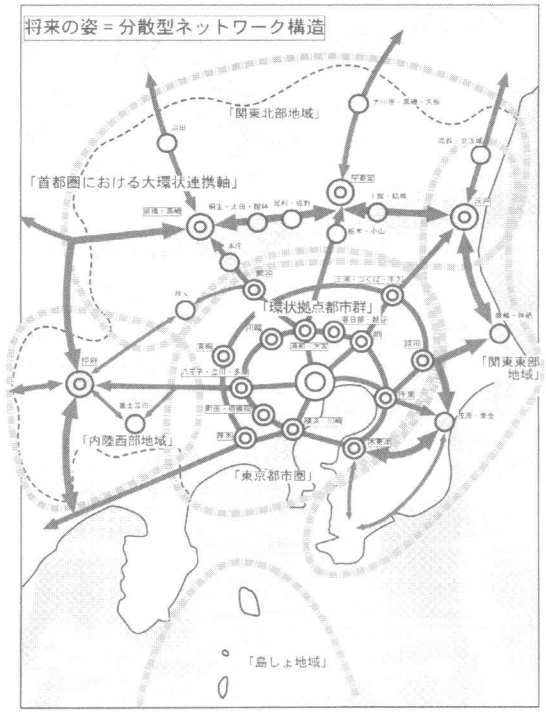

図2・8　首都圏の分散型ネットワーク構造

(2) 近畿圏基本整備計画（近畿圏整備法，昭和38年）

京阪神地域を中心とする近畿圏は，首都圏に比較すると人口や産業の集積度は低いものの，国内では首都圏に次いで高集積地域となっている。近畿圏の特徴としては，①ほぼ50km圏内に居住地が集積している，②淀川水系や紀ノ川水系などの水資源が豊富である，③地理的に西日本の交通結節点に位置し，④社会的・経済的蓄積があり，⑤過去の蓄積された文化財や生活文化の伝統があり，⑥広大な自然・低密地域を背後に有して，高密度と低密度とのコントラストを形成している，などがある。

近畿圏の整備に関しては，1963（昭和38）年に近畿圏整備法が制定され，それに基づいて，第一次近畿圏基本整備計画（昭和40年）から第五次近畿圏基本整備計画（平成12年）まで策定されている。

(a) 第一次近畿圏基本整備計画（昭和40年）から第四次近畿圏基本整備計画（昭和63年）

第一次近畿圏基本整備計画では，人口および諸資源の適正な配分ならびに産業の適正な配置による都市の過密化の防止と地域格差の是正を通じて，近畿圏経済の均衡ある発展と住民福祉の向上を図ることを目的としており，その結果として，①産業の発展，②産業構造の高度化，③産業間の所得格差の是正，④地域格差の是正，を目指すとしている。

昭和40年代に入って，過密・過疎現象の深刻化と社会資本整備の立ち後れが目立つようになり，公害問題も顕在化するようになった。そこで，計画性のある土地利用を前提として，住民生活の向上と生活環境の改善を図り，地域の特性を最大限に発揮させながら，均衡のとれた近畿圏の発展を目指すとして，第二次近畿圏基本整備計画（昭和46年）が策定された。

1978（昭和53）年には，中枢機能の東京一極集中傾向を改善し，首都圏と並ぶ全国的・国際的活動の場であると同時に，西日本の経済・教育・文化の中心としての機能を担うにふさわしい整備を図ることを目的として，第三次近畿圏基本整備計画が策定された。

さらに1988（昭和63）年には，第四次近畿圏基本整備計画が策定され，①多極分散国土構造の先導，②国際経済文化圏の形成，③多核連携型圏域構造の形成，④活力ある新社会の実現を図る，ことにより，都市圏と並ぶ独自の全国的・国際的中枢機能を担う圏域整備を進めるとしている。

(b) 第五次近畿圏基本整備計画（平成12年）

第四次近畿圏基本整備計画以後，関西文化学術研究都市の建設，関西国際空港の開港，明石海峡大橋の開通といった大規模プロジェクトが進行する一方，1995（平成7）年に発生した阪神・淡路大震災は，大都市における防災対策に多くの教訓を残した。さらに少子高齢化社会の到来やグローバリゼーションの進展，産業を取り巻く環境の変化，

大都市の中枢機能の低下といった新たな問題も顕在化してきた。このような背景の中で，第五次近畿圏基本整備計画が2000（平成12）年に策定され，近畿圏の目指すべき圏域構造としては「多核格子構造」を提唱している（図2・9）。

近畿圏の目標とする社会や生活の姿としては，①強くてしなやかな産業経済圏域の形成，②内外から人々が集う交流情報発信圏域の形成，③文化・学術の中枢圏域の形成，④歴史文化や自然と調和した安全で快適な生活空間の形成を目指す。主要施策としては，①大都市のリノベーション，②近畿新生のための産業の新たな展開，③内外との様々な交流の推進，④懐の深い文化・学術の創造，⑤環境と調和した地域の形成，⑥地域特性を踏まえた安全で快適な生活空間の形成，⑦圏域を支える交通・情報通信体系の整備と今後の社会資本整備をあげている。

(3) 中部圏基本開発整備計画（中部圏開発整備法，昭和41年）

中部圏基本開発整備計画は，中部圏開発整備法（昭和41年）に基づき，中部圏域（富山，石川，福井，長野，岐阜，静岡，愛知，三重，滋賀の9県）の将来展望を示し，長期的な視点からその整備を推進することを目的としている。昭和43年に第一次中部圏基本開発整備計画が策定され，その後，昭和53年に第二次，昭和63年に第三次の計画が策定された。2000（平成12）年には，東海北陸道による新たな連携・交流の進展，中部国際空港の具体化などの新たな動きに伴い，第四次中部圏基本開発整備計画が策定された。

それによると中部圏の将来像として目標とする社会や生活の姿としては，①世界に開かれた圏域の実現，②国際的産業・技術の創造圏域の形成，③美しい中部圏の創造，④誰もが暮らしやすい圏域の実現としている。また，目指すべき圏域構造としては，「世界に開かれた多軸連結構造」として，多様で特色のある資源や高度な産業・技術を活かした連携，交流と，中部国際空港を活かした重層的な国際交流を推進することで，四つの国土軸と国土軸を連結する六つの圏域軸を形成し，多軸型国土形成に向けての新しい流れを創出し，グローバルネットワークの一翼を担うものとする（図2・10）。

2.4 特定地域の振興

(1) 離島の振興（離島振興法，昭和28年）

離島は四方を海に囲まれ，その面積も一般的に狭く，本土の経済，文化の中心から遠く離れているという特殊事情下にあり，所得や生活条件等の面で本土との間には著しい格差がある。その一方，離島は国土の保全，海洋資源の利用，自然環境の保全等に重要な役割を担っている。

離島振興法は，このような離島の後進性を除去するための基礎条件の改善および産業振興に関する対策を樹立し，これに基づく事業を迅速かつ強力に実施することにより，離島の振興を図り，島民の生活の向上と国土の均衡ある発展に資することを目的としている。

離島振興法の地域指定の要件は以下のとおりである。

(a) 外海離島指定基準
① 外海に面する島（群島，列島，諸島を含む）であること
② 本土との間の交通が不安定であること
③ 島民の生活が強く本土に依存していること
④ 本土との最短航路距離がおおむね5km以上であるもの
⑤ 人口おおむね100人以上であるもの
⑥ 指定について要望のあるもの
⑦ 前⑥項の条件を具備した島であって，法第1条の目的を速やかに達成する必要があること

(b) 内海離島指定基準
① 本土との最短航路距離がおおむね10粁以上であるもの
② 定期航路の寄港回数が1日おおむね3回以下であるもの
③ 人口おおむね100人以上であるもの
④ 前③項の条件を具備した島であって，法第1条の目的を速やかに達成する必要があること

(c) 離島一部地域指定基準

外海または内海島しょのうち，その一部に下記の条件を具備する地域を有する場合には，当該地域を離島振興対策実施地域に指定するものとする。

① 本土との最短航路距離が，外海の島しょに

第2章　日本の地域計画　　25

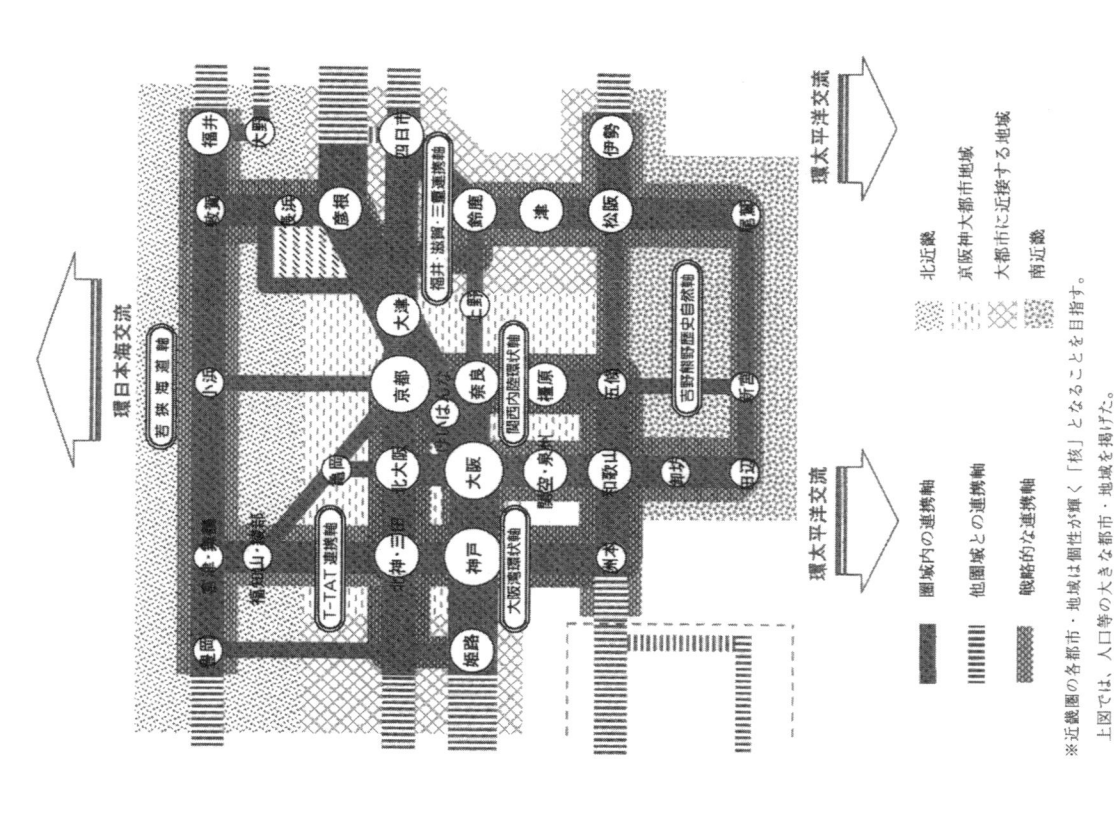

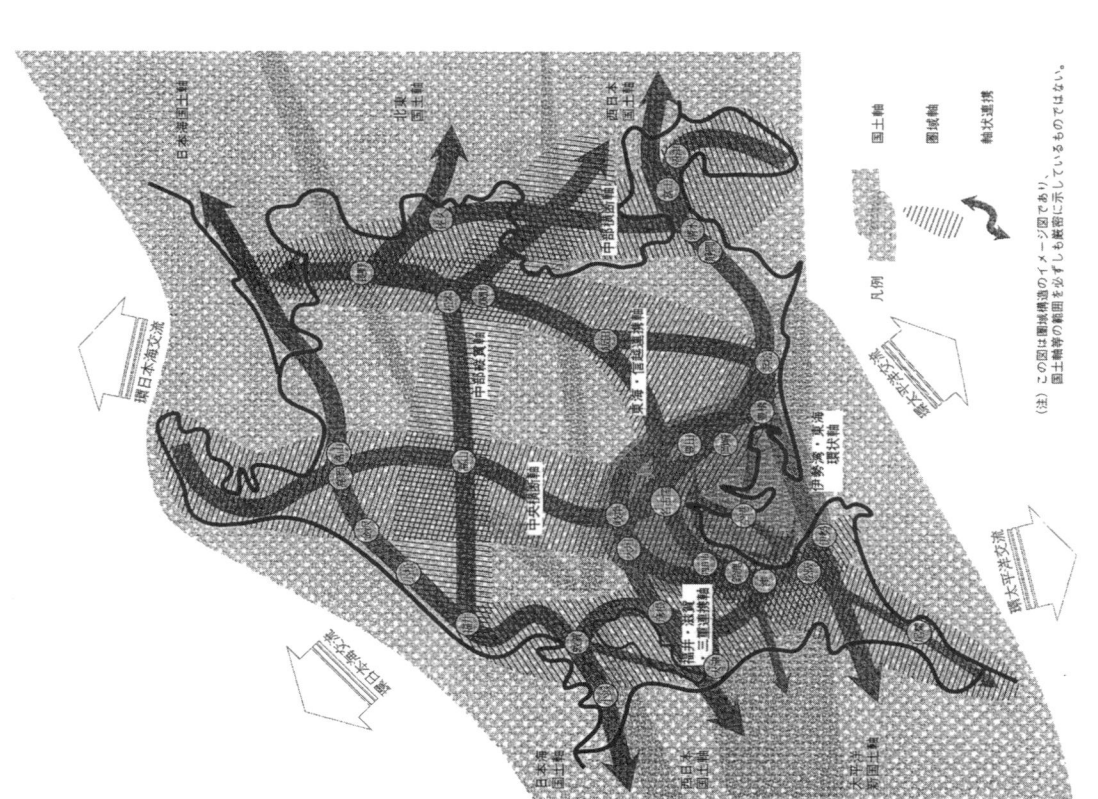

図2・9　近畿圏の多核格子構造[7]

図2・10　中部圏の世界に開かれた多軸連結構造[7]

おいては，おおむね5km以上，内海の島しょにおいては，おおむね10km以上であるもの
② 定期航路の寄港回数が1日おおむね3回以下であるもの
③ 主要定期乗合自動車の運行回数が，1日おおむね3回以下であるもの
④ 指定について要望のあるもの
⑤ 前④項の条件をそれぞれ具備する地域であって後進性が著しく法第1条の目的を速やかに達成する必要があること

離島振興法の実施地域の概要と主な支援措置の内容は，表2・4，表2・5のとおりである。

(2) 豪雪地帯の振興（豪雪地帯対策特別措置法，昭和37年）

わが国の豪雪地帯は，毎年，恒常的な雪害に見舞われ，産業の発展や住民の生活向上が阻害されている。このうち，積雪の度合いが特に高い特別豪雪地帯においては，自動車交通の確保に困難を来すことから，産業の振興や住民の生活に著しい支障を生じているほか，多くの地域では若年層を中心とした人口流出や高齢化が進んでいる。そのため，豪雪地帯対策特別措置法では，これらの地域について，雪害の防除や産業等の基礎条件の改善に関する総合的な対策を樹立し，その実施を推進することにより，地域の振興を図り，地域住民の生活の向上と国土の均衡ある発展に資することを目的としている。

豪雪地帯と特別豪雪地帯の指定基準は，表2・6

表2・4 離島振興対策実施地域の概要

区　分	合　計	内　地	北海道
地域数	76	71	5
指定有人島数	260	254	6
面　積	5,257km²	4,840km²	417km²
（対全国比）	（1.39％）	（1.28％）	（0.11％）
人　口	472千人	457千人	16千人
（対全国比）	（0.37％）	（0.36％）	（0.01％）
関係市町村数	111	107	4

（注）1 人口は，平成12年国勢調査による。
　　　2 関係市町村数は平成18年3月31日現在。

表2・5 離島振興法による主な支援措置

	事　項　名
税制措置	特別償却
	特別土地保有税の非課税
	買換え（離島外の資産を譲渡して離島内の事業用資産を取得）の場合の譲渡所得の課税の特例
	地方税の不均一課税に伴う措置
財政措置	国の負担・補助率の嵩上げ
金融措置	日本開発銀行，北海道東北開発公庫による地域産業振興特利制度
	中小企業金融公庫，国民金融公庫による地域産業振興貸付制度
その他	地方債についての配慮，医療の確保，高齢者の福祉の増進，交通の確保，情報の流通の円滑化及び通信体系の充実，教育の充実，地域文化の振興

表2・6 豪雪地帯・特別豪雪地帯の指定基準

	根　拠	指　定　基　準　の　概　要
豪雪地帯	豪雪地帯の指定基準に関する政令 （昭和38年10月7日政令第344号） 豪雪地帯の指定基準に関する政令に規定する期間及び施設を定める総理府令 （昭和38年10月21日総理府令第47号）	昭和37年の積雪の終期までの30年以上の期間における累年平均積雪積算値が5,000cm日以上の地域（以下「豪雪地域」という。）がある道府県又は市町村で次のいずれかに該当するもの。 (1) 豪雪地域が2/3以上の道府県又は市町村 (2) 豪雪地域が1/2以上で道府県庁所在市の全部又は一部が豪雪地域である道府県 (3) 市役所，町村役場，1・2級国道，道路法第56条に基づく主要な道府県道・市道又は国鉄（当時）の駅のいずれかが豪雪地域にある市町村 (4) 豪雪地域が1/2以上で市町村境界線の2/3以上が(1)～(3)までのいずれかに接している市町村
特別豪雪地帯	特別豪雪地帯の指定基準 （第3回） （昭和54年3月20日内閣総理大臣決定）	次の(1)，(2)のいずれの要件をも備えた市町村 (1) 積雪の度の要件 　　次の①～③のいずれかが必要 　　① 昭和33年から昭和52年までの20年間の累年平均積雪積算値が15,000cm日以上の地域が市町村の区域の1/2以上である。 　　② 昭和33年から昭和52年までの20年間の累年平均積雪積算値が15,000cm日以上の地域に市役所又は町村役場がある。 　　③ 昭和33年から昭和52年までの20年間の累年平均積雪積算値が最高20,000cm日以上，最低5,000cm日以上で，かつ全域の平均が10,000cm日以上である。 (2) 生活の支障の要件 　　次の①～④の要素から生活支障度が著しいと判断されること 　　① 自動車交通の途絶 　　② 医療・義務教育・郵便物集配の確保の困難性 　　③ 財政力 　　④ 集落の分散度

のとおりであり，2006（平成18）年4月現在で，豪雪地帯が547市町村，そのうち特別豪雪地帯が202市町村指定を受けている（図2・11）。

豪雪地帯対策としては，豪雪地帯対策基本計画（平成11年3月）に基づき，関係各省および地方公共団体で実施されている（図2・12）。

(3) 過疎地域の振興（過疎地域対策緊急措置法，昭和45年）

昭和30年代以降の高度成長に伴い，農山漁村地域から都市地域に向けて若年者層を中心とした大規模な人口移動が起こった。その結果，多くの過疎地域では，人口の減少に加え，高齢化の進展，若年層の流出により地域活力が低下しており，産業基盤や生活環境の整備等が他の地域に比較して低レベルにある。過疎地域においては，総合的かつ計画的な対策を実施するために必要な特別措置を講じることにより，地域の活性化を図り，地域住民の生活向上と国土の均衡ある発展に資することを目的として，昭和45年に「過疎地域対策緊急措置法」が制定された。その後，過疎地域振興特別措置法（昭和55年），過疎地域活性化特別措置法（平成2年），過疎地域自立促進特別措置法（平成12年）がそれぞれ制定された。

過疎地域自立促進特別措置法による過疎地域とは以下の要件に該当する市町村の区域をいう。

(a) 次のいずれかに該当すること。ただし，イ，ロ，ハに該当する場合でも，平成7年の国勢調査人口の昭和45年対比増加率が10％以上の地域は除く
① 平成7年の国勢調査人口の昭和35年対比減少率（以下，35年間人口減少率）が30％以上
② 35年間人口減少率が25％以上，かつ，平成7年の高齢者（65歳以上）人口の割合が24％以上

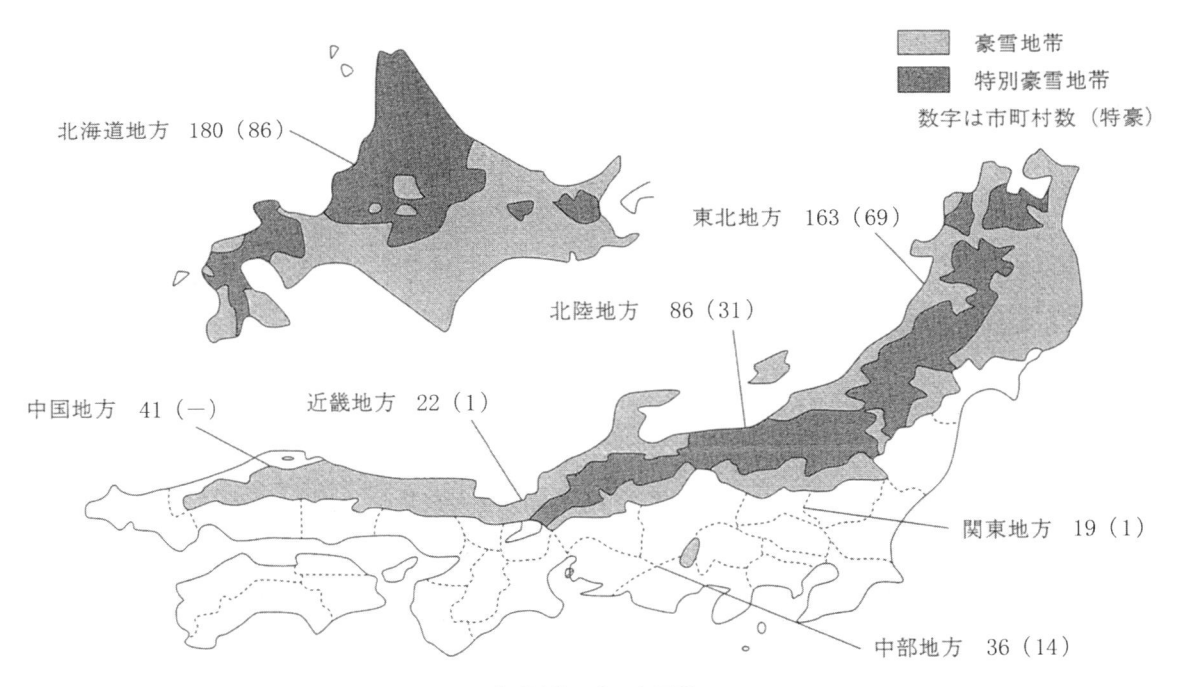

豪雪地帯の人口と面積

区分	全国	豪雪地帯（対全国比%）		うち特別豪雪地帯（対全国比%）	
人口（千人）	126,926	20,449 (16.1)	市 13,714 (10.8) 町村 6,735 (5.3)	3,512 (2.8)	市 1,845 (1.5) 町村 1,667 (1.3)
面積（km²）	377,876	192,019 (50.8)		74,890 (20.0)	
市町村数	1,820	547 (30.1)		202 (11.1)	

（注）人口は平成12年度国勢調査（平成12年10月1日時点）に，面積は「平成13年全国都道府県市区町村別面積調」（国土地理院：平成13年10月1日時点）による。市町村数（特別区を除く）は平成18年4月1日現在。

図2・11 豪雪地帯の地域指定図

③ 35年間人口減少率が25％以上，かつ，平成7年の若年者（15歳以上30歳未満）人口の割合が15％以下
④ 平成7年の国勢調査人口の昭和45年対比減少率が19％以上
(b) 1996（平成8）年度から1998（平成10）年度までの財政力指数の平均値が0.42以下であり，かつ公益競技収益が13億円以下であること

2006（平成18）年10月現在，全国1,817市町村の中で過疎地域の指定を受けている市町村は739（40.7％）であり，過疎地域自立促進特別措置法に基づく優遇措置の内容は図2・13のとおりである。

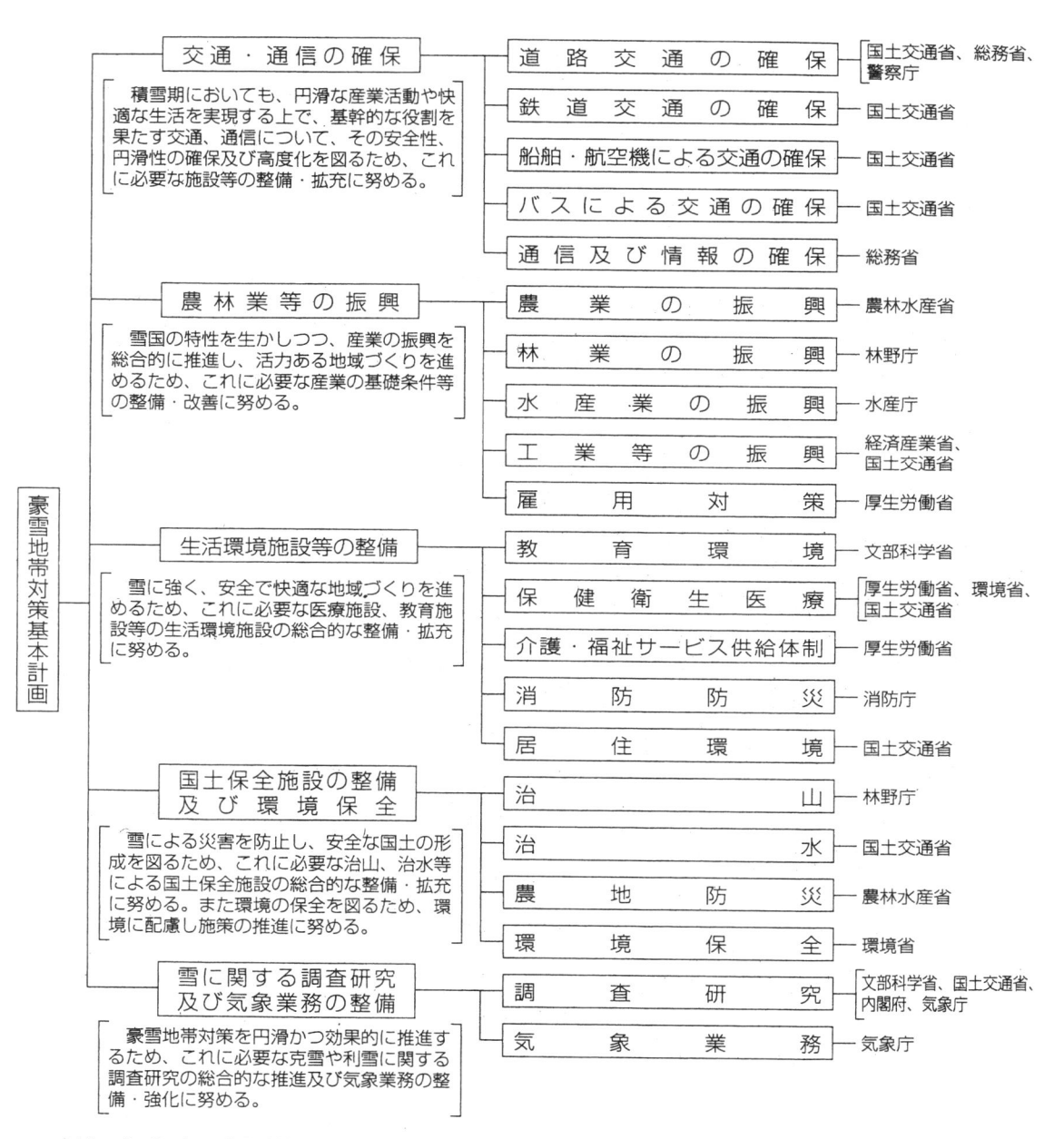

豪雪地帯対策基本計画		
交通・通信の確保 ［積雪期においても，円滑な産業活動や快適な生活を実現する上で，基幹的な役割を果たす交通，通信について，その安全性，円滑性の確保及び高度化を図るため，これに必要な施設等の整備・拡充に努める。］	道路交通の確保	国土交通省，総務省，警察庁
	鉄道交通の確保	国土交通省
	船舶・航空機による交通の確保	国土交通省
	バスによる交通の確保	国土交通省
	通信及び情報の確保	総務省
農林業等の振興 ［雪国の特性を生かしつつ，産業の振興を総合的に推進し，活力ある地域づくりを進めるため，これに必要な産業の基礎条件等の整備・改善に努める。］	農業の振興	農林水産省
	林業の振興	林野庁
	水産業の振興	水産庁
	工業等の振興	経済産業省，国土交通省
	雇用対策	厚生労働省
生活環境施設等の整備 ［雪に強く，安全で快適な地域づくりを進めるため，これに必要な医療施設，教育施設等の生活環境施設の総合的な整備・拡充に努める。］	教育環境	文部科学省
	保健衛生医療	厚生労働省，環境省，国土交通省
	介護・福祉サービス供給体制	厚生労働省
	消防防災	消防庁
	居住環境	国土交通省
国土保全施設の整備及び環境保全 ［雪による災害を防止し，安全な国土の形成を図るため，これに必要な治山，治水等による国土保全施設の総合的な整備・拡充に努める。また環境の保全を図るため，環境に配慮し施策の推進に努める。］	治山	林野庁
	治水	国土交通省
	農地防災	農林水産省
	環境保全	環境省
雪に関する調査研究及び気象業務の整備 ［豪雪地帯対策を円滑かつ効果的に推進するため，これに必要な克雪や利雪に関する調査研究の総合的な推進及び気象業務の整備・強化に努める。］	調査研究	文部科学省，国土交通省，内閣府，気象庁
	気象業務	気象庁

（注）［　］内は豪雪地帯対策基本計画の中の「基本計画の重点」の抜粋である。

図2・12　豪雪地帯対策基本計画に基づく事業の内容[8]

```
┌ 財政措置 ┬ 国の負担又は補助の特例 ───┬ 1 統合校舎（教職員住宅を含む）
│         │ （補助率1/2〜5.5/10）     ├ 2 保育所
│         │ 【法第10〜11条】           └ 3 消防施設
│         │
│         ├ 過疎対策事業債 ───────────┬ 1 交通の確保又は産業の振興を図るために必要な市町村道、
│         │ （償還期間12年、地方交付  │    農林道、漁港関連道
│         │   税による元利補填70％）   ├ 2 漁港及び港湾
│         │ 【法第12条】               ├ 3 地場産業の振興施設
│         │                            ├ 4 観光またはレクリエーション施設
│         │                            ├ 5 電気通信に関する施設
│         │                            ├ 6 下水処理のための施設
│         │                            ├ 7 公民館その他の集会施設
│         │                            ├ 8 消防施設
│         │                            ├ 9 高齢者の保健又は福祉の向上又は増進を図るための施設
│         │                            ├ 10 保育所及び児童館
│         │                            ├ 11 診療施設
│         │                            ├ 12 統合校舎等
│         │                            ├ 13 地域文化の振興等を図るための施設
│         │                            ├ 14 集落整備のための用地、住宅
│         │                            └ 15 その他の政令で定める施設
│         │
│         └ 資金の確保等 ─────────────── 市町村、道の計画事業に対する資金の確保等
│           【法第13条】
│
├ 行政措置 ┬ 基幹道路の代行整備 ──────┬ 1 市町村道
│         │ 【法第14条】               ├ 2 農 道
│         │                            ├ 3 林 道
│         │                            └ 4 漁港関連道
│         │
│         ├ 公共下水道の代行整備 ────┬ 1 幹線管渠
│         │ 【法第15条】               ├ 2 終末処理場
│         │                            └ 3 ポンプ施設
│         │
│         ├ 医療の確保 ────────────────┬ 1 診療所の設置
│         │ 【法第16〜17条】            ├ 2 患者輸送車（艇）の整備
│         │                             ├ 3 定期的な巡回診療
│         │                             ├ 4 保健師による保健指導等の活動
│         │                             ├ 5 医療機関の協力体制の整備
│         │                             └ 6 その他無医地区の医療の確保に必要な事業
│         │
│         ├ 高齢者の福祉の増進 ────── 高齢者の居住施設、集会施設等施設の整備に対する補助
│         │ 【法第18〜19条】
│         │
│         ├ 交通の確保 ─────────────── 交通の確保について適切な配慮
│         │ 【法第20条】
│         │
│         ├ 情報の流通の円滑化及び ── 情報の流通の円滑化及び通信体系の充実について
│         │ 通信体系の充実             適切な配慮
│         │ 【法第21条】
│         │
│         ├ 教育の充実 ─────────────── 生涯学習の振興に資するための施設の充実について
│         │ 【法第22条】               適切な配慮
│         │
│         ├ 地域文化の振興等 ──────── 地域における文化の振興について適切な配慮
│         │ 【法第23条】
│         │
│         ├ 農地法等による処分について 農地法その他の法律による許可その他の処分について
│         │ の配慮                     適切な配慮
│         │ 【法第24条】
│         │
│         └ 国有林野の活用 ──────────── 国有林野の活用について適切な配慮
│           【法第25条】
│
├ 金融措置 ┬ 農林漁業金融公庫等資金の貸付【法第26条】
│         ├ 中小企業に対する資金の確保【法第27条】
│         └ 住宅金融公庫等資金の貸付【法第28条】
│
└ 税制措置 ┬ 事業用資産の買換えの課税特例【法第29条】
          │
          ├ 減価償却の特例（製造の事業、ソフトウェア業又は旅館業）【法第30条】
          │
          └ 地方税の課税免除又は不均一 ──┬ 1 事業税の課税免除等
            課税に対する減収補填          ├ 2 不動産取得税の課税免除等
            （製造の事業、ソフトウェ      └ 3 固定資産税の課税免除等
             ア業又は旅館業。
             地方交付税による補填）
            【法第31条】
```

図2・13　過疎地域自立促進特別措置法に基づく優遇措置[8]

第3章

日本の都市計画

3.1 都市計画の歴史

(1) 古代の都市計画

　日本における都市のはじまりは露天市を中心とした小さな集落・村落である。それとは別に，農村や漁村等，各々の立地基盤から様々な集落が形成されていった。そして，都市と農漁民の集落とはその成立する場が全く異なっていた。他方，計画という点から見ると，自然発生的に生まれていった集落に計画がなかったのではない。今日的な視点から見れば，必ずしも合理的とはいえない形態の中に，様々な計画の論理が見いだされる。集落は，生活の利便性，地形的自然環境的与件，さらには宗教的，生産的，軍事的，集落内の社会秩序的与件等々，様々な与件に基づいて形成されていったと見るべきものである。それは都市の計画ではなかったが，少なくとも複数の建造物等による集住的生活空間の計画ではあったと考えられる。

　しかし，新しい都市の建設を当時の都市計画として見るならば，古代に見いだされるのは為政者による宮城建設であり，政治的な都市建設であった。それは天皇の宮室からはじまり，計画的な道路区画を持った都城へと発展していった。宮室は飛鳥の地を中心に多数存在するが，多くは位置が確認されておらず，今後の調査を待たねばならない。「日本書紀」によれば，斉明天皇による飛鳥浄御原宮には，朝堂，大安殿，内安殿，外安殿，南門，西門などがあったとされる。また持統天皇は694年に藤原京に遷都したが，藤原京は日本最初の計画的な道路区画を持った都城であったと考えられている。そして，こうした都城建設の背景には，中国との交流により，中国の政治システム（律令制度）と並行して都市計画が輸入されたことがある。

　これらの宮室や最初の都城である藤原京の規模は小さかったが，710年元明天皇時に遷都された平城京では，唐の都長安にならい，初めて大規模かつ本格的な都城建設が実施された。平城京の広さは東西32町（約4.3km），南北36町（約4.8km）の矩形を基本とし，古くから大和平野を南北に走っていた下津道を利用して朱雀大路をつくり，これによって左京と右京に分けた。さらに左右両京を大路によって南北9条，東西4坊に分け，その1区画を坊と呼んだ。さらに一坊を16等分して坪または町と呼んだが，一般に1坪は方40丈（約120m）であった。平城京は宮殿の他に官庁や寺院が設けられた政治都市であった。

　平城京の位置は，三方が山に囲まれ南に緩やかに傾斜した奈良盆地北部が選ばれたが，ここは風水思想にも適う場所であった。風水は，古代中国人が自然と宇宙の構造に適応する方法として考えた中国古来の哲学の一つであり，陰陽の原理と法則に貫かれた一つの思想体系である。風水がいつ輸入されたのかは分からないが，古代の都市建設における計画の原理として風水は少なからぬ影響を与えたと見られる。

　平城京遷都の74年後，784年に長岡京に都は移されたが完成を見ないまま，794年に平安京が葛野の地に建設された。平安京は南北5.3km，東西4.5kmと平城京よりも広く，中央北部に宮城を構えていた。条坊制は平城京とだいたい同じであり，条坊を区切る大路の幅は8丈，小路は4丈が一般であった。しかし，都城の中軸である朱雀大路（28丈），宮城前を東西に横切る二条大路（17丈），その他宮城周辺の路は広く計画された。道路によって区画される宅地は1辺40丈であり，これを1町といった。また，朱雀大路の北端，つまり宮城（大

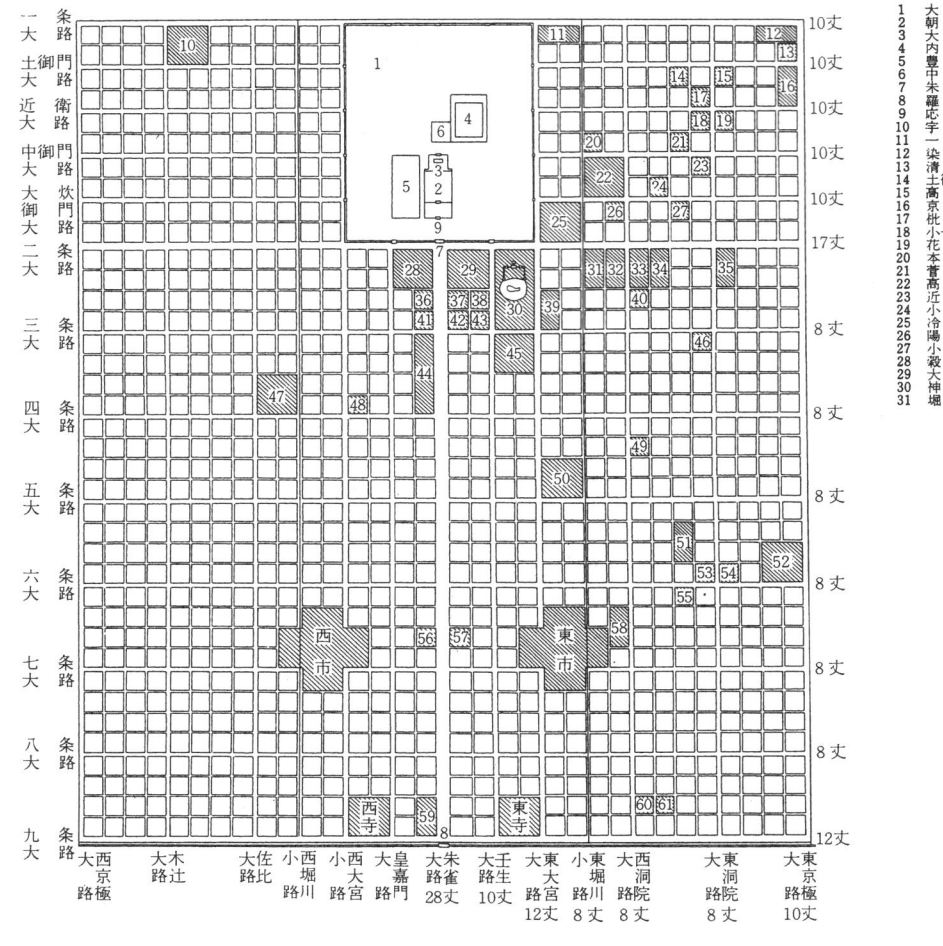

図3・1　平安京全域図

内裏）前には朱雀門が置かれ，朱雀大路の南端には羅城門が置かれた。東西両京には左右対称に市と大寺院（東寺と西寺）が置かれており，シンメトリーな構成原理が見られる。

平安京における町人地の町割法として「四行八門の法」があった。これは1坊（方40丈）を南北8門，東西4行に割って，戸主に分割する方法であった。

(2) 中世の都市計画

平安京は10世紀以降右京が衰退し，左京が都市的な中心となっていった。また，東京極の東の京外に「白河」や「六波羅」等が成立し，京外に都市が発展するとともに東山では多くの寺院が建てられ，一大宗教ゾーンが形成された。また，四行八門の区割も変質していく。条坊制では町は東西の道から入口をとる二面町であったが，次第に街区四周に間口を開く敷地が増えることによって道路の持つ意味の重要性が高まり「面」という言葉が定着する。条坊制では街区を意味していた「町（ちょう）」が道路呼称として「町（まち）」へと構造変化する。こうした変化の中で，二面町は街区四周に面する四面町となり，それぞれの面が独立化した四丁町を経て，応仁の乱以降，道路を挟んだ両側が一体化した地縁共同体としての両側町が形成された（図3・2）。

一方，地方を見ると，中世期には商業・経済の発展があり，古代社会とは相違する機能を持った町の形成があった。新しく形成された民間宗教の拠点的寺院には，各地からの参詣の旅がはじまり，門前町が出現し始めた。また，寺内町が形成される条件も現れた。参詣等による人の移動は，宿場や港の成長を促し，商業的交流が活発化すること

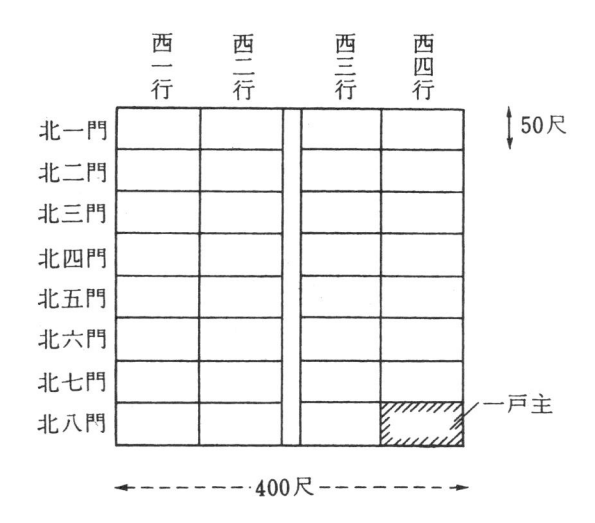

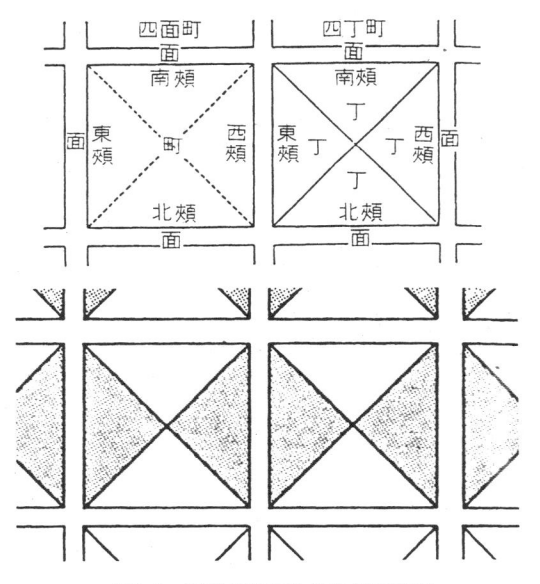

図3·2　四行八門図と宅地割の変容

道の結節点を中心に発展したが，中世期の町割は熊野街道沿いでは海岸線方向，内陸部では南庄が条里と同じ方向，北庄では後背湿地と同じ方向であることが発掘調査によって確認された。さらに，15世紀半ばには短冊型地割が成立し，16世紀半ばには都市全域を囲う環濠が建設された。このように中世末期から近世初期にかけて整形で整然とした町割が築かれていった。

(3) 近世の都市計画

中世末期の，いわゆる戦国時代を経て近世に入ると，城館や城下町の機能と役割が変質していった。中世末期には軍事上，戦略上の要請から山間の要害の地に山城が築かれ，城は軍事的機能を重視した簡素なものが多かったが，政治的に安定した徳川支配下へと移行するにつれ，都市経営に有利な平城へと移り，城は象徴的な意味合いが強くなっていった。各地の大名たちは徳川幕府の幕藩体制の一端を担う形で領土支配を安定させることが求められ，城下町にはそのような機能が求められた。

城下の人々は，支配階級である武士と一般民衆に分けられ，それに伴い土地利用も武家地と町人地に分けられる。武家地については，領主を頂点とする上士団と足軽等の下士団に分けられ，上士団の居住地は屋敷町として城に近く置かれ，下士団の居住地は屋敷町の近くに置かれた。一般民衆は，富商，平均的商人，家内工業的職人等に分けられ，僧侶・神職等の中間的階級の人々もいた。これらは魚町，鍛冶町等，業態を示す名称が付けられる等し，業態ごとのまとまりで城下町内に配列されることが多かった。土地利用上の用途に応じたゾーニングに加え，身分に応じた一種の序列的ゾーニングが行われていたといえる。

また，総じて武家地は，1区画が比較的大きい武家屋敷の集合体で面的に広がっていたのに対し，町人地は表通りに対し帯状に展開された。こうして，面積的には，町人町に対し武家地が圧倒的に広大であるのが城下町の特色である。町割については，一般に整形な格子型が多いが，交差部で街路が若干の食い違いを見せ，丁字型となっているものも多い。これを「枡形」や「五の字型」の町割等と呼び，市街地戦に備えた計画的配慮であると説明される場合がある。

江戸は，中世には太田道灌が築城した城郭に集

で，これらは町へと成長した。他方，鎌倉期以降，武士が政治的実権を握り封建社会となると，各地の領主の居館を持つ町は地方政治の中核的機能をも持つようになり，中世末期には城下町となっていく。

これらの都市には，自然形成的に生まれながらも中世期には町割がされはじめていたと認められるものがある。例えば，15世紀後半以降に大陸貿易で富を蓄積することとなる堺は，1200年前後には熊野参詣道の宿駅であったといわれている（図3·3）。長尾街道を挟んで北庄と南庄に分かれており，南北に走る熊野街道と東に分岐する長尾街

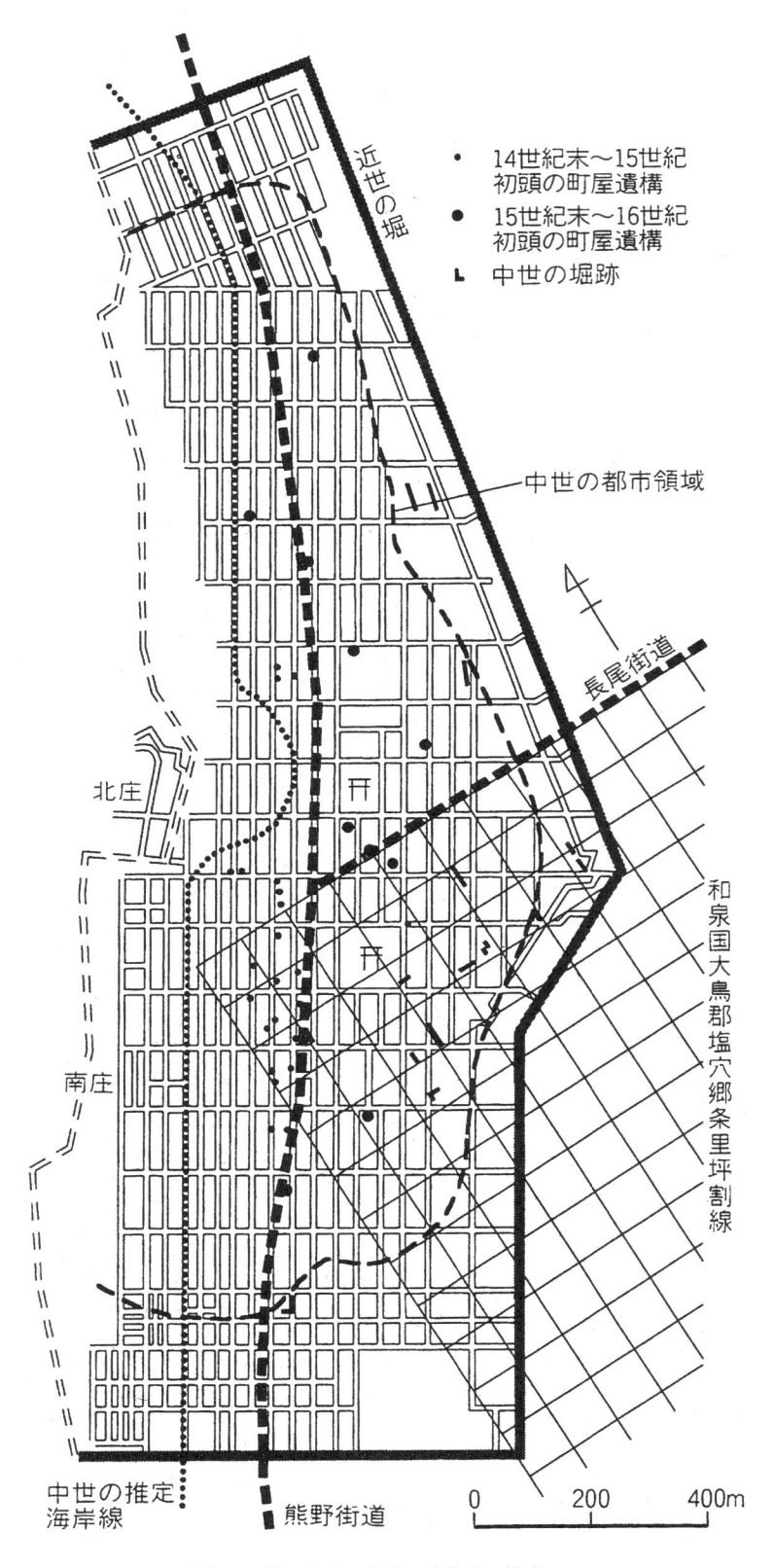

図3・3 堺における中世の市街地の構成

落が点在する一村落に過ぎなかったが，1590年に徳川家康が城下町の建設に着手して，一変する．江戸城周辺では堀の開削や海岸線の埋め立てが行われて市街地が造成され，山の手では尾根筋の広壮な土地に大区画の大名屋敷が設定され，逆に谷筋には町人地が設定された．1657年，明暦3年の

図3・4　江戸時代末期の江戸市街地

大火は江戸中心部を灰燼に帰したが，これにより大規模な都市改造・復興が計画された。具体的には，寺院の廓外移転，武家屋敷の移動，火除地の設置，道路拡幅，江戸城内吹上の火除地化，本所地区の開発が行われた。こうした武家地・寺社地・町人地の郊外移転により，周辺の百姓地を取り込みながら，江戸はスプロールを続けていった。江戸の市域を御府内（ごふない）というが，幕府は1818年に御府内を規定している。現在の，千代田・中央・港・新宿・文京・台東・墨田・江東・渋谷・豊島・荒川の全区と品川・目黒・北・板橋の各区の一部がこれにあたる。1869（明治2）年の調査によるこの範囲の面積と人口を示せば以下のとおりであり，非常に高密度かつ武家地と町人地で極めて対照的な構造を持つ歪（いびつ）な巨大都市であったことが分かる（図3・4）。こうした都市基盤は，そのまま近代の東京へと引き継がれていった。

① 武家地：概算人口65万，面積38.6km^2，人口密度16,816人/km^2
② 寺社地：概算人口5万，面積8.8km^2，人口密度8,799人/km^2
③ 町人地：概算人口60万，面積8.9km^2，人口密度67,317人/km^2
④ 合　計：概算人口130万，面積56.4km^2，人口密度23,064人/km^2

(4) 近代の都市計画

日本の近代は文化的には黒船の来航以降，政治的には明治維新以降に始まる。近代以降の都市計画は，そのまま現代の都市計画に繋がっている。近代都市計画は，計画として描かれた「図」を，法制度でその実現性を担保するという仕組みを持っており，また「事業」と「規制誘導」というキーワードでその性質が表現されていることが多いことから，本節では「図」に関わる計画やプロジェクト（事業）のいくつかを解説し，近代から現代へ至る法制度の沿革については次節以降を参照されたい。

明治初期の都市計画上の大きな課題は，江戸から引き継いだ首都東京をどのように近代的な都市へと改造するかであった。都市の防火・不燃化，狭小道路の広幅員化と幹線道路のネットワーク化，上下水道等衛生面の向上，帝都の顔としての官庁街や都市施設の整備が早急に求められ，さらには高速鉄道整備による都市交通網の確立，港湾・運河整備による工業化への対応，市民の保健向上のための公園整備，都市の美化等が課題であった。

こうした中，1872年の大火が契機となって，銀座煉瓦街の建設が進められた。この大火は，丸の内，京橋，銀座，築地に至る大規模なものであったが，明治政府と東京府はただちに府下全域を煉瓦街に改造する方針を打ち出して事業に取りかかった。都市の不燃化と欧化が主たる目的であった。事業そのものは，明治初期の政府内の混乱と資金難，住民の反発により当初計画から後退する形で1877年に一応の完成を見た。実際の計画・設計にあたったのはイギリス人技師トーマス・ジェームス・ウォートルスである。この計画は，道路の等級ごとに煉瓦家屋の階数を定めたり，建築デザインの統一，並木やガス灯の整備等，都市計画的な技術や文化の導入という点で大きな意義があった。

明治初期における欧米都市計画の技術的導入という点では，ドイツ人建築家ウィルヘルム・ベックマンによる日比谷官庁集中計画も重要である。1886年に明治政府の臨時建築局の招きでベックマンは来日し計画を進めたが，この時期には東京市区改正（計画と条例）立案の動きも並行して進んでおり，結局，日比谷官庁集中計画は挫折し，計画は縮小されて終わった。しかし，その計画は，中央駅，国会議事堂，皇城，諸官庁といった国家的重要施設が，ブールバール，広場，公園等の記念碑的公共施設を交え，三角形や円といった純粋幾何学図形に根ざしたり，ビスタやシンメトリーといった構成原理に基づいて配列されており，近世ヨーロッパのバロック的都市計画が見事に描かれた壮大なものであった（図3・5）。

明治期の都市計画は市区改正と呼ばれたが，日本で最初の体系的都市計画制度が東京市区改正であり，将来構想として図面で示された計画を法令（東京市区改正条例と東京市区改正土地建物処分規則）で担保するという仕組みが成立した。計画を法令で担保するという仕組みは，その後1919年の旧都市計画法へと受け継がれ，現在へと至っている。東京市区改正計画では，初めて東京市全体が計画範囲として描かれたが，計画段階から事業実施の紆余曲折を経て計四案が策定された（図3・6）。財政難によって当初計画からは後退した

第3章 日本の都市計画　37

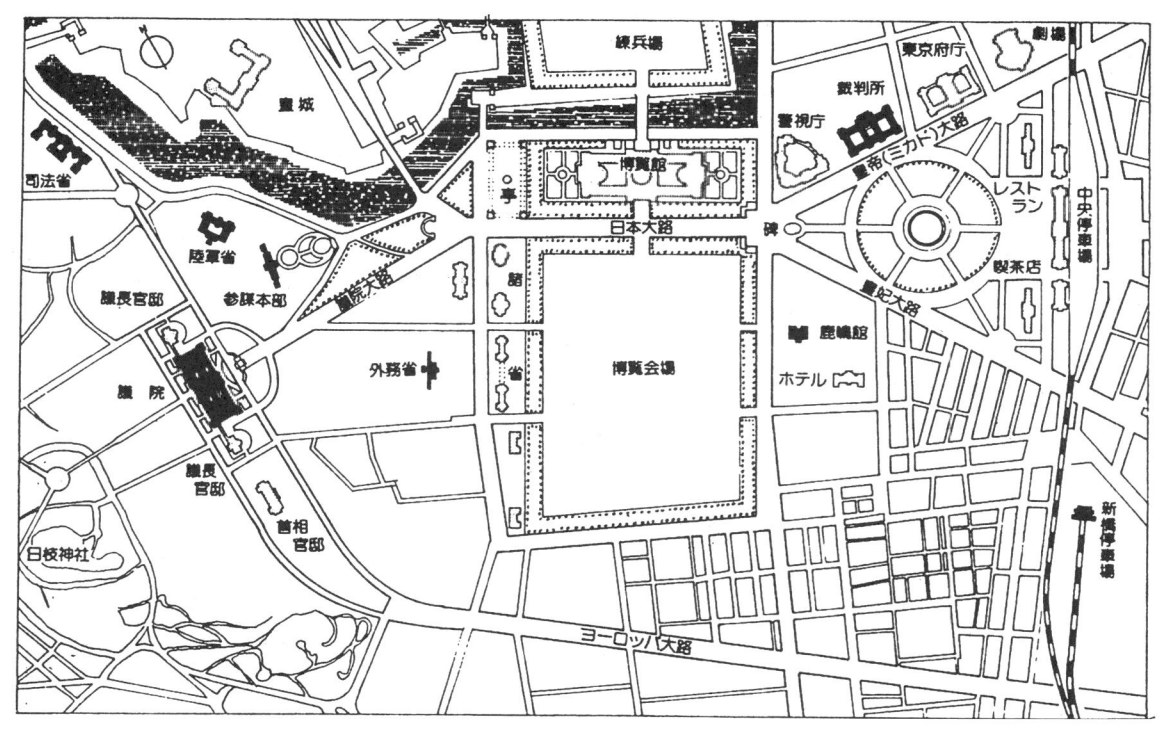

図3・5　ベックマンの日比谷官庁集中計画

図3・6　東京市区改正設計〈旧設計〉(1989年告示)

市へと準用されていった。

　しかし，都市の工業化等によって都市拡張が一層増すと，都市改造としての色合いの濃い市区改正ではなく，新たな法令を必要とした。1919年の旧都市計画法では，都市計画区域の概念が導入され，都市計画を実施する範囲を行政区域としての市に限らず，周辺町村を含めた実質的な都市範囲とした。当初は戦前の六大都市だけに旧都市計画法は適用されていたが，次第に地方中小都市へと適用都市が拡大され，1933年の法改正ではすべての「市」と内務大臣の指定する町村に適用されることとなった。計画の立案では，精密な都市測量と基礎的調査を行った上で，最初に都市計画区域を決定し，続いて街路，公園，地域，運河等々の都市施設が各都市で順不同で立案・決定された。こうして策定された各都市最初期の都市計画が今日の都市計画の基となっている。

　一方，1923年に東京・横浜を襲った関東大震災は未曾有の被害をもたらした。政府はただちに震災復興計画を立案するとともに特別都市計画法を同年成立させ，事業に乗り出した。この法律により震災復興が土地区画整理によって強力に推し進められることとなった。震災復興事業は1924年か

ものの，市区改正事業は1888年から1918年まで30年間にわたり進められ，上水道整備や市街鉄道敷設を伴う道路事業で大きな成果を上げた。これによって，東京は近代都市としての基礎的構造基盤を持つこととなった。また，市区改正は他の大都

ら1930年までの7年間で約8億円が投入されて進められ，東京では約3,600haの土地区画整理事業が完成した。その結果，52路線114kmの幹線道路を含む総延長253kmの道路整備，大小55カ所約42haの公園整備に加え，河川改修，橋梁改修424橋，公立学校121校の耐火建築化など大きな成果を上げた。これによって，江戸から引き継がれた都市基盤は事業実施区域では一新されるとともに，計画から事業に至る過程の中で多くの都市計画技術官僚が養成された。彼らは，その後内地の諸都市や満州等の植民都市の都市計画で活躍する等し，こうした有能な人材が戦後の都市計画でも活躍した。震災復興事業が日本の都市計画に与えた意義は，ハード・ソフト共に非常に大きかった。

震災復興事業で経験した，都市の復興を土地区画整理で行うという手法は，戦後の戦災復興事業でも応用される。第二次世界大戦による罹災は，戦災都市に指定された都市だけで115，罹災区域63,153ha，罹災人口969.9万，死者33.1万人，負傷者42.7万人に達した。1945年12月に「戦災地復興計画基本方針」が閣議決定され，翌年9月に特別都市計画法が制定された。インフレの増大や資材不足などから戦災復興事業の進捗は遅れ気味であり，東京では2万haの土地区画整理事業計画区域のうち，1,380haを実施しただけで終了した。しかし，名古屋のように戦災復興事業で旧城下町基盤を一新した都市もある。都市ごとに成果の格差があったが，全国115の都市で一斉に都市改造が実施されたのは画期的なことであった。

3.2 都市計画制度の沿革

(1) 東京市区改正条例と土地建物処分規則

1888年公布の東京市区改正条例と翌年公布の東京市区改正土地建物処分規則の二つは，日本最初の都市計画法制度である。江戸時代から引き継いだ古い都市構造と新しい都市活動との矛盾は，伝染病や大火，馬車鉄道の出現等で殊に顕著となり，早急な都市改造が求められていたのである。こうした問題は，1880年の松田道之東京府知事の「東京中央市区画定之問題」という文書で公にされており，さらに次の知事芳川顕正は「東京市区改正意見書」を内務卿山県有朋に上申している。その後，条例内容に関しての政府内の複雑な折衝経過を経て，1888年に公布されたのである。東京市区改正条例の主な内容としては，

① 市区改正の設計や毎年度の事業を定める権限は内務省に設ける東京市区改正委員会が持つ（第1条）。つまり国家が計画を行う。
② 第1条で定める議定案は，内務大臣の審査，内閣の認可，東京府知事による公告という手続きを経ることでオーソライズされる。
③ 市区改正の財源として，官有河岸地の貸付収入と特別税（地租割，家屋税，営業税並びに雑種税等），公債を規定した。

があり，土地建物処分規則については，

④ 民有の土地・建物等の買収規定，残地買上の規定，不用地の処分規定，事業が必要な土地における建築制限規定が定められた。

しかし，当初考えられていた東京家屋建築条例は遂に制定されなかった。

(2) 旧都市計画法と市街地建築物法の制定

前記したように，急速な都市拡張に対し，都市改造型の市区改正では十分ではなく，あらかじめ備えるという都市計画の課題が顕著になる。そこ

図3・7 関東大震災復興都市計画　幹線・補助幹線道路網
（1924年）

で，1918年に内務省に都市計画調査委員会が設置され，そこでの審議を経て，1919年4月に都市計画法と市街地建築物法が成立・公布された。この都市計画法は，1968年の都市計画法まで約50年間，都市計画の基本法として機能しており，1968年法に対し，1919年都市計画法や旧都市計画法などと呼ばれる（本章では旧都市計画法と記す）。

旧都市計画法に関わる，都市計画の決定権限とオーソライズの仕組みについては，ほとんどが東京市区改正条例を引き継いでいたが，以下のような新しい制度・仕組みが盛り込まれた。

① 都市計画の対象範囲として都市計画区域を創設した。これは行政区域とは別の，実質的な市街地範囲に定める新しい概念である。
② 都市計画決定による計画機能の確立。都市計画決定とは，立案に一定の手続きを踏むことで計画をオーソライズし，都市計画制限が働き私権が制限される根拠とすることである。旧都市計画法により，事業用地は都市計画決定によって土地収容法の適用が認定されるようになり，地域地区の決定は強制執行の根拠となる等，計画担保の機能が広がった。
③ 都市計画税源として受益者負担制度を設けた。都市計画事業によって特別な受益のあるものに事業費の全部または一部を負担させようとする制度である。
④ 内務省に専門部局（最初期は都市計画課）が設置されたほか，各県に都市計画地方委員会が設けられる等，都市計画制度を支える組織や技術者層が確立された。
⑤ 市街地整備の手法として土地区画整理が制度化された。
⑥ 建築物の規制誘導方法として用途地域をはじめとする地域地区制が創設された。初期の用途は，住居，商業，工業，未指定の実質四種であり，用途地域ごとに用途制限，建ぺい比，絶対高さ，道路斜線が定められた。
⑦ 市街地建築物法では，建築線制度が創設された。これは建築できる境界線を定めるものであり，道路のない場所に建築線を定め，道路用地を生み出したり，狭小道路では境界線から後退させて建築線を定め，同じく道路拡幅用地を生み出す等して運用された。

旧都市計画法と市街地建築物法は，その後の経過の中で多くの制度改変を加えている。主立ったものを概観すると，

① 市街地建築物法は，1950年に建築基準法へと引き継がれた。ここでは従来の地域地区制に，特別用途地区が加えられた。必要に応じ，条例で建築物の禁止や制限の規定ができるようになった。また，これまでの未指定地域は準工業地域とされた。さらに1970年の建築基準法改正で用途地域は8種へと拡大した。
② 1950年建築基準法では，建築協定制度が加えられた。土地の所有権者及び賃借権者，地上権者全員の同意で，その区域内の建築物の敷地，位置，構造，形態，意匠または建築設備に関する基準を協定できる旨を条例で定めることができるようにされた。それまでになかった民主主義的な制度である。
③ 1950年建築基準法では，市街地建築物法を引き継ぐ形で，住居地域内20m，住居地域外31mの絶対高さを規定した。しかし，東京等の大都市では昭和30年代になって人口集中が異常に進み，商業地域等で建ぺい率いっぱいの高層建築が建てられる例が増えた。こうした建築物の大規模化・高層化の圧力の中で絶対高さ制限の撤廃が求められるようになり，1963年に容積地区制が導入された。これにより，敷地面積に対し容積（延べ面積）を一定限度内にして公共施設，公益施設と均衡のとれた都市にすることが目標とされた。さらに，1970年の法改正で容積地区制が容積地域制へ格上げされ，現行規定へと至っている。また，容積地域制への移行により，住居地域内20m，その他地域31mの絶対高さ制限は撤廃された。

建築物の大きさを都市基盤との関係から建物の容量で規定する容積率規定は合理的な手法であるが，建物群によるスカイラインを直接に規定しないので，景観保全の意識が高まっている現在では都市景観の整備・保全という観点からその限界が指摘されている。

(3) 都市計画関連法制度の整備

戦後復興期から高度経済成長期にかけては，日

本の再生を下支えし，さらに新たに勃興してきた都市問題に対応するための法制度，つまり，都市計画法の周辺法整備が進められた。

都市基盤関係でみると，道路法（1952年）の全面改正，土地区画整理法（1954年），都市公園法（1956年），駐車場法（1957年），下水道法（1958年）等が整備された。また，人口・産業の集中の著しい大都市周辺での宅地需要と良好な住宅地建設に備えた新住宅市街地開発法（1963年）も市街地開発事業に関する法律として重要である。

既成市街地の防火や再開発に関しては，耐火建築促進法（1952年）や住宅地区改良法（1960年）に始まり，防災建築街区造成法・市街地改造法（1961年）が制定され（これにより耐火建築促進法が廃止される），この二法は都市開発法（1969年）へと繋がっていく。

地域計画や地方計画，国土計画といった視点から，広域レベルでの計画フレームを規定する法制度としては，国土総合開発法（1950年）が始まりである。大都市圏については，首都圏整備法（1956年），近畿圏整備法（1963年），中部圏開発整備法（1966年）の三法が制定され，地方では，1962年の全国総合開発計画（全総）で総合開発計画方式がスタートした。さらに，地方では，新産業都市建設法（1962年）や工業整備特別地域整備促進法（1964年）が制定され，拠点開発構想により地方都市の圏域ベースで計画が考えられるようになった。

(4) 新都市計画法の制定

戦後復興を終え，昭和30年代の高度経済成長期に入ると，人口・産業の大都市地域への集中と地方における工業開発の推進によって，都市及び都市周辺地域における土地利用の混乱が起こり，地価が高騰する等の矛盾が深まっていった。こうした問題に対応するために，旧都市計画法成立から約50年を経て，1968年に都市計画法が全面改正され，合わせて1970年に建築基準法の集団規定が全面改正されたことで，新たな都市計画法体制が規定されることとなった。1968年の都市計画法は，1919年の都市計画法に対し，新都市計画法と呼ばれている。この法体制によってもたらされた改良点には，以下のようなものがある。

① 都市計画決定権限が，都道府県知事及び市町村長に機関委任事務として委譲された。つまり，国の権限としたまま機関委任事務として国の機関としての自治体の長に委ねられた。

② 都市計画の案の作成及び決定の過程において住民参加手続きが加えられた。案を作成するときには公聴会・説明会等が開催されることとなり，案を決定する時には案の縦覧と意見書の提出がされることとなった。

③ 都市計画区域を市街化区域と市街化調整区域に分けるという区域区分制度（いわゆる線引き制度）が導入された。

④ 区域区分と関連して開発許可制度が創設された。これは，民間開発行為の整備水準を確保すると同時に，区域区分と関連づけてそれぞれの区域で許可する開発の規模，目的，性格を規制するもので，市街化の質やスプロールのコントロールを意図したものであった。この制度には，開発の定義の狭さや例外的開発行為の多さ等に問題もあるが，市街化調整区域と開発許可制度によって無秩序な市街化スプロールに一定の歯止めが掛かるようになったことは非常に大きな効果をこれまでにもたらしてきた。

⑤ 用途地域制が8種に細分化され，合わせて容積地域制が導入された。

1968年の新都市計画法から1980年にかけての法整備経過を見ると，市街地開発事業関係では，都市再開発法（1969年），新都市基盤整備法（1972年），大都市地域住宅地供給法（1975年）などがある。

また，この時期には，保全系の法整備が進んでいる。都市緑地保全法（1973年）や生産緑地法（1974年）は，都市や市街地（市街化区域）における緑地の保全を目的としたものである。また，国土利用計画法（1974年）は都市部を越えて農山村へと大規模開発が及ぶ中で，国土レベルでの土地利用計画を規定するものであり，土地取引規制についても規定していた。さらに，1975年の文化財保護法改正によって創設された伝統的建造物群保存地区は，文字どおり乱開発の中で失われていく伝統的建造物をまとまりとして保存することを目的としたものであり，1976年の建築基準法改正によって生まれた日影規制は，都市部における高層建物の建築から日照という居住環境の保全を目

的としたものであった。他方，農村地域における土地利用管理を規定するのと同時に，都市計画とも関連が深いのが，1969年の農業振興地域整備法である。優良農地として保全すべき農地を，色を付けて区分けしているため，農業版の線引き制度とも目されている。農地の保全効果が強いため，農業関係の法律ではあるが，線引き制度の実施されていない地方都市の郊外部などでは，市街地スプロールの防止に大きな効果を果たしてきたといえる。

　一方，1980年に創設された地区計画制度は，地区レベルで都市計画を規定できるようにした点で画期的な制度である。すなわち地区レベルで，道路などの地区施設の建設が可能なだけではなく，建築物に関わる細かな規制や土地利用の規制が通常法規制に上乗せで可能となった。また，地区計画は基本的に市町村が定める都市計画であるという点も，その後の地方分権化の流れの中で重要な点である。地区計画制度は，その後，制度の種類も豊富化し，策定事例も急速に増加して今日に至っており，非常に重要な制度として定着している。

　1970年代が，保全系の法制度制定経過に見られるように，開発圧力の増大に対応するための規制強化路線にあったとすれば，1980年代は一転して，民間活力導入の必要性が主張され，規制緩和が進められた。中曽根内閣のアーバンルネッサンス構想に代表される，内需拡大策は必ずしも健全に行われたとは言い難く，土地投機や投機的な建築・開発行為が行われ，80年代後半には土地バブルが発生し，1991年にバブル経済が崩壊する。

　1992年の都市計画法改正は，こうした激動を経て行われた。法改正の特色は次のようなものである。
① 用途地域が8種から12種類へと細分化され，特別用途地区では2種類（商業専用地区と中高層階住居専用地区）が追加された。また，容積率・建ぺい率のメニューも増やされた。
② 市町村が策定する，将来的な都市計画の方向性を与える方針として「市町村マスタープラン」が導入された。

　また，全国一律の法令に基づく都市計画制度（特に規制誘導に関わる部分で）の不備を補う目的で，1980年代を通じて，先進自治体では自主的な要綱や条例を締結する動きが見られたが，こうした動きは1990年代になるとさらに広範化した。1990年の大分県湯布院町の潤いのある町づくり条例や1993年の神奈川県真鶴町まちづくり条例等がよく知られている。

(5) 阪神・淡路大震災から2000年都市計画法改正へ

　1995年1月17日早朝に発生した阪神・淡路大震災は，大都市神戸を襲った直下型地震であり，死者6,000人を超える非常に大きな被害をもたらした。高架道路や高架鉄道など土木構造物の破壊，旧耐震時代建築物の被害，供給処理施設や通信施設といったライフラインの被害が目立ち，都市の防災課題が大きくクローズアップされた。また，避難所や応急仮設住宅の供給課題，住宅の復興，特に被災所有マンションの再建課題等が，被災後の教訓として今後活かされることが期待されている。

　1991年のバブル経済崩壊後の不況は，「失われた10年」と呼ばれるようになり，右肩上がりの成長型社会から，将来の低成長・少子化・人口減少時代を見越した議論がされるようになった。つまり，都市計画にも成長型社会から成熟型社会へ，都市化社会から都市型社会への移行が求められるようになった。その特色は，都市計画の地方分権化の推進と規制緩和路線（あるいは規制内容の柔軟化・弾力化）の加速である。

　1998年には，特別用途地区の法定類型を廃止し，規定内容を自治体が決定できるよう都市計画法が改正された。また，同年，大型小売店舗法が廃止され，大型小売店舗立地法が成立した。大型ショッピングセンター開発は，1990年代に入ると急速に増大し，特に地方における郊外での開発は都市の構造そのものへの影響が大きく，社会的インパクトも大きかったが，商業調整機能を除き，環境面から立地を規定する新法へ変わったことは，一種の規制緩和であった。さらに，地方で深刻化した都心部の活性化を目的として，中心市街地活性化法も同年制定される。これらの法改正は，セットでまちづくり三法と呼ばれている。

　規制緩和の流れは，豊富化した地区計画の追加経過にも見られる。再開発地区計画（1988年），住宅地高度利用地区計画（1990年），用途別容積型地区計画（1990年），誘導容積制（1992年），街並み誘導型地区計画（1995年）等である。いずれ

も，目的とする地区整備のために，法定制限の緩和や例外を認めるタイプである。

他方，地方分権化を見ると，1999年の地方分権一括法で，地方自治体の行う都市計画行政は，機関委任事務から自治事務へと変更された。地方自治体が都市計画の権限と責任を持つことが明確にされたのである。

こうした地方分権と規制緩和の流れは，2000年や2002年の都市計画法・建築基準法改正でも一貫している。主な変更点は以下のようなものである。

① 都道府県の策定するマスタープランとして，都市計画区域マスタープランが追加された。
② 区域区分（線引き制度）を選択制とし，線引きの廃止を可能とした。合わせて，準都市計画区域を創設する等，市街化調整区域等の都市縁辺部から都市計画区域外での土地利用規制手段が大幅に手厚くされた。
③ 既成市街地における容積率移転を可能とする特例容積率適用区域制度が導入された。
④ 土地所有者等が都市計画について提案できる提案制度が導入された。

2002年の都市再生特別措置法は，デフレ不況の克服，不良債権早期処理といった短期的経済政策手段として制定されたが，経済を視点とした本法が，良好な都市環境整備を目的とする都市計画法制度と，どのように整合するのかが注目される。さらに，2006年5月には，まちづくり三法が改正され，大型商業施設の郊外開発に都市計画の面から制限が強化された。

21世紀に入ってからの矢継ぎ早の都市計画法制度の改正経過は，成熟社会へ向けた過渡期に現在があることを如実に示しているといえる。

第4章

地域・都市計画の策定と評価

4.1 地域・都市計画の目的

(1) 地域計画・都市計画とは

　全国総合開発計画や国土形成計画は（第2章参照），全国的立場から地域の計画を策定するものであるが，国土を経済的または生活圏域的にいくつかの地域に分けて計画を策定する必要がある。複数の市町村を対象として，総合的に土地利用計画を立案し，人口や産業などの配置計画や交通計画などを策定する計画は，地域的視野から行うものであり，地域計画という。一方，特定の市町村に限定して行う計画を都市計画や農村計画というが，両者は必ずしも明確に分離されている訳ではない。

　すなわち，国土計画，地域計画，都市計画は，空間的には連続した地域を対象とするものであり，当初は都市計画から出発するものの，地域計画や国土計画の必要性が生じてくるのは当然の成り行きでもある。地域計画は，その地域に存在する都市と農村の計画，すなわち，個々の都市計画と農村計画に分かれることにより，より具体的となる（図4・1）。

(2) 地域計画・都市計画の対象

　地域計画の対象は非常に広く，対象分野を構成する要素も極めて多い。一般に地域計画の策定者は，政府（国，地方自治体）であり，計画目標の違いによりその内容も多岐にわたっている。表

図4・1　地域計画との関連

表4・1　地域計画の対象分野

分野	要素	分野	要素
(a)地域発展の目的と基本方向	①発展の目的 ②発展の基本的方向 ③発展戦略	(f)文化	①教育 ②レクレーション ③科学と芸術 ④文化活動
(b)人口	①人口規模と増減 ②年齢構造 ③人口分布と移動 ④世帯数 ⑤労働力人口	(g)空間利用	①都市整備 ②農山漁村の整備 ③土地利用 ④水域利用 ⑤都市整備
(c)生活	①家計所得・支出 ②生活時間 ③健康 ④福祉 ⑤住宅 ⑥近隣住区	(h)交通・通信	①モータリゼーション ②交通施設 ③交通サービス ④通信施設 ⑤通信サービス
(d)経済	①地域総生産の規模と成長率 ②地域総支出の構成 ③資本ストック	(i)環境保全	①自然環境保全 ②水資源の保全・開発 ③森林資源の保全・培養 ④海岸の保全・開発 ⑤公害防止
(e)産業	①産業構造 ②産業活動の地域分布 ③産業連関 ④エネルギー需給 ⑤生産要素	(j)行政と参加	①行政機構と機能 ②コミュニティ ③住民参加

4・1は，地域計画の対象分野とその要素を整理したものであり，以下，それぞれの分野ごとに，その内容を概観する。

(a) 地域発展の目的と基本方向（第2章参照）

地域計画においては，それぞれの地域の特性とその時代背景に応じて，「①発展の目的」や「②発展の基本的方向」が設定される。例えば，全総においては「地域間の均衡ある発展」であり，新全総では「豊かな環境の創造」，三全総では「人間居住の総合的環境の整備」，四全総では「多極分散型国土の構築」，五全総では「多軸型国土形成の基礎づくり」などがあげられる。これらの発展の目的や基本方向が設定されると，発展戦略や具体的な開発方式が策定されることになる。全国総合開発計画では，それぞれ，「拠点開発構想」「大規模プロジェクト構想」「定住構想」「交流ネットワーク構想」「参加と連携」である（表2・1参照）。

(b) 人口

地域計画や都市計画，農村計画を策定する上で最も重要な項目の一つに人口がある。計画対象地域における夜間人口や昼間人口の増減，就業人口の構造変化，年齢階層別の人口などは，計画の規模や施設の配置を計画する上で欠くことのできない項目である。特に，今後予想される高齢者数の増加や地域の人口減少は，様々な地域計画や都市計画に影響を与えるため，計画を策定する上では適切な予測が必要となる。

(c) 生活

「①家計所得・支出」や「②生活時間」は，成熟社会の到来と価値観の多様化が進んでいるわが国において，地域計画を策定する上では重要な項目である。余暇時間の増加により，レジャー，文化活動，生涯学習，ボランティア活動などの自己実現の機会も多様化している。このような社会全体の成熟化に伴う人々の価値観の変化と多様化は，その行動が従来の行政区画の枠にとらわれないため，広域的な観点に立った地域計画が必要となる。一方，「③健康」「④福祉」「⑤住宅」「⑥近隣住区」などは，都市計画のなかで対象となる分野であり，人口減少や少子高齢化社会の到来を迎える今日においては，豊かな自然環境と都市の利便性を併せて享受できる居住環境の創造と，ゆとりある生活空間の形成が求められる。

(d) 経済

「①地域総生産の規模と成長率」「②地域総支出の構成」は，民間の経済活動に依存する程度が大きいので，予測的性格の強いものである。「③資本ストック」については，民間資本ストックと社会資本ストックがあるが，前者は企業や家計により蓄積されるものであるため，地域計画においては，予測の側面が強い。一方，後者は交通施設，情報通信施設，国土保全施設など，その大部分が公共財であるため，計画的性格を有している。

(e) 産業

この分野では，予測的要素と計画的要素が混在している。予測的要素としては，「①産業構造」「③産業連関」であり，計画的要素としては，「②産業活動の地域分布」があげられる。「④エネルギー需給」については，従来は地域計画のなかでは重要な要素としては取り上げられてこなかった。その理由としては，電力をはじめとするエネルギー供給システムは，地域を越えた広域的あるいは全国的なシステムであったことや，エネルギー需要の大部分が産業需要であることから，地域計画の範囲を超えたものとして考えられてきた。しかし，太陽光発電や風力発電などの自然エネルギーの活用が進められている今日においては，地域計画のなかでも重要な要素として取り扱う必要性が高まってきた。

(f) 文化

「①教育」については，社会資本としても，教育サービスの面においても計画的要素が強いものである。「②レクリエーション」「③科学と芸術」「④文化活動」については，計画的な要素は必ずしも多くはないが，これからの本格的な少子高齢化社会の到来に向けては計画的要素が重要視される傾向にある。

(g) 空間利用

この分野は最も地域計画的特性をもった分野である。なかでも「①都市整備」「②農山漁村の整備」は，いわゆる大都市問題，過疎地域問題として地域計画の中でも最重要な課題である。過去の全国総合開発計画は，「地域の国土の均衡ある発展」を最重要課題として取り上げており，これはまさしく大都市問題と過疎地域問題そのものである。

(h) 交通・通信（第9章参照）

この分野も地域計画のなかで最も計画的要素の高い分野の一つである。「①モータリゼーション」は，特に多様な内容を有している。急激な自動車保有率の増加に伴う交通渋滞の発生，大規模ロードサイドショップの進出に伴う中心市街地の空洞化，地方における公共交通利用者数の減少に伴う鉄道やバス路線の廃止問題など，多くの地域計画的課題がある。「②交通施設」「③交通サービス」についても計画的要素が高い。交通需要マネジメント（TDM: Transportation Demand Management）や高度道路情報システム（ITS: Intelligent Transport Systems）の導入など，官民一体となった計画の策定と具体的な対策が急務となっている。

「④通信施設」「⑤通信サービス」については，従来は民間主導で行われてきたため，計画的色彩は弱かったが，情報産業の急激な進展と国家的戦略としてのIT（Information Technology）の普及に対する政策強化により，地域計画のなかでは重要な計画的課題となっている。

(i) 環境保全（第10章参照）

この分野の諸要素は，いずれも政府の根元的な計画対象であり，地域計画においても空間利用などと並んで最も計画的色彩の強い分野である。またこれらは，地域の地形，地質，気象などの自然条件の影響を大きく受けるため，地域ごとに特色ある内容を含んでいる。公害防止対策，国土の環境保全，各種のリサイクル法の制定による資源の有効活用，二酸化炭素排出抑制による地球温暖化対策など，多くの地域計画的課題が山積みしている。

(j) 行政と参加（第15章参照）

地域計画の構想段階から実施計画に至るすべての段階において，行政と住民とのかかわり方が問われている。地域計画の中における行政とNGO（Non Government Organization）やNPO（Non Profit Organization）との役割分担，ワークショップなどによる住民参加や意思決定の方法，あるいはPFI（Private Finance Initiative）に代表されるような民間資金活用型の社会資本整備などのように新しい動きもある。このような住民参加型の地域計画や都市計画の立案にあたっては，行政の情報公開や住民の役割分担を明確にする必要があり，これからの地域計画や都市計画での重要性は格段に高まっていくことが予想される。

4.2 地域計画の策定手順

地域計画の立案過程を図示すると図4・2のようになる。すなわち，「地域の課題」→「地域計画の目標」→「地域基本計画」→「部門別整備計画」→「事業化計画」→「事業実施計画」までの各計画を順次検討・立案していくことによって，計画的な施策の推進が可能となる。

(1) 地域の課題

地域計画の動機は，地域内にある問題を意識し，その解消を図ろうとする場合と，上位計画からの課題として与えられる場合がある。前者は，地域内における社会経済活動と諸施設の規模や配置問題，環境問題など，地域に発生している種々の問題意識を動機とするものである。後者は，全国総合開発計画や都道府県総合計画などに基づいて，これらの上位計画を具体化するためのものであり，いわば計画の動機は外部から与えられるものである。

いずれの計画策定においても，当該地域の過去から現在までの諸問題を明らかにし，その結果から将来に対する地域の展望を提起する必要がある。

(2) 計画目標の設定

計画目標の設定にあたっては，当該地域と他の地域との交流や機能分担などの面から検討した上で，地域における各種社会資本の整備状況，地域内および地域間の交通流動などを調査・観察し，問題点の整理を行う必要がある。また，列挙された問題点間の関連性や因果関係，さらには問題の重要性を明確にし，地域の抱えている問題点を整理する。

次に，これらの地域の問題を解決するための計画目標を設定する。目標の設定にあたっては，その目標が達成可能なものであることが必要であるが，計画目標間の関係，特にトレードオフの関係にある計画目標については，その関連性を十分把握しておくことが重要である。

計画目標の設定と同時に，計画目標の達成度を評価するための基準が不可欠である。この評価基準は，できるだけ客観的に評価を行う必要性から，計画目標，評価基準ともに可能な限り数量的表現

によることが望ましい。
(a) 目標年次

目標年次の設定は、計画課題によって任意に定められる場合もあるが、上位計画やその他の施策などの関係から、あらかじめ定まっている場合もある。また目標年次を平成20年とか西暦2010年とか区切りのよい年次にすることもある。一般的には、地域計画が計画の発想から次第に具体化される過程は図4・2に示すとおりである。すなわち、計画の長期構想から出発して、次第に計画期間を縮め、最終的には3～5年程度の事業実施計画が作成される（表4・2）。

(b) 地域の設定

地域計画を策定するための計画区域は、計画課題の内容により決定される。地域計画の課題は、包括的な内容にわたる場合が多いが、その中にはおのずから重要な課題、緊急を要する課題などのようにある程度の差がある。さらに施策においても根幹的なものと副次的なものがある。したがって、地域の設定にあたっては、計画課題およびそれに伴う施策について重要なものを明確にした上で、行政区分や生活圏域などの地域の一体性・類似性などを総合的に検討し、全体としてまとまりのある地域を設定する必要がある。地域の設定としては以下のようなものがある。

① 計画課題を同じとする地域
② 根幹的な施設と一体的に整備する地域
③ 主要な施策の効果が波及する地域、または影響等を調整すべき地域

(3) 基本計画の立案

地域計画に対して提案された問題、すなわち地域の計画目標が実現可能かどうか、実現可能であれば具体的な方策は何であるかを探ることが基本計画の目的である。一般的には、分析評価した結果に総合的判断を加えて提示した計画目標の達成度とそのときの施策をフレームといい、計画目標と施策との対象地域と時間を考慮し、構成しなおしたものを基本計画という。基本計画の立案は以下のような段階から構成される。

(a) 施策代替案の作成

計画目標が設定されたならば、計画目標の達成に対して効果があり、しかも実際に実施可能な施策を選定する。一つの計画目標に対して一つの施策だけではなく、複数の代替案が考えられる。また一つの施策がもたらす効果は一つの計画目標だけとは限らない。したがって、施策間の相互関連性について十分な検討を行う必要があり、同時に一つの施策が複数の計画目標の達成度に及ぼす効果についても十分な検討を行う必要がある。

(b) 施策代替案の分析

計画の分析とは、計画目標を達成するための施策の効果を評価基準により評価し、計画の大綱を提示するプロセスである。実際の計画作成にあたっては、計量化できる計画目標、施策代替案、評価基準を用いて、理論構成が確立している分野においては、計量モデルなどを用いて定量化し、それ以外の事項については、可能な限り客観的に評価する必要がある。ただし、分析結果には、不確実性や不統一性が含まれていることが多いため、基本計画の立案にあたっては、この点に注意する必要がある。

(c) 施策の選定

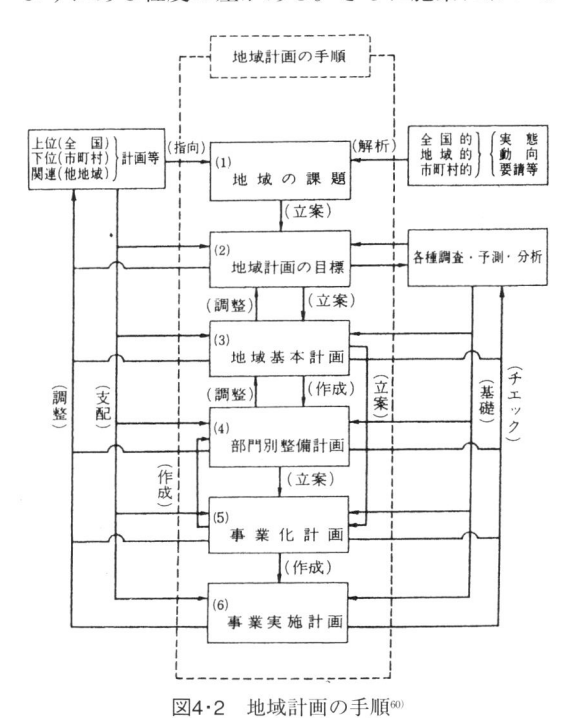

図4・2 地域計画の手順[60]

表4・2 計画種別の計画の期間

計画期間	区　分	計画の種別
20年以上	超長期計画	発想，構想計画
10～20年	長期計画	基本計画 整備計画
5～10年	中期計画	事業化計画
3～5年	短期計画	事業実施計画

計画目標と施策代替案に関する分析の結果から，計画目標に対して最も妥当な施策が選定される。次に選定された施策を地域計画の基本的要素である，土地利用，人口配置，施設配置などに関する計画に組み入れ，計画の大綱を設計する。基本計画は以下の5項目から構成される。
① 計画全体の構成と評価
② 計画目標別の施策およびそれに関連する主要施設の整備概要
③ 主要プロジェクトの概要とその効果
④ 計画実現のための手段とタイムスケジュール
⑤ 計画全体の構想図

(4) 事業化計画の立案

基本計画は，計画目標と施策の明確化，計画の分析を経て策定される。この基本計画にのっとって事業化していくためには，部門別の具体的な計画の策定が重要となる。部門別の具体的計画を通して，はじめて事業化計画の立案が可能となる。事業化計画の段階では，各部門別に事業に関する法律に準拠して事業化計画が立案される必要がある。

地域計画に関する法律は，地域に関する法律と事業に関する法律とに大別される。前者は，第2章で記述したような国土総合開発法や大都市圏整備法などの全国・地方レベルの総合計画立案に関する法律である。後者は，道路法や港湾法などの各事業の計画と推進に関する体系を規定する法律である。このほか，都市計画法や工場立地法，自然公園法などは両者に関係する法律である。

(5) 事業実施計画の立案

事業実施計画の立案にあたっては，基本計画で分野ごとに示された目標達成のための手段について，その内容，実施時期，投入すべき資源，事業実施による費用と便益などを具体的に示す必要がある。手段は，主としてプロジェクトの実施，政府サービスの提供，制度の新設・変更に分けられるが，それらの個別手段について，どの計画目標のために実施するのか，手段の内容，対象，多年度にわたるスケジュール，その期間に必要な人員，資材，資金等の投入量を具体的にすることが事業実施計画段階における主要な作業である。

4.3 地域・都市計画のための基礎データ

地域計画のための基礎データとしては，全国を対象とするデータのみでは不十分であり，都道府県別，市町村別，さらには市町村をさらに細分した町丁目別データなどを活用する必要がある。また計画策定にあたっては，できるだけ長期間にわたる時系列データを収集・整理することが望ましい。

地域計画策定のために利用可能なデータとしては，大きく三種類に分類される。一つ目は，政府行政機関や民間機関が提供している人口や生産額などの各種統計データであり，二つ目は地形図や国土数値情報などの地理情報データ，三つ目は交通量観測調査やアンケート調査などから得られる社会調査データである。

(1) 統計データ

行政機関では，社会経済指標の様々な統計データを公表している。これらの多くは，統計法に基づく指定統計調査として得られるものであり，データの信頼性も高く，また時系列データとして長期間にわたり継続的に公表されているため，地域分析を行う際に十分利用可能なデータである。表4・3は，既存の主要な統計調査をその内容別に整理したものである。これらの各データは，毎月調査されるもの，あるいは毎年，隔年ごとに調査されるもの，不定期，臨時に調査されるものとがある。また，統計の取り方も，全国をひとまとめにしたものから，都道府県別，市町村別，統計区別，調査区別，管轄区別と様々である。したがって，これらのデータを地域分析に使用する場合は，以下の点に注意する必要がある。

① データの調査区域の整合性：地域データはその内容により，データの集計されている地域（区域）が異なるため，必ずしもすべての統計データを同時に使用することはできない。例えば，市町村のある地域における分析を行う場合には，町丁目データや国勢調査などの調査区別データが必要となる場合がある。このように地域データの集計区域が狭くなるほど，同時に利用可能なデータの種類は減少する。

② データの調査年の整合性：統計データは，毎年更新されるものや，隔年ごとに更新さ

れるものなどがあり，ある年の複数のデータをそろえることができない場合がある。そのような場合には，できるだけ近接した年におけるデータを使用することになる。

(2) 地理情報データ

地理情報データには，航空写真や衛星画像，地図などの形で利用される画像情報，これらの情報を数値化した数値情報がある。衛星画像のうち，地上から反射される電磁波を収集・解析し，情報化する技術をリモートセンシングという。この技術は，物体によって反射あるいは放射される電磁波の固有特性があることに着目し，衛星からの電磁波を観測して物体の識別やそれがおかれている環境状況などを把握するものである。

航空写真や地形図などの地理情報を数値化することによって，コンピュータ処理が可能となり，各種の統計データなどとの対応が容易となる。このような地理情報の数値化と分析を行う手法としては，地理情報システム（GIS: Geographical Information Systems）がある。地理情報システムの利点としては，次のようなことがあげられる。

① 大量の地理情報を効率よく扱うことが可能である。
② 多様な地図表現や情報表現が可能である。
③ コンピュータに適した高度な解析が可能である。

(3) 社会調査データ

地域計画を立案する場合，分析に必要な地域データが統計データや地理情報データの中から得られるとは限らない。特に，個人や世帯，企業や団体に関する情報を得るためには，現地において直接観測を行ったり，アンケート調査などにより必要なデータ収集を行う必要がある。このようにある社会事象について，現地調査やアンケート調査により必要なデータを得ることを社会調査という。表4・3に示した統計データの多くは社会調査により得られた結果を整理したものである。

地域計画の策定に用いられるデータは，社会調査による結果が基本となることが多く，方法としては，アンケート調査方式が多用されている。アンケート調査により得られるデータは，種々の問題点を含んではいるが，データの分析や解釈を通して地域計画に必要な多くの情報が得られるため，多くの場面で使用されている。アンケート調査を行う際の注意点としては，次のようなことがあげられる。

① 調査の目的が回答者に十分理解できるようにすること。

表4・3 主要な統計調査

項　　目	既存の調査・統計
土地利用関連	全国都道府県市区町村面積（地），固定資産の価格等の概要調査（総），国土情報整備調査（国），林野面積統計（農），農林水産統計（農），国立公園面積一覧（環），都道府県立自然公園延べ面積（環），都市計画年報（都），日本都市年鑑（市），農林業センサス（農）など
人口世帯関連	国勢調査（統），住民基本台帳人口移動報告（統），労働力調査（統），就業構造基本調査（統）など
生活関連	家計調査（統），農業経済調査（農），全国消費実態調査（統），国民経済計算統計（内），県民経済計算統計（内），住民統計調査（統），国勢調査（統），社会福祉施設調査（厚），社会福祉行政業務調査（総），社会保障統計年報（統），医療施設調査・病院報告（厚），社会生活基本調査（統），国民生活時間調査（NHK），都市計画年報（国）など
教育文化関連	学校基本統計調査（文），社会教育調査（文）など
経済関連	国民経済計算統計（統），県民経済計算統計（統），商業統計（経），国富調査（内），全国消費実態調査（統），農家経済調査（農），地方財政統計年報（総）など
産業関連	事業所統計調査（統），工業統計（経），商業統計（経），農林業センサス（農），生産動態統計調査（経），産業連関表（行），地域産業連関表（経），需要流通統計調査（経），エネルギー生産需給統計年報（経），エネルギー消費動態統計調査（経），総合エネルギー統計（資源エネ），工業用地，用水統計（経）など
交通・通信関連	道路統計年報（国），自動車統計年報（国），鉄道統計年報（国），港湾統計年報（国），貨物地域流動調査（国），旅客地域流動調査（国），道路交通センサス（国），都市圏別パーソントリップ調査（国），都市圏別物資流動調査（国），郵政統計年報（総）など
資源関連	水資源開発基本計画調査（国），水調査（国），河川統計（国），工業用水統計（経），水道統計（厚），河川水利調査（国），農業水利動向調査（農），全国森林資源調査（農）など
環境・防災関連	自然環境保全基礎調査（環），河川水質調査（国），山地災害危険地区調査（農），土石流対策調査（国），海岸統計（国），波浪調査（海），一般環境大気測定局測定結果報告（環），国土情報整備調査（国）など

（注）末尾（　）内は実施・公表機関の略記で，おおむね国の省庁名である。なお，とくにわかりにくいものを示せば，統：総務省統計局，地：国土地理院，市：全国市長会，都：都市計画協会

② 質問はその内容が明確でわかりやすく，簡潔であること．
③ 回答者が回答を誘導されないように，設問の順序に注意すること．
④ 設問が簡潔となるように，調査項目数は必要最小限にとどめること．
⑤ アンケート調査を実施する前には，少数の人数を対象とした予備調査を行い，不備な点について確認すること．

4.4 地域計画のための経済分析

「行政が行う政策の評価に関する法律（政策評価法）」が2001（平成13）年に公布され，2002年4月に施行された．この法律の第一条には，「行政機関が行う政策の評価に関する基本的事項等を定めることにより，政策の評価の客観的かつ厳格な実施を推進しその結果の政策への適切な反映を図るとともに，政策の評価に関する情報を公開し，もって効果的かつ効率的な行政の推進に資するとともに，政府の有するその諸活動について国民に説明する責務が全うされるようにすることを目的とする」とある．また政策評価の客観的かつ厳格な実施を図るためには，「①政策の特性に応じた合理的な手法を用い，できる限り定量的に把握すること．②政策の特性に応じて学識経験を有する者の知見の活用を図ること（第3条第2項）」とある．

地域計画や都市計画は図4・2に示したような流れに沿って，最終的には事業実施計画が策定され，具体的な社会資本の整備や政策が実施されることになる．また地域計画や都市計画の計画・実施主体は政府や地方自治体であることから，政策評価法の適用を受けることになる．

(1) 事業評価の実施時期

社会資本（公共事業）の実施にあたっては，新規採択時の評価（事前評価），事業実施中の再評価（再評価），事業完了後の事後評価（事後評価）が実施されている（図4・3）．特に再評価は，事業をめぐる社会情勢や事業投資効果の変化，事業の進捗の見込み等を視点として評価を実施する必要がある．

(a) 事前評価

政策評価法では，一定の要件に該当する政策については，事前評価を義務付けている．事前評価

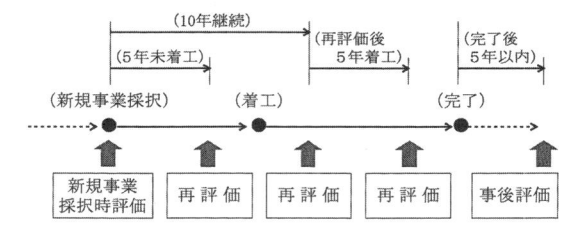

図4・3 事業評価の実施時期

は，新たに実施しようとする政策について，その採択の判断や複数の代替案の中から適切な政策を検討する際に有効なものである．事前評価の実施が義務付けられている政策としては，①国民生活に大きな影響を及ぼすもの，②多額の費用を要すると見込まれるものであり，公共事業の場合は，事業費が10億円以上の事業について義務付けられている．事前評価の検討内容は以下のとおりである．

① 目標の設定：施策等により達成または創出すべき状態の指標化
  ・可能な限り定量的かつ比較可能な形式で設定
  ・成果（アウトカム）指標で設定し，アウトプット指標や顧客満足度指標等で補強・代替
  ・目標の階層化（短期・中期・長期）の実施
  ・時間の概念を含んだ目標を設定（見直しの仕組みをあらかじめ組み込む）
② 政策オプションの相互比較
  ・効果・成果の質・量および費用
  ・費用と便益の帰属先の明確化
  ・費用対効果，費用対便益の算出
  ・技術的実現可能性の検討
  ・リスク・不確実性の検討
  ・民間との比較

(b) 再評価

事業の効率性や透明性の向上を図るため，事業実施採択後5年間未着工の事業，10年間継続中の

事業，再評価後5年を経過した事業は，再評価を実施し，事業の継続（必要に応じて事業手法等の見直し）もしくは事業の中止の方針を決定する。再評価は，新規事業の採択時の評価と一貫性を踏まえつつ，客観的手法を活用するなど，以下の視点で実施する。
① 事業の進捗状況の検討
② 事業をめぐる社会情勢等の変化の検討
③ 事業採択時の費用対便益や費用対効果分析の要因の変化の検討
④ コスト縮減や代替案立案等の可能性の検討

(c) 事後評価

事後評価は，実際のデータ・情報を基礎にして実証的に政策の効果を評価するものであり，政策の改善，見直しのみならず，新規の政策の企画立案にとっても有用な情報を提供するものである。また事前評価が実施された場合には，事前評価の妥当性を検証し，今後の事前評価の精度の改善に資する効果も期待できる。事後評価の検討内容は以下のとおりである。
① 評価対象の確認
② 評価データの収集
・実績と成果の特定
・目標に対する成果と当初および中間段階における成果の区分の明確化
③ 評価の実施と評価結果
・効率性（費用，便益），有効性の確認
・政策対象ごとの費用と便益の帰属先の明確化
・事前評価との実績・成果の差異分析
・将来の政策運営，政策決定への示唆

公共事業の実施に際しては，政策評価が義務付けられており，そのための評価手法が必要となる。表4・4は，政府の各省庁から公表されている社会資本分野の政策評価手法の中で，事業の効率性を評価するための経済的評価手法を整理したものである。公共事業の経済評価に関しては，社会資本の整備により得られる便益と投下費用を比較して投資の妥当性を評価することが求められる。

費用とは，社会資本を整備するために必要な費用であり，調査費，用地費，移転補償費，工事費，維持管理費などがある。一方，便益は多種多様にわたっており，大きくは市場財と非市場財（または環境財）とに分けることができる。市場財とは，

表4・4 社会資本分野の費用・便益分析の手法[23]

対象事業	便益			費用
	計測項目	算出の方法	原単位設定・評価方法	
鉄道事業	利用者便益	交通費と時間費用からなる一般化費用の差分	交通費：運賃や自動車走行費用 時間価値：所得接近法	建設費，車両費，用地費，維持管理費等
	供給者便益	財務分析結果による純利益の差分		
道路事業	利用者便益	走行時間費用と走行経費の差分	走行費用：燃料費，消耗品等費用 時間価値：所得接近法	建設費，用地費，補償費，維持管理費等
	交通事故減少便益	交通事故損失額の差分	交通時算定式より算出	
	環境改善便益	大気汚染，騒音，地球温暖化の評価額の差分	直接支出法，ヘドニック法，CVM等	
街路事業	利用者便益	走行時間費用と走行経費の差分	走行費用：燃料費，消耗品等費用 時間価値：所得接近法	走行時間，走行経費，交通事故の損失等
	交通事故減少便益	交通事故損失額の差分	交通時算定式より算出	
治水事業	被害回避便益	期待被害額の軽減	各被害について平均的な被害を想定	建設費，用地費
下水道事業	生活環境の改善効果	悪臭防止等の代替事業の費用を便益とみなす	代替法	建設費，用地費，補償費，維持管理費，改築費等
	便所の水洗化効果	浄化槽設置等の代替事業の費用を便益とみなす	代替法	
	公共用水域の水質保全効果	水質改善による環境価値の増大	CVM	
	浸水の防除効果	回避される被害額の期待値の差分	各被害について平均的な被害を想定	
	資源利用効果	覆蓋上空空間の有効利用，管渠内空間の有効利用，消雪溝利用，汚泥利用による直接支出や代替支出の軽減	用地有効利用：平均地価 空間有効利用：代替布設費 汚泥利用：処理処分費用	
港湾事業	輸送コストの削減	輸送コストの差分	平均的な支出実態より設定	建設費，維持管理費
	海洋性レクリエーション機会の増加	交流の価値	旅行費用法	
	生態系・自然環境の保全	各環境質の差の価値評価	CVM	
	良好な景観の形成			
	海難の減少	期待回避コスト	平均的な支出実態より設定	
	業務機会の増加	コスト差分	資産価値法	

社会資本の整備による効果が単独で価格をもって取引される財であり，非市場財（環境財）とは，直接的には価格をもたず，取引もされない財である。例えば，高速道路の整備による交通費用（ガソリン代やオイル代）の削減効果，走行時間の短縮は時間価値を生産資源価値と捉えて，労働市場における市場価値により評価することが可能であるため，市場財として評価することができる。一方，道路整備による景観の変化や自然環境の悪化などは，単独では価格をもたず，また取引もされない財であることから非市場財としての評価が必要となる。なお，ここで述べた便益は，社会資本が供用された後（国民が利用可能となった状態）に発生するものであるが，社会資本の建設中にも経済効果は発生する。すなわち，政府から支出される調査費や建設費などは，建設会社やコンサルタントを経由して各産業部門に経済効果が派生し，最終的には地域の経済に影響を及ぼすことになる。

(2) 産業連関分析による事業効果の計測

公共投資による経済効果や大規模イベントの実施による経済効果を計測する手法の一つに産業連関分析がある。産業連関分析は，産業連関表（input-output table）を用いて分析を行う。産業連関表とは，一定期間（通常は1年間）の一定地域の経済活動における，産業間の投入産出構造を表したものであり，その基本的な形式は図4・4のようになる。この図において，行（横）は各産業で生産された生産物の販路または算出の配分の構成が示され，それは，中間需要（アの部分）と最終需要（イの部分）とに大別される。中間需要は，原材料として使用されているための中間生産物として販売された部分であり，それが販売された各産業部門ごとに細分されて示されている。最終需要は，最終生産物として販売された部分であり，それは消費，投資，輸出などに細分される。

図の列（縦）には，各産業部門がその製品を算出するのに要した費用または投入の構成が示されており，それは，中間投入（アの部分）と粗付加価値（ウの部分）に大別される。中間投入は，各部門が購入した原材料の部分である。粗付加価値は，家計外消費支出，雇用者所得，営業余剰，資本減耗引当，間接税などに細分される。

産業連関分析では，**表4・5**に示した産業連関表

表4・5 産業連関表の構成

のほかに，これに基づいて作成された「投入係数表」と「逆行列係数表」がある。投入係数表は，各産業部門がそれぞれ生産物を1単位つくるために必要な原材料の投入量（投入係数とよばれる）をまとめた表である。逆行列係数表は，各産業部門ごとに算出される波及効果の最終的な状況を表したものであり，ある部門の生産物を1単位生産するために直接，間接的に必要とされる最終の各産業部門の水準を算出した表である。なお，産業連関表は，以下のような仮定に基づいて計算されたものである。

① ひとつの生産物（商品）は，唯一の産業部門からのみ供給される。
② 各部門が使用する投入量は，その部門の生産水準に比例する。すなわち，各原材料の投入原単位は一定である。
③ 各部門の生産活動は互いに独立であり，生産活動間の相互干渉はない。

表4・6は，2000年全国産業連関表であり，産業部門を13部門に，最終需要を国内最終需要と輸出の2項目に統合したものである。また，**表4・7**は**表4・6**から算出した投入係数表，**表4・8**は逆行列係数表である。

(3) 市場財の便益計測

表4・4に示した道路事業を例として，便益計測の方法について記述する。道路事業の費用便益分析は，ある年次を基準として，道路整備が行われる場合と，行われない場合のそれぞれについて，一定期間に発生する便益と費用を算定し，道路整

表4・6　全国産業連関表（2000年）

単位：100万円

	01 農林水産業	02 鉱業	03 製造業	04 建設	05 電力・ガス・水道	06 商業	07 金融・保険	08 不動産	09 運輸	10 通信・放送	11 公務	12 サービス	13 分類不明	A=Σ(1-13) 内生部門計	B 国内最終需要計	C 輸出計	D=B+C 最終需要計	E=A+D 需要合計	F (控除)輸入計	G=E+F 国内生産額
01 農林水産業	1558469	523	8427170	152054	0	8976	0	92	2101	0	2092	1331676	0	11483153	4933125	72018	5005143	16488296	-2118607	14369689
02 鉱業	209	3490	7357215	673921	2019224	0	0	0	39	0	620	3971	988	10059677	-22891	10934	-11957	10047720	-8669068	1378652
03 製造業	2462740	93066	122867240	21578941	1680348	3192590	1262918	162203	6093688	461873	2896594	28234832	383742	191370775	104479926	46586381	151066307	342437008	-34275856	308161226
04 建設	80907	9079	1287131	199012	1258735	548218	150273	2843296	479129	173935	569060	1380441	0	8979216	68331313	0	68331313	77310529	0	77310529
05 電力・ガス・水道	91925	43120	6338327	539282	1623262	1226215	225765	219458	888281	318342	1036733	5484955	66691	18102356	8873054	30986	8904040	27006396	-2026	27004370
06 商業	665990	23263	16255898	4942882	391923	1413088	190918	62688	1644923	95723	451052	8346367	84146	34568771	58564544	4491710	63056254	97625025	-677400	96947625
07 金融・保険	502458	66025	4018646	864385	761242	4927713	2872028	3298507	2932966	503522	100096	5834911	955849	27638188	10486297	395547	10881844	38520032	-370548	38149484
08 不動産	6102	12305	892762	269144	224162	2861601	609139	407838	703622	376194	46648	2668995	49316	9127828	56722568	2951	56725519	65853347	-685	65852662
09 運輸	619322	379368	8238641	3988383	715659	4640888	728274	146483	5034261	504229	1122886	4198947	208141	30525482	16005264	4260775	20266039	50791521	-2884630	47906891
10 通信・放送	12029	8986	1118441	938648	142789	2519599	829310	98243	360614	2672208	528828	4851040	117956	14198691	8014956	52219	8067175	22265866	-126380	22139486
11 公務	0	0	0	0	0	0	0	0	0	0	0	708777	0	708777	35517117	0	35517117	36225894	0	36225894
12 サービス	213630	62397	23060229	6397854	2754328	6345219	4997501	1704090	6683970	3640706	2758764	19268568	349908	78237164	144214728	1562622	145777350	224014514	-4786893	219227621
13 分類不明	81124	20449	1668648	307787	143913	626861	257147	270230	190895	101592	17939	717905	0	4404490	36351	20574	56925	4461415	-249084	4212331
33 内生部門計	6294855	722071	201530348	40852293	11715585	28310966	12123273	9212928	25014489	8848324	9531312	82322608	2925514	439404568	516156352	57486717	573643069	1013047637	-54161177	958886460
家計外消費支出	97266	69189	5680022	1288317	540588	2341682	1254548	226069	1012804	1357544	604090	4676456	94610	19171185						
雇用者所得	1275384	248779	53108664	26795496	4715439	47256747	12493059	2366098	14807571	5859804	16550953	89839582	271552	275589148						
営業余剰	4670721	156013	18859441	1400384	3510738	9980199	9016946	29631097	2593537	1543764	0	16721961	438433	96523734						
資本減耗引当	1497231	123846	16678869	4059051	5030564	4801766	3432438	20667516	3046199	3809608	9479097	20300130	672520	93350047						
間接税（除関税）	713713	68619	14974895	3255167	1744412	4488556	1469203	3953570	1647082	728341	60442	6876579	58683	40039262						
(控除)経常補助金	-179481	-9865	-597513	-340179	-252956	-232313	-1639983	-204616	-214791	-7899	0	-1509695	-2193	-5191484						
粗付加価値部門計	8074834	656581	106630878	36458236	15288785	68636657	26026211	56639734	22892402	13291162	26694582	136905013	1286817	519481892						
国内生産額	14369689	1378652	308161226	77310529	27004370	96947625	38149484	65852662	47906891	22139486	36225894	219227621	4212331	958886460						

表4・7　投入係数表

	01 農林水産業	02 鉱業	03 製造業	04 建設	05 電力・ガス・水道	06 商業	07 金融・保険	08 不動産	09 運輸	10 通信・放送	11 公務	12 サービス	13 分類不明	平均
01 農林水産業	0.108455	0.000379	0.027347	0.001967	0.000000	0.000093	0.000000	0.000001	0.000044	0.000000	0.000058	0.006074	0.000000	0.011976
02 鉱業	0.000015	0.002531	0.023875	0.008717	0.074774	0.000000	0.000000	0.000000	0.000001	0.000000	0.000017	0.000018	0.000235	0.010491
03 製造業	0.171384	0.067505	0.398711	0.279120	0.062225	0.032931	0.033104	0.002463	0.127199	0.020862	0.079959	0.128792	0.091100	0.199576
04 建設	0.005630	0.006585	0.004177	0.002574	0.046612	0.005655	0.003939	0.043177	0.010001	0.007856	0.015709	0.006297	0.000000	0.009364
05 電力・ガス・水道	0.006397	0.031277	0.020568	0.006976	0.060111	0.012648	0.005918	0.003333	0.018542	0.014379	0.028619	0.025019	0.015832	0.018879
06 商業	0.046341	0.016874	0.052751	0.063935	0.014513	0.014576	0.005004	0.000952	0.034336	0.004324	0.012451	0.038072	0.019976	0.036051
07 金融・保険	0.034969	0.047891	0.013041	0.011181	0.028190	0.050829	0.075284	0.050086	0.061222	0.022743	0.002763	0.026616	0.226917	0.028823
08 不動産	0.000425	0.008925	0.002897	0.003481	0.008301	0.029517	0.015967	0.006193	0.014687	0.016992	0.001288	0.012175	0.011708	0.009519
09 運輸	0.043099	0.275173	0.026735	0.051589	0.026502	0.047870	0.019090	0.002224	0.105084	0.022775	0.030997	0.019153	0.049412	0.031834
10 通信・放送	0.000837	0.006518	0.003629	0.012141	0.005288	0.025989	0.021738	0.001492	0.007527	0.120699	0.014598	0.022128	0.028003	0.014807
11 公務	0.000000	0.000000	0.000000	0.000000	0.000000	0.000000	0.000000	0.000000	0.000000	0.000000	0.000000	0.168262	0.000000	0.000739
12 サービス	0.014867	0.045259	0.074832	0.082755	0.101996	0.065450	0.130998	0.025877	0.139520	0.164444	0.076154	0.087893	0.083068	0.081592
13 分類不明	0.005645	0.014833	0.005415	0.003981	0.005329	0.006466	0.006741	0.004104	0.003985	0.004589	0.000495	0.003275	0.000000	0.004593
33 内生部門計	0.438065	0.523751	0.653977	0.528418	0.433840	0.292023	0.317783	0.139902	0.522148	0.399663	0.263108	0.375512	0.694512	0.458245
家計外消費支出	0.006769	0.050186	0.018198	0.016664	0.020019	0.024154	0.032885	0.003433	0.021141	0.061318	0.016676	0.021332	0.022460	0.019993
雇用者所得	0.088755	0.180451	0.172341	0.346596	0.174614	0.487446	0.327476	0.035930	0.309091	0.264677	0.456882	0.409800	0.064466	0.287405
営業余剰	0.325040	0.113163	0.054711	0.018114	0.130006	0.102944	0.236358	0.449961	0.054137	0.069729	0.000000	0.076277	0.104083	0.100662
資本減耗引当	0.104194	0.089831	0.054117	0.052503	0.186287	0.049529	0.089973	0.313845	0.063586	0.172073	0.261666	0.092598	0.101068	0.097353
間接税（除関税）	0.049668	0.049773	0.048594	0.042105	0.064597	0.046299	0.038512	0.060037	0.034381	0.032898	0.001668	0.031367	0.013931	0.041756
(控除)経常補助金	-0.012490	-0.007156	-0.001939	-0.004400	-0.009367	-0.002396	-0.042988	-0.003107	-0.004484	-0.000357	0.000000	-0.006886	-0.000521	-0.005414
粗付加価値部門計	0.561935	0.476249	0.346023	0.471582	0.566160	0.707977	0.682217	0.860098	0.477852	0.600337	0.736892	0.624488	0.305488	0.541755
国内生産額	1.000000	1.000000	1.000000	1.000000	1.000000	1.000000	1.000000	1.000000	1.000000	1.000000	1.000000	1.000000	1.000000	1.000000

表4・8　逆行列係数表

	01 農林水産業	02 鉱業	03 製造業	04 建設	05 電力・ガス・水道	06 商業	07 金融・保険	08 不動産	09 運輸	10 通信・放送	11 公務	12 サービス	13 分類不明	行和
01 農林水産業	1.112588	0.006199	0.043347	0.014403	0.005090	0.003066	0.003539	0.001289	0.008062	0.003783	0.004773	0.012597	0.006749	1.225486
02 鉱業	0.001179	1.001483	0.005700	0.002887	0.011520	0.000516	0.000475	0.000237	0.001217	0.000595	0.000917	0.001135	0.001113	1.028976
03 製造業	0.297785	0.189636	1.610717	0.439619	0.154840	0.087938	0.094521	0.035174	0.254930	0.092024	0.152186	0.224443	0.213816	3.847627
04 建設	0.010592	0.015285	0.012085	1.008929	0.053576	0.010599	0.008240	0.044862	0.017460	0.013927	0.020055	0.011970	0.009953	1.237533
05 電力・ガス・水道	0.019139	0.049167	0.043428	0.025193	1.074452	0.021257	0.015430	0.006810	0.035885	0.027321	0.038817	0.038006	0.036522	1.431426
06 商業	0.074308	0.045758	0.097949	0.098654	0.035897	1.027493	0.019700	0.008443	0.063743	0.021837	0.028889	0.059400	0.046612	1.628684
07 金融・保険	0.059742	0.087944	0.043326	0.037843	0.048502	0.069818	1.094837	0.059080	0.092545	0.043561	0.015883	0.046340	0.264300	1.963721
08 不動産	0.006830	0.019475	0.012049	0.012197	0.014507	0.035058	0.021915	1.008618	0.024304	0.024927	0.005723	0.018694	0.022932	1.227228
09 運輸	0.066652	0.302757	0.060205	0.078425	0.047017	0.060037	0.031373	0.008984	1.129414	0.038495	0.043838	0.036611	0.077720	1.981530
10 通信・放送	0.008850	0.018815	0.015999	0.024550	0.014702	0.036112	0.033095	0.005630	0.021008	1.145143	0.022218	0.033284	0.049043	1.428447
11 公務	0.001510	0.003010	0.001771	0.001356	0.001328	0.001378	0.001447	0.000830	0.001294	0.001199	1.000416	0.001010	0.169033	1.185561
12 サービス	0.070857	0.136986	0.161977	0.157144	0.155251	0.109300	0.176988	0.047226	0.217374	0.228074	0.114977	1.140663	0.186485	2.903302
13 分類不明	0.008972	0.017888	0.010525	0.008060	0.007891	0.008192	0.008597	0.004932	0.007693	0.007006	0.002470	0.006004	1.004581	1.102810
列和	1.739004	1.894401	2.119078	1.909261	1.624574	1.470763	1.510156	1.232113	1.874930	1.647872	1.451162	1.630157	2.088860	

備に伴う費用の増分と便益の増分を比較することにより評価を行う（有無比較法）。道路整備に伴う効果としては，渋滞の緩和や交通事故の減少，走行快適性の向上，沿道環境の改善，災害時の代替路確保，交流機会の拡大，新規工場立地に伴う生産額の増加や雇用・所得の増大等，多種多様な効果が存在する。これらの効果をすべて評価することは必ずしも容易ではなく，また効果の種類によっては不確実性も存在するため，現時点において十分な精度で計測が可能な効果としては，「走行時間短縮」「走行経費減少」「交通事故減少」についてのみ評価が実施されている。また評価手法としては，社会的余剰を計測することにより便益額を算出する。なお，道路事業の費用便益分析の流れは，図4・4のとおりである。

(a) 走行時間短縮便益の計測

走行時間短縮便益は，式(4.1)に示すように，道路の整備・改良が行われない場合の総走行時間費用から，道路の整備・改良が行われる場合の総走行時間費用を減じた差として算定する。総走行時間費用は，各トリップのリンク別車種別の走行時間に時間価値原単位を乗した値をトリップ全体で集計したものである。

$$BT = BT_o - BT_w \quad (4.1)$$

ここで，$BT_i = \Sigma\Sigma(Q_{ijk} \times T_{ijk} \times a_j) \times 365$

- BT ：走行時間短縮便益（円／年）
- BT_i ：整備iの場合の総走行時間費用（円／年）
- Q_{ijk} ：整備iの場合のリンクkにおける車種jの交通量（台／日）
- T_{ijk} ：整備iの場合のリンクkにおける車種jの走行時間（分）
- a_j ：車種jの時間価値原単位（円／分・台）
- i ：整備ありの場合w，なしの場合o
- j ：車種
- k ：リンク

なお，車種別の時間価値原単位は，地域別あるいは道路種別により独自に設定されている場合もあるが，その場合には，その数値と算出根拠については公表する必要がある。表4・9は車種別の時間価値原単位の例である。

(b) 走行経費減少便益の計測

走行経費減少便益は，式(4.2)に示すように，道路の整備・改良が行われない場合の走行経費から，道路の整備・改良が行われる場合の走行経費を減じた差として算定する。なお，走行経費減少便益は，走行条件が改善されることによる費用の低下のうち，走行時間に含まれない項目を対象としている。具体的には，燃料費，油脂（オイル）費，タイヤ・チュウブ費，車両整備（維持・修繕）費，車両償却費等の項目について走行距離単位当りで計測した原単位（円／台・km）を用いて算出する。

$$BR = BR_o - BR_w \quad (4.2)$$

ここで，$BR_i = \Sigma\Sigma(Q_{ijk} \times L_k \times \beta_j) \times 365$

- BR ：走行時間短縮便益（円／年）
- BR_i ：整備iの場合の総走行時間費用（円／年）
- Q_{ijk} ：整備iの場合のリンクkにおける車種jの交通量（台／日）
- L_k ：リンクkの延長（km）
- β_j ：車種jの走行経費原単位（円／分・km）

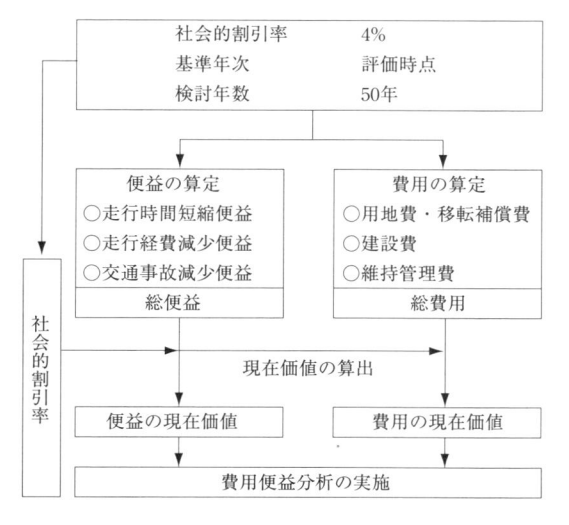

図4・4 道路事業の費用便益分析のフロー

表4・9 車種別の時間価値原単位（a_j）

（単位：円／分・台）

車　種	時間価値原単位
乗用車	40.10
バ　ス	374.27
乗用車類	45.78
小型貨物	47.91
普通貨物	64.18

平成20年価格

　　　　i：整備ありの場合w，なしの場合o
　　　　j：車種
　　　　k：リンク
　なお，走行経費原単位を，各地域で独自に設定している数値がある場合は，それらを用いてもよいが，その場合は，数値およびその算出根拠について公表する必要がある．表4・10は，車種別の走行経費原単位の例である．

(c) 交通事故減少便益の計測

　交通事故減少便益は，式(4.3)に示すように，道路の整備・改良が行われない場合の交通事故による社会的損失から，道路の整備・改良が行われる場合の交通事故による社会的損失を減じた差として算出する．道路の整備・改良が行われない場合の総事故損失，および道路の整備・改良が行われる場合の総事故損失は，事故率を基準とした算定式を用いてリンク別の交通事故の社会的損失を算定し，これを全リンクで集計する．交通事故の社会的損失は，運転者，同乗者，歩行者に関する人的損害額，交通事故により損壊を受ける車両や構築物に関する物的損害額，および事故渋滞による損失額から算定する．

$$BA = BA_o - BA_w \quad (4.3)$$

ここで，$BA_i = \Sigma\Sigma(AA_{ik})$

　　　BA：年間総事故減少便益（千円／年）
　　　BA_i：整備iの場合の交通事故の社会的損失額（千円／年）
　　　AA_{ik}：整備iの場合のリンクkにおける交通事故の社会的損失額（千円／年）
　　　$X1_{ik} = Q_{ik} \times L_k$：整備iの場合のリンクkにおける走行台キロ（千台km／日）
　　　$X2_{ik} = Q_{ik} \times Z_k$：整備iの場合のリンクkにおける走行台カ所（千台カ所／日）
　　　Q_{ik}：整備iの場合のリンクkにおける交通量（千台／日）
　　　L_k：リンクkの延長（km）
　　　Z_k：リンクkの主要交差点数（カ所）
　　　i：整備ありの場合w，なしの場合o
　　　k：リンク

　表4・11は，交通事故損失額の算定式を整理したものである．なお，表における「中央帯有」とは，それぞれの設置延長がリンク延長の65％以上である場合をいう．また，主要交差点とは，交差道路の幅員が5.5m以上である交差点をいう．なお，1車線道路に関しては，2車線道路の式を用いて算定する．また，現段階において中央帯の有無がデータとして把握されていない場合は，それらを考慮しない表4・12に示す式を用いて交通事故減少便益を算定してもよい．

(4) 非市場財（環境財）の便益計測

　公共事業の中でも環境の改善を直接的な目的として実施されているものも多く見られる．下水道整備は，水質改善効果による環境価値の増大をもたらし，都市公園の整備は，緑の増加による快適性の向上やレクリエーション機会の増大を，また河川整備における多自然型工法の適用は，自然環境の改善を直接的な目的とした事業である．これらの公共事業による環境改善効果は，市場財としての評価が困難であるため，非市場財（環境財）

表4・10 車種別走行経費原単位（一般道：市街地）（βj）
（単位：円／台・km）

速度(km/h)	乗用車	バス	乗用車類	小型貨物	普通貨物
10	32.54	96.41	33.62	29.42	63.97
20	26.02	85.31	27.02	26.00	52.54
30	23.62	80.32	24.58	24.26	45.84
40	22.63	77.76	23.57	23.30	41.81
50	22.37	76.71	23.29	22.85	39.79
60	22.44	76.57	23.36	22.74	39.18

平成20年価格

表4・11 交通事故損失額算定式（AA_{ik}）
（単位：千円／年）

道路・沿道区分			交通事故損失額算定式
一般道路	DID	2車線	$AA_{ik} = 2150 X1_{ik} + 530 X2_{ik}$
		4車線以上 中央帯無	$AA_{ik} = 2000 X1_{ik} + 530 X2_{ik}$
		4車線以上 中央帯有	$AA_{ik} = 1700 X1_{ik} + 530 X2_{ik}$
	その他市街地	2車線	$AA_{ik} = 1670 X1_{ik} + 550 X2_{ik}$
		4車線以上 中央帯無	$AA_{ik} = 1580 X1_{ik} + 500 X2_{ik}$
		4車線以上 中央帯有	$AA_{ik} = 1140 X1_{ik} + 500 X2_{ik}$
	非市街部	2車線	$AA_{ik} = 1330 X1_{ik} + 660 X2_{ik}$
		4車線以上 中央帯無	$AA_{ik} = 1100 X1_{ik} + 570 X2_{ik}$
		4車線以上 中央帯有	$AA_{ik} = 950 X1_{ik} + 570 X2_{ik}$
高速道路			$AA_{ik} = 360 X1_{ik}$

表4・12 交通事故損失額算定式（AA_{ik}）
（中央帯の有無を考慮しない場合）
（単位：千円／年）

道路・沿道区分			交通事故損失額算定式
一般道路	DID	4車線以上	$AA_{ik} = 1760 X1_{ik} + 530 X2_{ik}$
	その他市街地		$AA_{ik} = 1260 X1_{ik} + 500 X2_{ik}$
	非市街部		$AA_{ik} = 1030 X1_{ik} + 570 X2_{ik}$

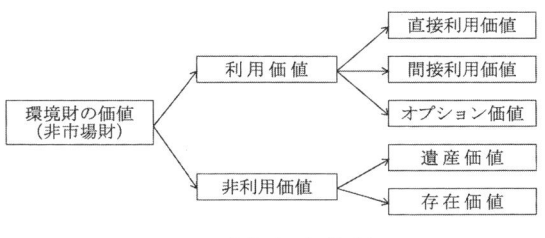

図4·5　環境財の価値分類

表4·13　評価手法の特徴と問題点

評価手法		手法の概要	特徴点・問題点
顕示選好法	代替法（RCM）	環境財の供給増（減）による便益（損失）を代替可能な市場財の購入に要する費用の減少（増加）額で評価する	代替法が適用できるのは、評価しようとする環境財と同じ機能を持ち、かつ代替可能な市場財の存在が前提となる
	旅行費用法（TCM）	目的地までの旅行費用をもとに環境財の価値を評価する	適用範囲が観光やレクリエーションに関係するものに限定される
	ヘドニック法（HPM）	環境財の供給量変化がもたらす便益（費用）の変化が地価や労賃に及ぼす影響をもって当該財の価値とするもの	機能が地価や労賃に帰着するというキャピタリゼーション仮説は、適用範囲が地域的なものに限定される
表明選好法	仮想評価法（CVM）	環境財の変化に関する支払意思額や受入補償額をたずねることにより環境財の価値を評価する	適用範囲が広い。遺産価値や存在価値などの非利用価値も評価可能であるが、様々なバイアスが存在する
	コンジョイント分析（CA）	環境財の属性を含む複数のプロファイルを提示して、消費者の選好を評価し、環境財の価値を計測する	商品を構成する様々な属性別に評価することが可能である

としての便益評価が必要となる。

　図4·5は、非市場財（環境財）の価値分類を示したものである。価値としては、大きく利用価値と非利用価値とに分類され、さらに利用価値は、直接利用価値、間接利用価値、オプション価値に、非利用価値は、遺産価値、存在価値に分類される。

① 直接利用価値：環境財を直接利用することにより得られる価値であり、例えば、森林という環境財からは木材が、あるいは干潟におけるアサリや稚魚などの育成などによる資源供給源としての価値
② 間接利用価値：森林の保水効果、浄水機能効果、地下水涵養効果、二酸化炭素固定機能、斜面崩壊防止効果などの価値
③ オプション価値：将来利用するための選択肢として残っている価値
④ 遺産価値：将来の世代のために残すことから発生する価値
⑤ 存在価値：直接的にも間接的にも現在も将来も利用することはないが、その環境を失うことを回避したいという個人の選好から生み出される価値

　非市場財（環境財）の価値を評価する方法としては、表4·13に示すような手法がある。顕示選好法とは、人々の行動結果から得られるデータをもとに間接的に環境の価値を評価する方法であり、代表的な手法としては、代替法（RCM：Replacement Cost Method）、旅行費用法（TCM：Travel Cost Method）、ヘドニック法（HPM：Hednic Price Method）がある。表明選好法とは、人々に環境の価値を直接たずねることにより環境の価値を評価する方法であり、仮想評価法（CVM：Contingent Valuation Method）、コンジョイント分析（CA：Conjoint Analysis）などがある。

第5章

都市計画法

5.1 都市計画法の構成

大正8(1919)年に制定された旧都市計画法は時代に適応しなくなり，昭和43(1968)年に現在の都市計画法が制定された。都市計画法は，第1章（総則）に始まり，第7章（罰則）にわたる全97条の条文からなる。第1章（総則）では都市計画の目的・基本理念等を述べ，国，地方公共団体及び住民の責務にもふれている。また，都市計画区域と準都市計画区域について規定している。第2章（都市計画）では都市計画の内容と都市計画の決定及び変更について規定し，第3章（都市計画制限等）では開発行為等の規制を，第4章（都市計画事業）では都市計画事業の認可や施行等について規定している。

(1) 目的と基本理念

都市計画法（City Planning Law）では，都市計画の目的と基本理念として，同法第1条で「都市計画の内容及びその決定手続，都市計画制限，都市計画事業その他都市計画に関し必要な事項を定めることにより，都市の健全な発展と秩序ある整備を図り，もって国土の均衡ある発展と公共の福祉の増進に寄与することを目的とする」としている。そして，同法第2条で，基本理念として，①都市計画と農林漁業との健全な調和を図るとともに，②健康で文化的な都市生活及び機能的な都市活動を確保し，③適正な制限のもとに土地の合理的な利用を図ることをあげている。

また，同法第4条では，都市計画の定義は，「都市の健全なる発展と秩序ある整備を図るための土地利用，都市施設の整備及び市街地開発事業に関する計画で，規定に従い定められたものをいう」となっている。

なお，建築基準法（Building Standards Act）は，建築物の敷地，構造，設備及び用途に関する最低の基準を定めて，国民の生命，健康及び財産の保護を図り，もって公共の福祉の増進に資する事を目的としており，都市計画法と併せて都市計画の二大基礎法規とされている。

(2) 都市計画の関連法規

都市計画法は，計画的な都市づくりのための基本法であり，この法律により定められた都市計画に基づいて，土地利用の規制，建築その他の規制，各種都市施設の事業等が行われる。したがって，都市計画法は他の関係諸法令と一体となって，はじめてその機能が発揮されるものである。

都市計画法を基本法とする都市計画の関連法規としては，以下のものがある（図5・1）。

① 上位計画に関する法規：国土形成計画法，国土利用計画法，首都圏整備法等
② 地域地区に関する法規：建築基準法，生産緑地法，古都保存法，都市緑地法等
③ 促進区域に関する法規：大都市地域における住宅及び住宅地の供給の促進に関する特別措置法等
④ 市街地開発事業に関する法規：土地区画整理法，都市再開発法，新住宅市街地開発法等
⑤ 都市施設に関する法規：都市公園法，廃棄物の処理及び清掃に関する法律，駐車場法，下水道法，道路法等
⑥ 地区計画等に関する法規：集落地域整備法，幹線道路の沿道の整備に関する法律等
⑦ その他として，土地基本法，土地収用法，農地法等

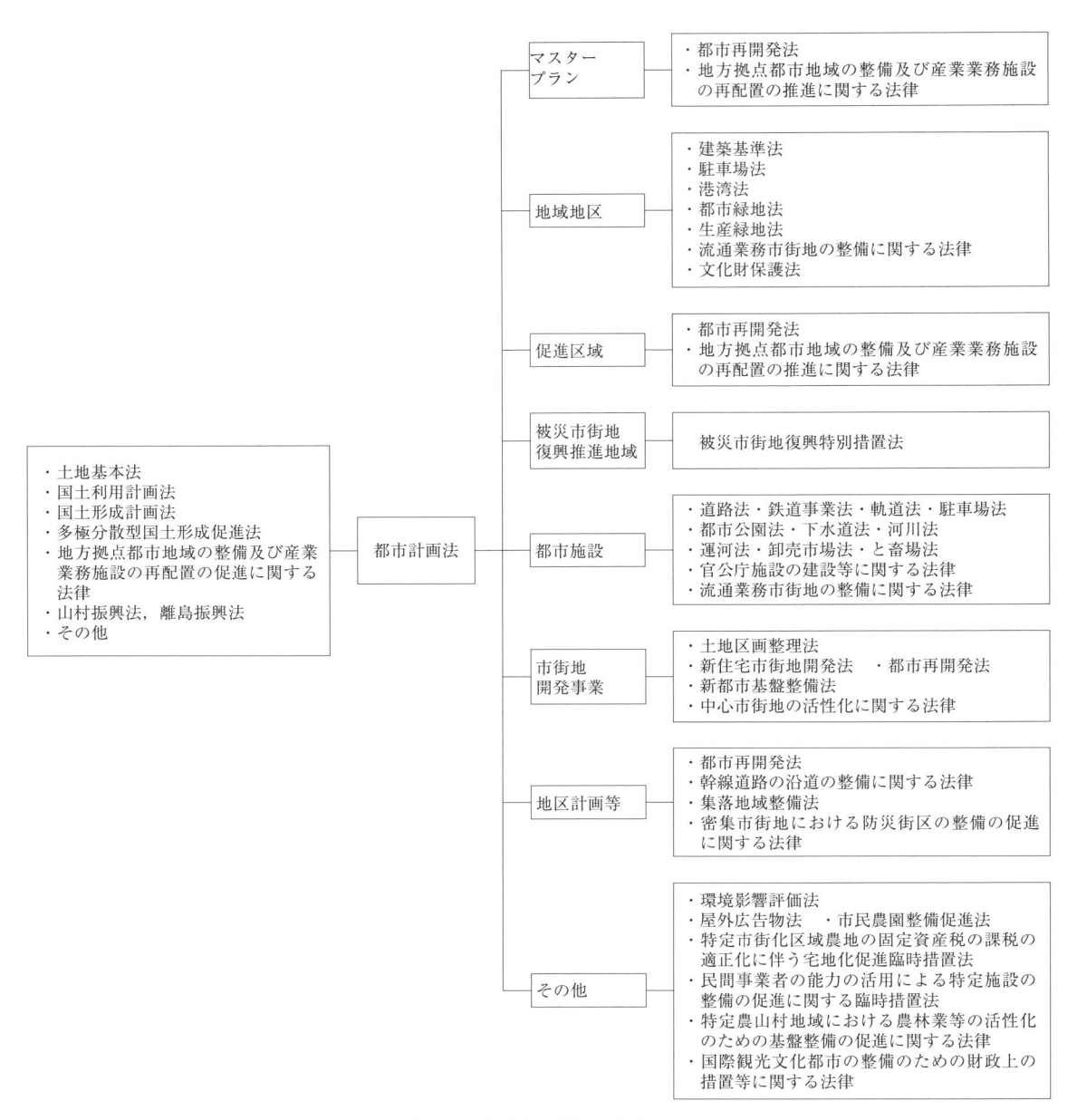

```
                                    ┌─ マスター ──┬─・都市再開発法
                                    │   プラン    └─・地方拠点都市地域の整備及び産業業務施設
                                    │               の再配置の推進に関する法律
                                    │
                                    ├─ 地域地区 ──┬─・建築基準法
                                    │             ├─・駐車場法
                                    │             ├─・港湾法
                                    │             ├─・都市緑地法
                                    │             ├─・生産緑地法
                                    │             ├─・流通業務市街地の整備に関する法律
                                    │             └─・文化財保護法
                                    │
                                    ├─ 促進区域 ──┬─・都市再開発法
                                    │             └─・地方拠点都市地域の整備及び産業業務施設
                                    │                の再配置の推進に関する法律
                                    │
                                    ├─ 被災市街地 ── 被災市街地復興特別措置法
                                    │   復興推進地域
┌─・土地基本法                       │
│・国土利用計画法                    │             ┌─・道路法・鉄道事業法・軌道法・駐車場法
│・国土形成計画法                    │             ├─・都市公園法・下水道法・河川法
│・多極分散型国土形成促進法          ├─ 都市施設 ──┼─・運河法・卸売市場法・と畜場法
│・地方拠点都市地域の整備及び産業── 都市計画法    │             ├─・官公庁施設の建設等に関する法律
│ 業務施設の再配置の促進に関する     │             └─・流通業務市街地の整備に関する法律
│ 法律                               │
│・山村振興法，離島振興法            │             ┌─・土地区画整理法
│・その他                            ├─ 市街地 ──┼─・新住宅市街地開発法 ・都市再開発法
└─                                  │   開発事業  ├─・新都市基盤整備法
                                    │             └─・中心市街地の活性化に関する法律
                                    │
                                    │             ┌─・都市再開発法
                                    ├─ 地区計画等 ┼─・幹線道路の沿道の整備に関する法律
                                    │             ├─・集落地域整備法
                                    │             └─・密集市街地における防災街区の整備の促進
                                    │                に関する法律
                                    │
                                    │             ┌─・環境影響評価法
                                    │             ├─・屋外広告物法 ・市民農園整備促進法
                                    │             ├─・特定市街化区域農地の固定資産税の課税の
                                    │             │   適正化に伴う宅地化促進臨時措置法
                                    └─ その他 ──┼─・民間事業者の能力の活用による特定施設の
                                                  │   整備の促進に関する臨時措置法
                                                  ├─・特定農山村地域における農林業等の活性化
                                                  │   のための基盤整備の促進に関する法律
                                                  └─・国際観光文化都市の整備のための財政上の
                                                      措置等に関する法律
```

図5・1 都市計画関係の法体系

5.2 都市計画区域

都市計画区域（City Planning Area）とは，都市計画を定める対象となる場所であり，「健康で文化的な都市生活と機能的な都市活動を確保する」という都市計画の基本理念を達成するため，都市計画法その他の法令の規制を受けるべき土地の範囲である．すなわち，一体的，総合的に都市づくりを進めるべき区域であり，原則として都市計画は都市計画区域内において定められる．

都市計画区域を定めるときは，原則として，都道府県知事は関係市町村及び都道府県都市計画審議会の意見を聴き，国土交通大臣に協議し，その同意を得て行う．ただし，2以上の都府県にまたがるときは国土交通大臣が関係都府県の意見を聴いて指定する．なお，都市計画区域は行政区域と一致する必要はなく，必要があると認められるときは，複数の市町村にまたがって指定できる．

表5・1　都市計画区域の指定状況

（平成17年3月31日現在）

区　分	都　市　数				都市計画区域数	面積 (km²)	現在人口 (万人)
	市	町	村	計			
都市計画区域 (A)	728	949	77	1,754	1,271	99,780	11,793
区域区分対象	416	319	25	760	295	51,667	9,714
全国 (B)	733	1,423	366	2,522	―	377,915	12,687
A / B (％)	99.3	66.7	21.0	69.5	―	26.4	93.0

(1) 都市計画区域の指定区域

(a) 市，または次のいずれかの要件に該当する町村の中心市街地を含み，かつ，自然的，社会的条件並びに人口，土地利用，交通量等の現況及び推移を勘案して，一体の都市として総合的に整備，開発，及び保全する必要がある区域。

① 人口が1万人以上で，二次及び三次産業就業者が全就業者の半分以上を占めていること

② おおむね10年以内に上記①に該当することが予想されること

③ 中心の市街地を形成している区域内の人口が3,000人以上であること

④ 観光地などで人が多数集まるため，特に良好な都市環境の形成を図る必要があること

⑤ 災害により当該町村の市街地を形成している区域内の相当数の建築物が滅失した場合において，当該町村の健全な復興を図る必要があること

(b) 首都圏整備法，近畿圏整備法及び中部圏開発整備法による都市開発区域，その他新たに住居都市，工業都市等として開発し，及び保全する必要がある区域。例えば，つくば研究学園都市のようないわゆるニュータウンを建設しようとする区域である。

(2) 都市計画区域の指定効果

① 都市施設に関する都市計画を除いて，その他の都市計画は，すべて都市計画区域内の土地について定められる。

② 都市計画区域内において一定の開発行為（建築物の建築等を目的とする土地の区画形質の変更を指す）をしようとする場合においては，都道府県知事の許可を受けなければならない。

③ 都市計画区域（都道府県知事が都道府県都市計画審議会の意見を聴いて指定する区域を除く）内において建築物を建築しようとする場合においては，建築基準法に基づく建築主事等の確認を受けなければならない。

④ 市街地開発事業はすべて都市計画区域内において行わなければならない。

表5・1にわが国における都市計画区域の指定状況を示す。

5.3　準都市計画区域

市町村は，都市計画区域外の区域のうち，相当数の住居その他の建築物の建築又はその敷地の造成が現に行われ，または将来行われると見込まれる一定の区域で，そのまま土地利用を整序することなく放置すれば，将来における都市としての整備，開発及び保全に支障が生じる恐れがあると認められる区域を，準都市計画区域として指定することができる。

この準都市計画区域は，都市計画区域に準ずるものとして，都市計画法のいくつかの規定が適用されるが，都市としての積極的な整備を進める都市計画区域とは異なるため，都市施設や市街地開発事業に関する都市計画を定めることはできない。準都市計画区域の指定効果は以下のようなことがあげられる。

① 用途地域，特別用途地区，特定用途制限地域，高度地区，景観地区，風致地区及び伝統的建造物群保存地区に関する都市計画に限って定めることができる。

② 一定の開発行為（規模が3,000m²以上）をしようとする場合は，都道府県知事等の許可を受けなければならない。

③ 準都市計画区域内において建築物を建築しようとする場合には，建築基準法に基づく建築主事等の確認を受けなければならない。

5.4 都市計画の内容

(1) 都市計画の種類

都市計画には，都市の将来ビジョンに基づいて，以下に示す11種類のものが，有機的関連性を維持しながら，総合的かつ一体的に定められる。

① 都市計画区域の整備，開発及び保全の方針
② 区域区分（市街化区域と市街化調整区域の区分）
③ 都市再開発方針等
④ 地域地区
⑤ 促進区域
⑥ 遊休土地転換利用促進地区
⑦ 被災市街地復興推進地域等
⑧ 都市施設
⑨ 市街地開発事業
⑩ 市街地開発事業等予定区域
⑪ 地区計画等

(2) 都市計画の内容

以下に11種類の都市計画の内容についてその概略を示すが，土地利用に関する項目（区域区分，地域地区，促進区域，地区計画等）については第6章にその詳細を記述する。

(a) 都市計画区域の整備，開発及び保全の方針

2000（平成12）年の法改正前までは，「市街化区域及び市街化調整区域」について，「各区域の整備，開発及び保全の方針」を都道府県が策定するとされていたが，改正後，すべての都市計画区域について，それぞれの都市計画に整備，開発及び保全の方針を定めることとされた。これを通称「都市計画区域のマスタープラン」という。その内容は次のとおりである。

① 都市計画の目標
② 区域区分の決定の有無及び当該区分を定めるときはその方針
③ その他土地利用，都市施設の整備及び市街地開発事業に関する主要な都市計画の方針

都市計画区域について定められる都市計画は，本方針に即したものでなければならない。一方，住民に最も近い立場にある市町村が定める都市計画のマスタープランとして，「市町村の都市計画に関する基本的な方針」（通称「市町村マスタープラン」という）がある。これは，都市計画区域マスタープランの骨組みをもとに，市町村がより地域に密着した観点から定める都市計画の基本方針であり，地域住民の意向を反映し，創意工夫によって都市計画の方針を策定するものである。都市全体の都市計画の方針を示す全体構想と，さらにこれを基に地域ごとに細分化し，細かな方針を示す地域別構想によって構成されている。

土地利用の規制・誘導，都市施設の整備，市街地整備事業等のすべての都市計画は，この二つのマスタープランの方針を基本として計画，整備されることになっている。

(b) 区域区分（市街化区域と市街化調整区域の区分）

都市計画法第7条で，無秩序な市街化を防止し，計画的な市街化を図るため，都市計画区域を区分して，積極的に市街化を図る市街化区域（Urbanization Promotion Area）と市街化を抑制する市街化調整区域（Urbanization Control Area）が定められる。これを区域区分（Area Division）といい，「線引き」と俗称する。

(c) 都市再開発方針等

都市計画区域については，都市計画に次の方針のうち必要なものを定める。

① 都市再開発方針
② 住宅市街地の開発整備の方針
③ 拠点業務市街地の開発整備の方針
④ 防災街区整備方針

都市計画区域について定められる都市計画は，これらの方針に即したものでなければならない。

(d) 地域地区

都市計画法第8条で，当該都市計画区域について，地域，地区または街区として，地域地区（Land Use Zoning）が定められる。地域地区には用途地域（Land Use District）とその他の地域地区があり，土地利用について規制される。

(e) 促進区域

促進区域は，市街地再開発事業や土地区画整理事業等の早急な施行を図る必要のある区域について定める都市計画である。区域内の土地所有者等に事業の施行を義務付けることにより，土地利用計画に即した土地利用の早期実現を誘導するもので，①市街地再開発促進区域，②土地区画整理促進区域，③住宅街区整備促進区域，④拠点業務市街地整備土地区画整理促進区域の4種類の促進区域がある。

(f) 遊休土地転換利用促進地区

都市計画区域内の土地利用計画に照らし必要があるときは，遊休土地転換利用促進地区（Idle Land Utilization Promotion Zone）が定められる。対象となる遊休土地の標準的な指定要件は以下のとおりである。

① 当該区域内の土地が，相当期間にわたり住宅用，事業用の施設，その他の用途に供されていないこと。
② 当該区域内の土地が上記①の要件に該当していることが，当該区域及びその周辺の地域における計画的な土地利用の増進を図る上で著しく支障となっていること。
③ 当該区域内の土地の有効かつ適切な利用を促進することが当該都市の機能の増進に寄与すること。
④ おおむね5,000m²以上の規模の区域であること。
⑤ 当該区域が市街化区域内にあること。

(g) 都市施設

都市施設は都市を構築する基盤施設であり，都市計画区域における次に掲げる施設で必要なものを都市計画決定することができる。なお，特に必要があるときは，都市計画区域外においても都市施設として定めることができる。

① 道路，都市高速鉄道，駐車場，自動車ターミナル，その他の交通施設
② 公園，緑地，広場，墓園，その他の公共空地
③ 上水道，電気供給施設，ガス供給施設，下水道，汚物処理場，ゴミ焼却場，その他の供給施設又は処理施設
④ 河川，運河，その他の水路
⑤ 学校，図書館，研究施設，その他の教育文化施設
⑥ 病院，保育所，その他の医療施設又は社会福祉施設
⑦ 卸売市場，と畜場又は火葬場
⑧ 一団地の住宅施設（1ha以上の一団地における50戸以上の集団住宅）
⑨ 一団地の官公庁施設（一団地の国又は地方公共団体の建築物）
⑩ 流通業務団地
⑪ 電気通信事業用施設又は防風，防火，防水，防雪もしくは防潮の施設

(h) 市街地開発事業

市街地開発事業は，一定の区域を総合的計画に基づいて，新たに開発，又は再開発することによって，住みよいまちづくりを行うことを目的に，市街化区域又は非線引きの都市計画区域内において定められる。市街地開発事業には以下の7種類がある。

① 土地区画整理事業（土地区画整理法）
② 新住宅市街地開発事業（新住宅市街地開発法）
③ 工業団地造成事業（首都圏整備法，近畿圏整備法）
④ 市街地再開発事業（都市再開発法）
⑤ 新都市基盤整備事業（新都市基盤整備法）
⑥ 住宅街区整備事業（大都市地域における住宅及び住宅地の供給の促進に関する特別措置法）
⑦ 防災街区整備事業（密集市街地における防災街区の整備の促進に関する法律）

(i) 市街地開発事業等予定区域

市街地開発事業等予定区域とは，市街地開発事業や都市施設の決定前において，できるだけ早い段階で大規模な開発適地を確保するために定められる都市計画をいう。都市計画事業の速やかな実施を誘導するため，以下に掲げる市街地開発事業又は都市施設の予定区域で必要なものを都市計画決定することができる。

① 新住宅市街地開発事業の予定区域
② 工業団地造成事業の予定区域
③ 新都市基盤整備事業の予定区域
④ 区域の面積が20ha以上の一団地の住宅施設の予定区域
⑤ 一団地の官公庁施設の予定区域
⑥ 流通業務団地の予定区域

(j) 地区計画等

地区計画等は，既存の他の都市計画を前提に，ある一定のまとまりをもった「地区」を対象に，その地区の特性に応じたよりきめ細かい規制を行うことを内容としている。地区計画等の都市計画には次の4種類がある。

① 地区計画（都市計画法第12条の5）
② 防災街区整備地区計画（密集市街地における防災街区の整備の促進に関する法律第32

③ 沿道地区計画（幹線道路の沿道の整備に関する法律第9条第1項）
④ 集落地区計画（集落地域整備法第5条第1項）

各計画について，それぞれの地区整備計画を都市計画に定め，市町村の条例により建築物に関する制限や土地利用に関わる規制を行うものである。

(3) 開発許可制度

開発許可制度とは，無秩序な市街化を防止し，宅地としての一定水準を確保するために開発行為を許可制にするという制度である。都市計画区域内又は準都市計画区域内の土地において開発行為をする場合は，あらかじめ都道府県知事（指定都市にあっては市長）の許可（開発許可）を受ける必要がある。さらに，都市計画区域及び準都市計画区域外においても，一定の規模（1ha）以上の開発行為をする場合は，開発許可制度が適用される。

開発行為とは，主として建築物の建築又は特定工作物の建設の用に供する目的で行う土地の区画形質の変更をいう。また，特定工作物とは，周辺地域の環境の悪化をもたらす恐れのある工作物（第一種）及び大規模な工作物（第二種）で，それぞれ次に掲げるものである。

① 第一種特定工作物……コンクリートプラント，アスファルトプラント，クラッシャプラント及び危険物の貯蔵もしくは処理に供する工作物
② 第二種特定工作物……ゴルフコース，1ha以上の大規模な野球場，テニスコート，陸上競技場その他の運動施設，遊園地，動物園その他のレジャー施設及び墓園

なお，表5・2に掲げる要件のいずれかに該当すれば，例外的に開発許可（Land Development Permission）は不要である。

5.5 都市計画の決定

(1) 都市計画の決定と決定権者

都市計画には11種類のプランが用意されているが，都市計画区域内では，すべてのプランを実現させるのではなく，当該都市計画区域の実情に応じて必要なプランを定めていく。これを都市計画の決定という。都市計画の決定は，広域的な観点から定めるべき都市計画及び重要な施設等に関する都市計画については都道府県が行い，その他の都市計画については，市町村が行う。これらをまとめたのが表5・3である。なお，都市計画区域が複数の都府県にわたる場合は，例外的に国土交通大臣が都市計画を決定する。

(2) 都市計画の案の作成

都市計画の案の作成について必要があるときは，公聴会等住民の意見を反映させるために必要な措置がとられるほか，案について2週間公衆の縦覧に供されるとともに，住民等は意見書の提出の機会を与えられている。

(3) 決定手続き

図5・2と図5・3に都市計画の決定手続きを示す。都道府県が都市計画を決定する場合と市町村が都市計画を決定する場合とでは手続きの流れが異なっている。都道府県は，関係市町村の意見を聴き，あらかじめ都道府県都市計画審議会の議を経て一定の場合に国土交通大臣に協議し，その同意を得て都市計画を決定する。市町村は，当該市町村に市町村都市計画審議会が置かれているときは，当該市町村都市計画審議会の議を経て都市計画を決定する。その場合，なお，市町村が定めた都市計画が都道府県の定めた都市計画に抵触するときは，その限りにおいて都道府県の定めた都市計画が優先する。

5.6 都市計画の提案制度

近年，まちづくりへの関心が高まる中で，その手段としての都市計画に対する関心が高まっており，まちづくり協議会等の地域住民が主体となったまちづくりに関する取組みが多く行われるようになっている。このような動きを踏まえ，平成15年1月1日に都市計画法の一部が改正され，地域のまちづくりに対する取組みを今後の都市計画行政に積極的に取り込んでいくため，土地の所有者やまちづくりNPO法人等からの都市計画の提案に係る都市計画提案制度が創設された。

この都市計画提案制度は，まちづくり全般を対象としており，提案できる都市計画の種類は，「都市計画区域の整備，開発，保全の方針」及び

表5・2　開発許可が不要の開発行為

	(1)市街化区域	(2)市街化調整区域	(3)非線引き都市計画区域	(4)準都市計画区域	(5)左記(1)～(4)以外の区域
①	原則 1,000m²未満	—	原則 3,000m²未満	原則 3,000m²未満	1 ha未満
②		農林漁業用の一定の建築物の建築用の開発行為			
		農林漁業用の居住の用に供する建築物の建築用の開発行為			
③	駅舎等の鉄道施設，社会福祉施設，医療施設，学校（大学等を除く），公民館，変電所等，公益上必要な施設用の開発行為				
④	国，都道府県，指定都市，中核市，特例市等が行う開発行為				
⑤	都市計画事業の施行として行う開発行為				
⑥	土地区画整理事業，市街地再開発事業の施行として行う開発行為				
⑦	住宅街区整備事業の施行として行う開発行為			—	
⑧	公有水面埋立法の免許を受けた埋立地で竣工認可の公示前に行われる開発行為				
⑨	非常災害のための応急措置として行う開発行為				
⑩	通常の管理行為，軽易な行為等				

表5・3　都市計画の決定権者等

都市計画の内容	市町村の定める都市計画	都道府県の定める都市計画*2)
市街化区域及び市街化調整区域	な　し	全　部
地域地区*1)	・用途地域*3) ・特別用途地区 ・高度地区または高度利用地区 ・特定街区 ・防火地域または準防火地域 ・特定防災街区整備地区 ・景観地区 ・駐車場整備地区 ・緑地保全地域 ・緑化地域 ・生産緑地区 ・伝統的建造物群保存地区	・風致地区（10ha以上） ・臨港地区 ・歴史的風土特別保存地区 ・流通業務地区 ・航空機騒音障害防止地区 ・都市再生特別地区 ・第1種歴史的風土保存地区 ・第2種歴史的風土保存地区 ・緑地保全地域（10ha以上）　　等
都市施設	・市町村道*1) ・駐車場・専用自動車ターミナル*1) ・公園，緑地*1) ・公共下水道*1) ・都市下水路 ・汚物処理場　・ごみ焼却場 ・ごみ処理場　・ごみ運搬用管路 ・地域冷暖房用施設　・市場 ・と畜場　・火葬場　・準用河川 ・学校　・図書館　・文化センター ・病院　・保育所　・老人福祉施設 ・障害者福祉施設　　　等	・高速自動車国道 ・一般国道 ・都道府県道 ・自動車専用道路 ・都市高速鉄道 ・空港 ・流通下水道 ・1級河川 ・2級河川　　　　　　等
市街地開発事業	・土地区画整理事業*1) ・第1種市街地再開発事業*1) ・住宅街区整備事業*1)	・新住宅市街地開発事業 ・第2種市街地再開発事業　　等
地区計画等	・地区計画 ・沿道地区計画 ・集落地区計画 ・防災街区整備地区計画	な　し

*1) 印が付された都市計画のうち，1の市町村の区域を越える広域の見地から決定すべき地域地区・都市施設，根幹的都市施設または大規模な市街地開発事業は，都道府県が決定する。

*2) 大都市地域等に係る都市計画または国の利害に重大な関係のある都市計画を都道府県が決定しようとするときは，国土交通大臣に協議し，その同意を得なければならない。

*3) 三大都市圏については，都道府県が決定する。

「都市再開発方針等」を除く都市計画の内容であればこの制度の対象になる。

(1) 制度の仕組み

都市計画の提案を行う際の要件は以下のとおりである。

① 一定面積（0.5ha）以上の一体的な区域であること
② 法令で定める都市計画に関する基準に適合

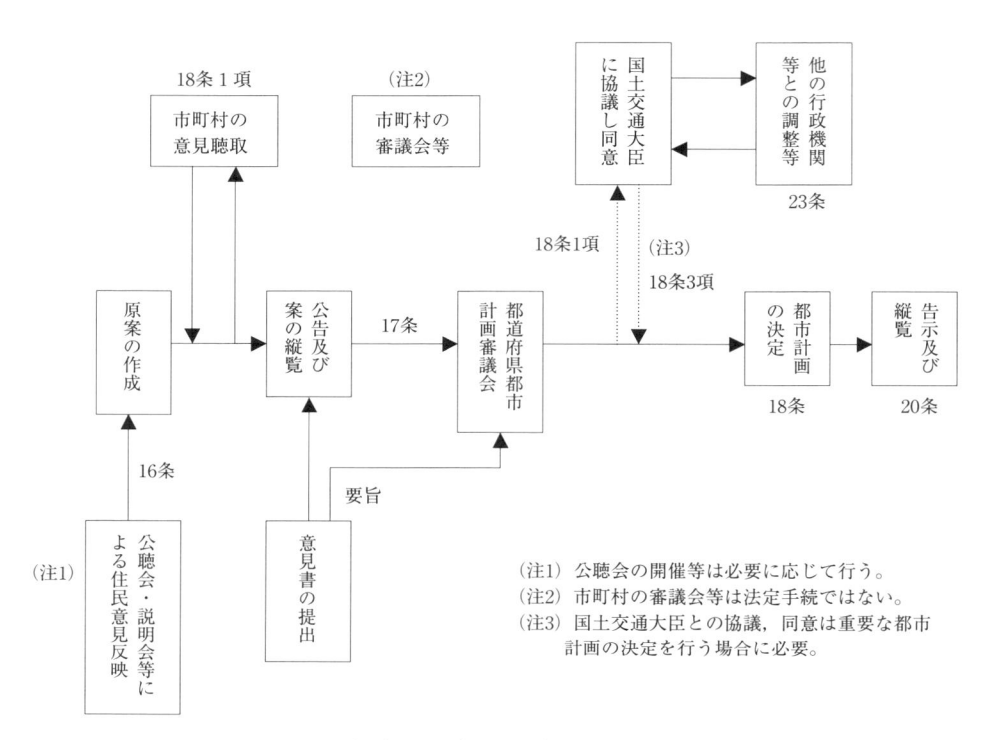

（注1）公聴会の開催等は必要に応じて行う。
（注2）市町村の審議会等は法定手続ではない。
（注3）国土交通大臣との協議，同意は重要な都市計画の決定を行う場合に必要。

図5・2　都道府県が定める都市計画の決定手続

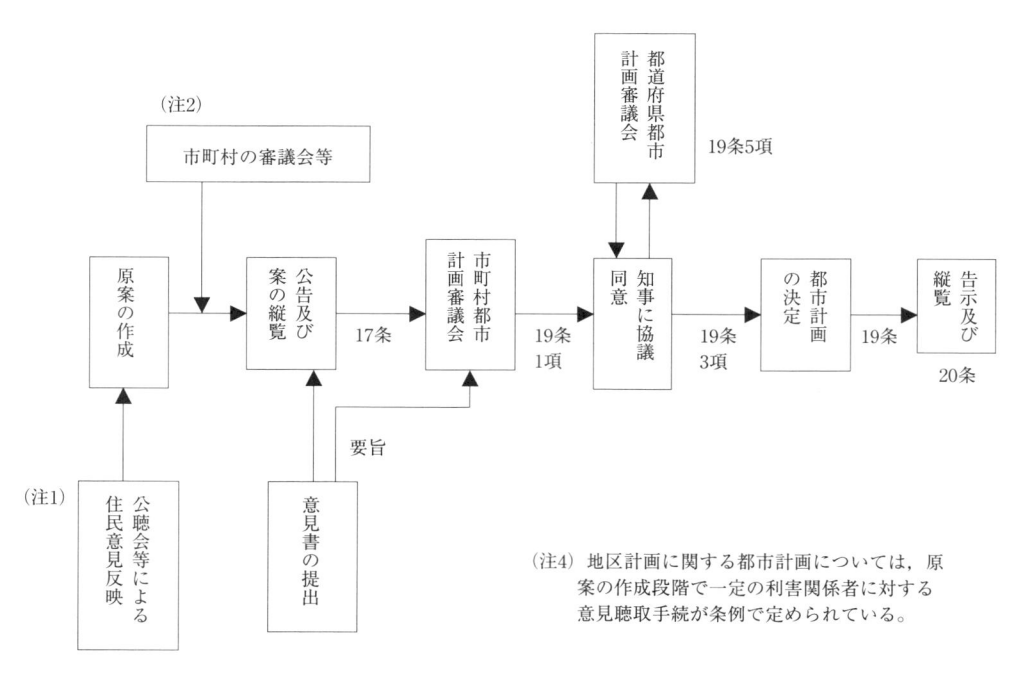

（注4）地区計画に関する都市計画については，原案の作成段階で一定の利害関係者に対する意見聴取手続が条例で定められている。

図5・3　市町村が定める都市計画の決定手続

するものであること
③ 提案に係る土地の区域内の土地所有者等の3分の2以上の同意（かつ地積要件として3分の2以上）を得ていること

また、都市計画の提案主体としては、提案する区域内の土地所有者や借地権者、まちづくりの推進を目的とするNPO法人、民法第34条で定める公益法人が挙げられ、これらの者は、提案に際し、提案書、都市計画の素案、土地所有者等の同意を証する書類等を作成し、都道府県または市町村に提出する。

(2) 手続きの流れ

都道府県または市町村は、受理された提案について審査し、提案の採用、不採用を判断する。提案を採用すると判断した場合は、説明会の開催等により住民意見を反映した上で、都市計画の最終案を作成し、案の公告・縦覧の手続きを経た後、都市計画の決定または変更について都道府県都市計画審議会または市町村都市計画審議会に諮問する。諮問の結果、問題がないと判断された場合は、案のとおり、都市計画の決定または変更を行う。

一方、提案を採用しないと判断した場合は、都道府県都市計画審議会または市町村都市計画審議会の意見を聴いた上で、提案を不採用とすることを正式に決定し、提案者にその旨を通知する。もし、当該都市計画審議会が提案を採用すべきであるとした場合には、当該自治体の内部で提案の採用について再検討を行う。なお、提案者は、提案の採用・不採用にかかわらず、当該都市計画審議会において、提案についての意見陳述を行うことができるようになっている。以上の都市計画決定または変更までの手続きの流れを図5・4に示す。

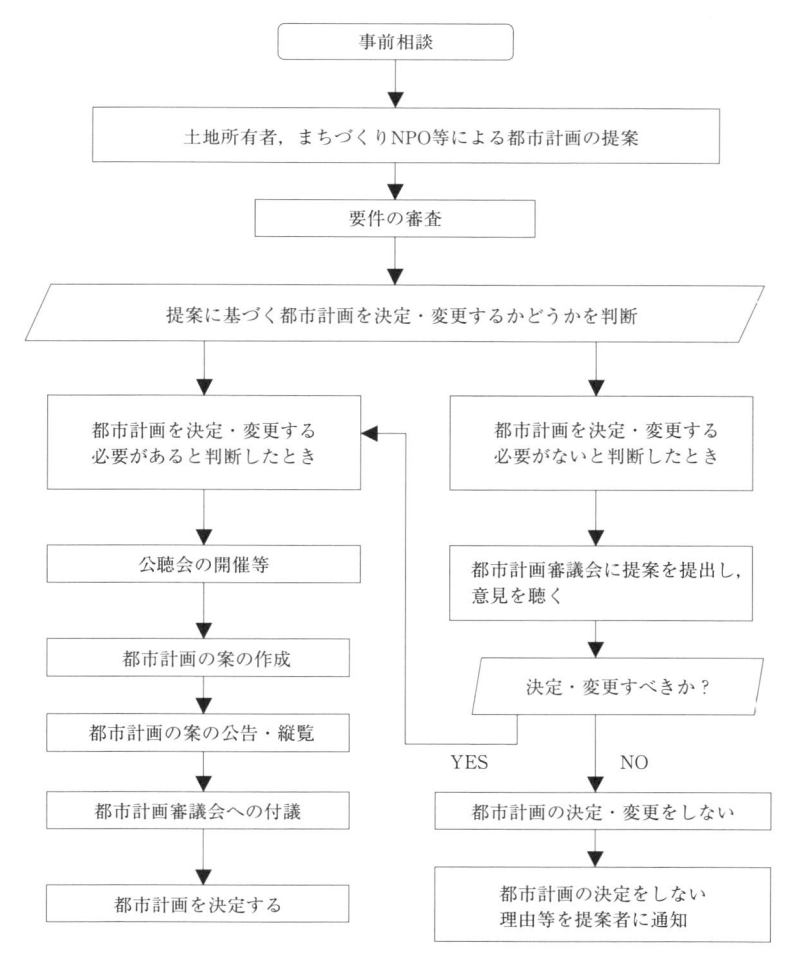

図5・4 都市計画提案制度のフロー

第6章

土地利用計画

6.1 国土利用計画法による土地利用計画

国土利用計画法は，国土利用計画の策定に関し，必要な事項について定めるとともに，土地利用基本計画の作成，土地取引の規制に関する措置，その他土地利用を調整するための措置を講ずることにより，総合的かつ，計画的な国土の利用を図ることを目的としている。国土利用計画の基本理念は次のとおりである。

① 公共の福祉優先
② 自然環境の保全
③ 健康的で文化的な生活環境の確保
④ 国土の均衡ある発展

国土利用計画は，全国，都道府県，市町村の3種類の区域に分けて，各区域にわたる国土の利用に関する計画を立てるものであり，以下の計画から構成されている。

① 全国計画（全国の区域について定める国土の利用に関する計画）
② 都道府県計画（全国計画を基本として都道府県の区域について定める国土の利用に関する計画）
③ 市町村計画（都道府県計画を基本とするとともに，地方自治法第2条5項に定める市町村建設基本構想に則して，市町村の区域について定める国土の利用に関する計画）

(1) 土地利用基本計画

土地利用基本計画とは，国土利用計画法および同法施行令に基づき各都道府県が定めるもので，①都市地域，②農業地域，③森林地域，④自然公園地域，⑤自然保全地域の5地域を縮尺5万分の1で表した地形図と，土地利用の調整等に関する事項を文書で表した計画書により構成される。

5種類の地域区分を行って，主要な公共施設の整備を見通し，地域区分された各地域に係る土地利用の調整，相当範囲にわたって，土地利用の現状に著しい変動を及ぼすと認められる事業が予定されているときは，その事業と各地域における土地利用との調整を行うものである。以下に5種類の地域区分の詳細を示す。

(a) 都市地域

一体の都市として総合的に開発し，整備し，及び保全する必要がある地域で，都市計画法によって都市計画区域として指定されることが相当な地域である。

(b) 農業地域

農用地として利用すべき土地があり，総合的に農業の振興を図る必要がある地域で，農業振興地域の整備に関する法律によって農業振興地域として指定されることが相当な地域である。農業振興地域として，農用地区域が指定されるが，その農地区分として，市街化区域内農地，市街化調整区域内農地，その他農地がある。

(c) 森林地域

森林として利用すべき土地があり，林業の振興または森林の有する諸機能の維持増進を図る必要がある地域で，森林法で規定する国有林の区域または地域森林計画の対象となる民有林の区域として定められることが相当な地域である。森林計画，保安林その他の森林に関する基本的事項を定めて，森林の保続培養と森林生産力の増進とを図り，もって国土の保全と国民経済の発展に資することを目的としている。

(d) 自然公園地域

優れた自然の風景地で，その保護及び利用の増進を図る必要がある地域であり，自然公園法によって自然公園として指定されることが相当な地域である。自然公園法第1条では，優れた自然の風

景地を保護するとともに，その利用の増進を図り，もって国民の保健，休養及び教化に資することを目的とする。自然公園には，国が指定する国立公園と国定公園があり，それぞれ，普通地域，特別地域，海中公園地区に分けられる。

(e) 自然保全地域

良好な自然環境を形成しており，その自然環境の保全を図る必要がある地域で，自然環境保全法によって原生自然環境保全地域，自然環境保全地域，都道府県自然環境保全地域として指定されることが相当な地域である。自然環境保全法第1条では，自然公園法その他の自然環境の保全を目的とする法律と相まって，自然環境を保全することが特に必要な区域等の自然環境の適正な保全を総合的に推進することにより，広く国民が自然環境の恵沢を享受するとともに，将来の国民にこれを継承できるようにし，もって現在及び将来の国民の健康で文化的な生活の確保に寄与することを目的としている。自然環境保全法により，原生自然環境保全地域と自然環境保全地域が指定される。

(2) 土地取引の規制の仕組み

国土利用計画法における土地取引の規制に関する措置は，以下に示す四つに分類される。

① 規制区域における土地取引の許可制
② 注視区域における土地取引の事前届出・勧告制
③ 監視区域における土地取引の事前届出・勧告制
④ 全国にわたる一定規模以上の土地取引の事後届出・勧告制

(a) 規制区域内における土地売買等の契約の制限（法第14条第1項）

都道府県知事は，次に掲げる区域を，期間を定めて規制区域として指定する（法第12条）。

① 都市計画区域のうち，土地の投機的取引が集中して行われ，または行われる恐れがある区域及び地価が急激に上昇し，または上昇する恐れがあると認められる区域。
② 都市計画区域外の区域のうち，①の事態が生ずると認められる場合において，その事態を緊急に除去しなければ適正かつ合理的な土地利用の確保が著しく困難となると認められる区域。

規制区域内に所在する土地について，土地売買等の契約を締結しようとする場合には，当事者は，予定対価の額及び契約締結後の土地の利用目的等について都道府県知事の許可を受けなければならない。許可を受けた後に，予定対価の額の増額や利用目的の変更をして，当該契約を締結しようとするときも，同様である。この場合の土地売買等の契約は，土地に関する所有権，地上権もしくは賃借権またはこれらの権利の取得を目的とする権利の移転または設定（対価を得て行われるものに限る）をする契約のことをいう（予約を含む）。

(b) 注視区域における事前届出制（法第27条の4第1項）

都道府県知事または指定都市の長は，地価が一定の期間内に社会的経済的事情の変動に照らして相当な程度を超えて上昇し，または上昇する恐れがある区域を，注視区域として指定することができる。注視区域において，一定面積以上の一団の土地について土地売買等の契約を締結しようとする場合には，当事者は事前に都道府県知事または指定都市の長に対し，予定対価の額，利用目的等を届け出なければならない。届出に係る事項を変更しようとするときも同様である。届出を要する土地売買等の契約の対象面積は次のとおりである。

① 市街化区域（2,000m^{2}以上）
② 市街化区域を除く都市計画区域（5,000m^{2}以上）
③ 都市計画区域以外の区域（10,000m^{2}以上）

都道府県知事等は，届出から6週間以内に審査を行い，価格または利用目的が不適当な場合には，土地利用審査会の意見を聴いて，届出を行った者に対し，契約の中止等の措置を講ずるよう勧告することができるとされる（法第27条の5第1項）。また，勧告する必要がないと認めたときには，届出を行った者に対し，遅滞なくその旨の通知（不勧告通知）をすることとされる。届出をした者は，届出から6週間を経過するまで，または，勧告もしくは通知を受けるまで，その土地売買等の契約を締結してはならない（法第27条の4第3項）。

(c) 監視地域における事前届出制（法第27条の7第1項）

都道府県知事または指定都市の長は，地価が急激に上昇しまたは上昇する恐れがある区域を，監視区域として指定し，監視区域内の土地取引の届

出対象面積の下限を，都道府県等の規則により引き下げることができる。監視区域において，都道府県等の規則において定められた一定面積以上の土地について土地売買等の契約を締結しようとする者は，事前に都道府県知事または指定都市の長に対し，予定対価の額，利用目的等を届け出なければならない（事前届出制の仕組みは注視区域制度と同様）。監視区域内においては，通常の勧告要件（価格及び利用目的）に加え，投機的取引に該当しているかどうかについて審査を行い勧告することができることとされる。

届出を必要とする土地売買等の契約は，規制区域の許可制の場合と同様であるが，届出制においては，許可制の場合に加え，次の場合等も適用除外とされる。
① 規制区域に所在する土地
② 土地収用法による事業の認定の告示等に係る事業の用に供されるためのものである場合
③ 森林法第55条，都市計画法第56条の規定にかかるものである場合
④ 事前確認を受けた場合
⑤ 当事者の一方または双方が国，地方公共団体その他政令で定める法人である場合など

(d) 全国の区域における事後届出制（法第23条第1項）

全国の区域において，一定規模以上の土地（一団の土地を含む）について土地売買等の契約を締結した場合には，当事者のうち権利取得者は，契約締結後2週間以内に，土地が所在する市町村長を経由して，都道府県知事に対し，利用目的，取引価額等を届け出なければならない。届出を要する土地売買等の契約の対象面積は次のとおりである。
① 市街化区域（2,000m²以上）
② 市街化区域を除く都市計画区域（5,000m²以上）
③ 都市計画区域以外の区域（10,000m²以上）

都道府県知事は，届出に係る利用目的が土地利用基本計画その他の土地利用計画のうち公表されているものに適合しない場合，適正かつ合理的な土地利用を図るために著しい支障があると認めるとき，土地利用審査会の意見を聴いて，土地の利用目的について必要な変更を勧告できる。

6.2 都市計画法による土地利用計画

(1) 区域区分（市街化区域と市街化調整区域）

都市計画を定めるにあたっては，まずその区域を定めなければならない。この区域を都市計画区域といい，区域外は都市計画法の規制は及ばない。この都市計画区域は，都市計画を定めようとする市町村において，全域を指定しても，また一部の区域を指定してもよい。さらに必要であれば，複数の市町村と協議して，二つ以上の市町村にまたがって都市計画区域を定めてもよい。

都市計画における区域区分とは，都市計画区域を市街化区域及び市街化調整区域に分けることであり「線引き」ともよばれている。区域区分の目的は，都市計画区域における無秩序な市街化を防止し，計画的な市街化を図るため，必要に応じて都市計画を定めるものである（都市計画法第7条第1項）。ただし，一定の都市計画区域においては，区域区分を定めることが義務付けられている。

市街化区域とは，「すでに市街地を形成している区域およびおおむね10年以内に優先的かつ計画的に市街化を図るべき区域」であり，市街化調整区域とは，「市街化を抑制すべき区域」である。なお，市街化区域における「すでに市街地を形成している区域」とは，面積が50ha以下のおおむね整形の土地の区域ごとに区分して，①その区域の人口密度が40人/ha以上である区域が連たんしている区域で，当該区域内の人口が3,000人以上であること。②①の区域に接続する区域で，建築物の敷地が区域面積の1/3以上であるもの（将来の市街化が確実であると思われるもの）である。

また，市街化区域および市街化調整区域に関する都市計画が定められていない都市計画区域を「非線引き」都市計画区域と呼んでいる。市街化区域，非線引き都市計画区域内では少なくとも道路，公園および下水道を定め，住居系の用途地域内ではさらに義務教育施設を定めるものとしている（図6・1）。

```
                    ┌─ 線引き都市計画区域 ─┬─ 市街化区域
都市計画区域 ───────┤                      └─ 市街化調整区域
                    └─ 非線引き都市計画区域
```

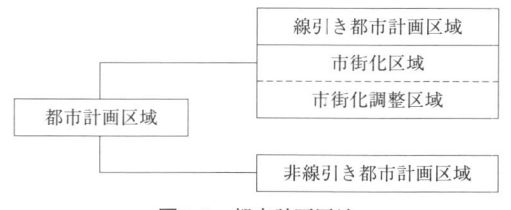

図6・1　都市計画区域

(a) 市街化区域

すでに市街地を形成している区域・おおむね10年以内に優先的かつ計画的に市街化を図るべき区域。
① 道路，公園，下水道等の都市基盤施設を重点的に整備するほか，土地区画整備事業，市街地再開発事業等の面的整備事業を実施
② 一定水準以上の道路や排水施設を備えた宅地造成などの開発行為は許可
③ 農地転用許可は不可（届出のみ）

(b) 市街化調整区域（市街化を抑制する区域）
① 都市基盤施設整備や面的整備事業は原則として行わない
② 原則として開発禁止，開発を行う場合には農林漁業用等特定の場合を除き許可が必要
③ 農地転用に際しては許可が必要

なお，線引きが行われるのは，下記に述べる都市であるが，いずれも都市計画区域であることになっている。
① 首都圏の既成市街地または近郊整備地帯，近畿圏の既成都市区域または近郊整備区域，中部圏の都市整備区域
② 首都圏・近畿圏・中部圏の都市開発区域，新産業都市，工業整備特別地域，人口10万人以上の都市で，国土交通大臣の指定する範囲
③ 上記の都市計画区域と密接な関係のある都市計画区域で国土交通大臣の指定する範囲

区域区分の効果として，道路，下水道など集中的な都市基盤整備により効率的な整備が可能になり，人口を集中的に住ませ，下水道普及率を上げることができる。また郊外への無秩序な人口の拡散を抑制することができる。

(2) 地域地区

地域地区とは，都市における土地利用に計画性を与え，快適で機能的な都市環境を形成・保全するために適正な制限のもとに土地の合理的な利用を誘導しようとするもので，土地利用の目的にあわせて定められている。

地域地区は，都市において住宅地，工業地，商業地等の土地利用の全体像を示すものであり，市街化区域及び市街化調整区域とともに，都市計画の基本となる土地利用計画を定めるものである。地域地区には，表6·1のようなものがあり，都市

表6·1 地域地区の分類

1.用途地域（次の項で詳細記述） 2.特別用途地区 3.特定用途制限地域 4.特例容積率適用地区 5.高層住居誘導地区 6.高度地区 7.高度利用地区 8.特定街区 9.都市再生特別地区 10.防火地域または準防火地域 11.特定防災街区整備地区 12.景観地区 13.風致地区 14.駐車場整備地区 15.臨港地区 16.歴史的風土特別保存地区 17.第1種・第2種歴史的風土保存地区 18.緑地保全地域，特別緑地保全地区，緑化地域 19.流通業務地区 20.生産緑地地区 21.伝統的建造物群保存地区 22.航空機騒音障害防止地区，航空機騒音障害防止特別地区

計画ではこのうち必要なものを定める。

(a) 用途地域（都市計画法）

建築基準法により，都市計画区域内，市街化区域内，準都市計画区域内において，建築物の用途，容積率，建ぺい率，日影，高さ等について規制する地域。市街化区域内では少なくとも用途地域を定めるが，市街化調整区域では原則として用途地域を定めない。非線引き都市計画区域および準都市計画区域内については，定められているところと，定められていないところがある。用途地域には，次の12種類のものがある（表6·2）。

① 第1種低層住居専用地域：低層住宅に係る良好な住居の環境を保護するために定める地域。小規模な店舗や事務所を兼ねた住宅や，小中学校などは建てられる。
② 第2種低層住居専用地域：主として低層住居に係る良好な住居環境を保護するために定める地域。小中学校などのほか，$150m^2$までの小規模な店舗は建てられる。
③ 第1種中高層住居専用地域：中高層に係る良好な住居の環境を保護するために定める地域。病院，大学，$500m^2$までの店舗は建てられる。
④ 第2種中高層住居専用地域：主として中高層住宅に係る良好な住居の環境を保護するために定める地域。病院，大学，$1,500m^2$までの店舗や事務所などの必要な利便施設は建てられる。
⑤ 第1種住居地域：住居の環境を保護するために定める地域。大規模な店舗や事務所の立地は制限されるが，$3,000m^2$までの店舗，事務所，ホテルなどは建てられる。
⑥ 第2種住居地域：主として住居の環境を保護するために定める地域。店舗，事務所，

ホテル，パチンコ屋，カラオケボックスなどは建てられる。

⑦ 準住居地域：道路の沿道としての地域の特性にふさわしい業務の利便の増進を図りつつ，これと調和した住居の環境を保護するために定める地域。

⑧ 近隣商業地域：近隣住宅地の住民が日用品の買い物をする店舗などの業務の利便を図る地域。住宅や店舗のほかに小規模の工場も建てられる。

⑨ 商業地域：主として商業その他の業務の利便を増進するために定める地域。銀行，飲食店，百貨店，事務所等の商業が建てられる。住宅や小規模な工場も建てられる。

⑩ 準工業地域：主として環境の悪化をもたらす恐れのない工業の利便を増進するための地域。危険性，環境悪化が大きい工場のほかはほとんど建てられる。

⑪ 工業地域：主として工業の利便を増進するために定める地域。どんな工場でも建てられ，住宅や店舗も建てられるが，学校，病院，ホテルなどは建てられない。

⑫ 工業専用地域：工業の利便を増進するための地域。どのような工場でも建てられるが，住宅，店舗，学校，病院，ホテルなどは建てられない。

用途地域の種類にかかわらず，各用途地域の都市計画に定められる事項は，地域地区の種類，位

表6・2 用途地域内の建築物の用途制限

建築物 \ 用途地域	第1低層住専	第2低層住専	第1中高層住専	第2中高層住専	第1住居	第2住居	準住居	近隣商業	商業	準工業	工業	工業専用
①＊神社・寺院・教会等・保育所等・公衆浴場・診療所												
＊巡査派出所・公衆電話等												
＊老人福祉センター・児童厚生施設等	A	A										
②＊住宅・共同住宅・寄宿舎・下宿												○
＊店舗等との兼用住宅で兼用店舗等の部分の面積が一定規模以下のもの												○
図書館・博物館・老人ホーム・身体障害者福祉ホーム等												○
③＊幼稚園・小学校・中学校・高校											○	○
④大学・高専・専修学校・病院	○	○									○	○
⑤2階以下かつ床面積の合計が300m²以下	○	○										
⑥床面積の合計が150m²以内の一定の店舗，飲食店	○											○B
⑦床面積の合計が500m²以内の一定の店舗，飲食店	○	○										○B
⑧上記以外の物品販売業を営む店舗，飲食店	○	○	○	C	D							○
⑨上記以外の事務所等	○	○	○	C	D							
⑩自動車教習所・床面積の合計が15m²を超える畜舎	○	○	○	○	D							
⑪ボーリング場・スケート場・水泳場・スキー場・ゴルフ練習場等	○	○	○	○	D							○
⑫カラオケボックス等	○	○	○	○								
⑬マージャン屋・パチンコ屋・射的場・勝馬投票券販売所等	○	○	○	○								
⑭ホテル・旅館	○	○	○	○	D						○	○
⑮営業倉庫・自動車車庫	○	○	○	○								
⑯劇場・映画館・演芸場・観覧場（客席床面積の合計200m²未満）	○	○	○	○								
⑰＊劇場・映画館・演芸場・観覧場（客席床面積の合計200m²以上）	○	○	○	○	○	○					○	○
＊キャバレー・料理店・ナイトクラブ・ダンスホール等	○	○	○	○	○	○					○	○
⑱公衆浴場・ヌードスタジオ等	○	○	○	○	○	○	○		○		○	○

○＝建築できない地域，A＝一定規模以下のものに限り建設可，B＝物品販売店舗・飲食店が建築禁止，C＝2階以上かつ1,500m²以下は建築可，D＝3,000m²以下は建築可

置，区域及び面積である（都市計画法第8条第3項第1号）。その他に建築物の形態制限（容積率，建ぺい率，高さ制限等）に係る事項が都市計画に定められている。

① 容積率：延べ床面積の敷地面積に対する割合（建築基準法第52条）
② 建ぺい率：建築面積の敷地面積に対する割合（建築基準法第53条第1項）
③ 外壁の後退距離の限度：第1種・第2種低層住居専用地域に限る（建築基準法第54条）
④ 建築物の敷地面積の最低限度：第1種・第2種低層住居専用地域に限る（建築基準法第53条の2第1項，第2項）
⑤ 建築物の高さ制限：第1種・第2種低層住居専用地域に限る（建築基準法第55条第1項）
⑥ 特例容積率適用区域：商業地域に限る（建築基準法第52条の2第1項）

(b) 特別用途地区

用途地域内において，一定の地区における当該地区の特性にふさわしい土地利用の増進，環境の保護等の特別の目的の実現を図るため当該用途地域の指定を補完して定める地区である（法9条13項）。具体的な内容は，地方公共団体の条例によって定められるため，市町村によって特性が現れる。なお特別用途地区は，必ず用途地域内に定められることとされる。特別用途地区は地方公共団体の条例で用途地域内の制限を強化することもできるし緩和することもできるが，制限を緩和する場合には国土交通大臣の承認を得なければならない。

(c) 特定用途制限地域

用途地域が定められていない土地の区域（市街化調整区域を除く）内において，良好な環境の形成または保持のために，その地域の特性に応じて合理的な土地利用の調整が行われるよう特定の用途の建築物・工作物の制限を行う地域（法9条14項）。非線引き都市計画区域と準都市計画区域内のみの適用に限られる。特定用途制限地域では制限すべき特定の建築物その他の工作物の用途の概要を都市計画に定める。なお，特定用途制限地域内での建築物等の用途制限の具体的な規制は地方公共団体の条例によって定められる。

(d) 特例容積率適用地区

第1種中高層住居専用地域，第2種中高層住居専用地域，第1種住居地域，第2種住居地域準住居地域，近隣商業地域，商業地域，準工業地域又は工業地域内の適正な配置及び規模の公共施設を備えた土地の区域において，建築基準法第52条第1項から第9項までの規定による建築物の容積率の限度からみて未利用となっている建築物の容積の活用を促進して土地の高度利用を図るため定める地区とする。

(e) 高層住居誘導地区

住居と住居以外の用途とを適正に配分し，利便性の高い高層住宅の建設を誘導するために，建築物の容積率の最高限度，建築物の建ぺい率の最高限度および建築物の敷地面積の最低限度を都市計画で定める地区。なお，高層住居誘導地区は第1種住居地域，第2種住居地域，準住居地域，近隣商業地域，または準工業地域で，これらの地域に関する都市計画において，建築物の容積率が10分の40または10分の50と定められたもののうちにおいて定められる。

(f) 高度地区

用途地域内において市街地の環境を維持し，または土地利用の増進を図るため，建築物の高さの最高限度または建築物の高さの最低限度を定める地区。

① 最高限度：商業地域や住居地域で市街地の環境を保護するため，過大な建築密度や大きい建築物を好まない場合
② 最低限度：都心部などで決められた容積率に付加して建築物の高度利用を促進する場合

(g) 高度利用地区

用途地域内の市街地における土地の合理的かつ健全な高度利用と都市機能の更新を図るため，容積率の最高・最低限度，建ぺい率の最高限度，建築面積の最低限度及び壁面の位置の制限を定める地区。

(h) 特定街区

市街地の整備改善を図るため，街区の整備または造成が行われる地区について，その街区内における容積率，建築物の高さの最高限度，および壁面の位置の制限を定める街区。再開発を誘導して，都市機能に適応した適正な街区を形成し，良好な環境と形態を持つ建物を建築し，高度利用を図る。

(i) 都市再生特別地区

都市再生緊急整備地域内で，都市の再生に貢献し，土地の合理的かつ健全な高度利用を図る必要がある区域。都道府県が都市計画の手続きを経て決定。提案制度により都市開発事業者による提案が可能。

計画事項として以下の事項を従前の用途地域等に基づく規制にとらわれずに定めることができる。

(j) 防火地域または準防火地域

市街地における火災の危険を防除するために定める地域

① 防火地域：3階以上または延べ面積100m^{2}以上の建築物は耐火構造。その他は耐火または準耐火構造とする
② 準防火地域：4階以上の大規模建築物または延べ面積1,500m^{2}以上の建築物は耐火構造。延べ面積500m^{2}以上1,500m^{2}以下の建築物は，耐火構造または準耐火構造
③ 木造建築物：外壁や軒裏などはモルタル塗り木造や土塗りの真壁構造の防火構造

(k) 特定防災街区整備地区

防火地域または準防火地域のうち，密集市街地における特定防災機能の確保と土地の合理的かつ健全な利用を図る地区。防災を目的とした建築の規制を加えられるよう，地方自治体が指定する。指定地区内での，具体的な規制などは，以下のとおりである。

密集市街地において，延焼防止効果をより高めるため，建築物に対し，①防火性能や敷地の広さについて制限を設ける，②建築物の個別の建て替えを適切に誘導する。

また，道路，公園などの防災公共施設の周辺については，①火炎が大きく周辺に広がらない町の形成を図る，②避難路・避難地としての機能を高めるため，セットバックされた一定の高さや一定の建築物を誘導する。

(l) 景観地区

景観法に基づき市町村は，都市計画区域又は準都市計画区域内の土地の区域については，市街地の良好な景観の形成を図るため，都市計画に，景観地区を定めることができる。景観計画に係る景観計画区域内においては，当該都市計画は，当該景観計画による良好な景観の形成に支障がないように定めるものとする。

① 建築物の形態意匠の制限
② 建築物の高さの最高限度又は最低限度
③ 壁面の位置の制限
④ 建築物の敷地面積の最低限度

景観地区内の建築物の形態意匠は，都市計画に定められた建築物の形態意匠の制限に適合するものでなければならない。ただし，政令で定める他の法令の規定により義務付けられた建築物又はその部分の形態意匠にあっては，この限りでない。また，都市計画区域または準都市計画区域外の区域は準景観地区を定めることができる。

(m) 風致地区

都市の風致を維持するために定める地区。都道府県の条例により建築物の建築，宅地の造成，木材の伐採等について規制される（例えば，東京都の明治神宮内外苑付近，京都市嵐山地区など）。

(n) 駐車場整備地区

商業地域や近隣商業地域において，自動車交通が著しく混雑する地区およびその周辺の地域で，円滑な道路交通を確保する必要があると認められる区域について都市計画駐車場を定める地区。このほかに，市町村の条例で一定規模以上の建築物の新築または増築に際して駐車施設の付置義務が課せられる。

(o) 臨港地区

港湾を管理運営するために定める地区。港湾管理者は，商港区，工業港区，漁港区，観光港区，バンカー港区，特殊物資港区，保安港区など地区的に分けて，港湾管理者の条例によって，それぞれの港区における構築物の規制を行う。

(p) 歴史的風土特別保存地区

古都における歴史的風土の保存に関する特別措置法により，その歴史的風土の枢要な部分を定める地区。市町村の条例も制定され，この区域内では歴史的風土を保存するため，建築物などの新築や増改築や色彩の変更，宅地の造成や樹木の伐採や土石類の採取はもちろんのこと，屋外広告物などについて規制が行われる。

(q) 第一種歴史的風土保存地区または第二種歴史的風土保存地区

明日香村における歴史的風土の保存及び生活環境の整備等に関する特別措置法第3条第1項の規定による。

(r) 緑地保全地域，特別緑地保全地区，緑化地域

緑地保全地域，特別緑地保全地区，緑化地域は，都市緑地法（都市における緑地の保全及び緑化の推進に関し必要な事項を定めることにより，良好な都市環境の形成を図り，健康で文化的な都市生活の確保に寄与することを目的）において規定している。

(s) 流通業務地区

都市における流通業務市街地の整備に関し必要な事項を定める地区。流通機能の向上及び道路交通の円滑化を図り，都市の機能の維持及び増進に寄与することを目的としている。

(t) 生産緑地地区

生産緑地法に基づき，市街化区域内の一定の要件に該当する農地等について，その計画的な保全を図るため指定される地区。具体的な規制は，「生産緑地法」によって行われる。

(u) 伝統的建造物群保存地区

文化財保護法第83条の3第1項の規定により定められる地区。これらの伝統的建造物の保存は，文化財保護法に基づく市町村条例で市町村によって行われる。重要伝統的建造物群保存地区に指定されると，国庫から補助がなされ，施設などが整備される。

(v) 航空機騒音障害防止地区または航空機騒音障害防止特別地区

特定空港周辺航空機騒音対策特別措置法第4条第1項の規定により定められる地区。

(3) 促進区域

促進区域は，市街化区域内または非線引き都市計画区域内において，主として関係権利者による市街地の計画的な整備，または開発を促進する必要がある地域で定められるものである。促進区域に関する都市計画が定められると，当該区域内の宅地の権利者は当該都市計画に沿って市街地開発事業を施行する等の努力義務を負う。一定期間内に期待された事業等が行われないときは，市町村等の公的機関が事業を施行する。促進区域内で一定の行為をする場合，原則として都道府県知事の許可が必要となる。

促進区域には次の4種類がある（都市計画法第10条の2第1項）。

(a) 市街地再開発促進区域

都市計画に市街地再開発促進区域を定めることができるのは，次の各号に掲げる土地の区域で，「その区域内の宅地について所有権または借地権を有する者による市街地に計画的な再開発の実施を図ることが適切である」と認められた区域とする（都市再開発法第7条第1項）。

① 第1種市街地再開発事業の施行区域としての条件を満たしていること
② 当該土地の区域が，第2種市街地再開発事業の施行区域としての条件に該当しないこと

(b) 土地区画整理促進区域

都市計画に土地区画整理促進区域を定めることができるのは，大都市地域内の市街化区域のうち，次の要件に該当する土地の区域とする（大都市地域における住宅及び住宅地の供給の促進に関する特別措置法：大都市法第5条第1項）。

① 良好な住宅市街地として一体的に開発される自然的条件を備えていること
② 当該区域がすでに住宅市街地を形成している区域または住宅市街地を形成する見込みが確実である区域に近接していること
③ 当該区域内の土地の大部分が建築物の敷地として利用されていないこと
④ 0.5ha以上の規模の区域であること
⑤ 当該区域の大部分が次のイまたはロに掲げる地域または区域内にあること

　イ：第1種低層住居専用地域，第2種低層住居専用地域，第1種中高層住居専用地域，第2種中高層専用地域，第1種住居地域，第2種住居地域または準住居地域
　ロ：近隣商業地域，商業地域または準工業地域内の地区計画（住宅市街地の開発が定められているものに限る）が定められている区域のうち，地区整備計画が定められている区域

(c) 住宅街区整備促進区域

住宅街区整備事業とは，イ：住宅街区整備促進区域内の宅地について所有権または借地権を有する者，ロ：住宅街区整備促進区域内の宅地について所有権または借地権を有する者が設立する住宅街区整備組合，ハ：施行区域（市街地開発事業としての住宅街区整備事業等について都市計画に定められた区域）内の土地については，都府県，市町村，都市再生機構または地方住宅供給公社等の

主体が本法に従って行う土地の区画形質の変更，公共施設の新設または変更及び共同住宅の建設に関する事業をいう。住宅街区整備促進区域とは，大都市地域の市街化区域のうち次の要件を満たす土地の区域について都市計画に定められた区域をいう（大都市法第24条第1項）。
　① 高度利用地区内で，かつ当該区域の大部分が次のイまたはイ及びロの地域または地域内にあること
　　イ：第1種中高層住居専用地域または第2種中高層住居専用地域
　　ロ：次に掲げる地域または区域
　　　・第1種住居地域，第2種住居地域または準住居地域
　　　・近隣商業地域，商業地域または準工業地域内の地区計画が定められている区域のうち，地区整備計画が定められている区域
　② 区域内の土地の大部分が建築物その他の工作物の敷地として利用されていないこと
　③ 0.5ha以上の規模があること
　④ その区域を住宅街区として整備することが，都市機能の増進と住宅不足の緩和に貢献すること

(d) 拠点業務市街地整備土地区画整理促進区域
　拠点業務市街地整備土地区画整理促進区域を定めることができるのは，指定地域内の市街化区域のうち，次の要件に該当する土地の区域とする（地方拠点都市整備法第19条第1項）。
　① 良好な拠点業務市街地として一体的に整備され，または開発される自然的経済的社会的条件を備えていること
　② 当該区域内の土地の大部分が建築物の敷地として利用されていないこと
　③ 2ha以上の規模の区域であること
　④ 当該区域の大部分が商業地域内にあること

(4) 地区計画等

　地区計画等とは，一定の地区を整備・開発・保全するための計画であり，都市の広域的な見地から計画するものではなく，それぞれの地区住民たちが主として利用する地区施設（区画道路や小公園等）の整備，その地区にふさわしい建築物の形態，意匠等の制限，生け垣の構造等を定めることにより，居住環境の整備を図るものである。地区整備計画に従って，市町村は，条例で建築物等の制限をすることができ，また各種の行為には届け出の義務を課し，それに基づいて勧告等の措置を講じるものである。地区計画等に関する都市計画には，次の4種類のものがある。

(a) 地区計画（都市計画法第12条の5）
　4種類ある地区計画等のうち，地区計画を除く3種類の地区計画等は，特定の目的を有するものであるのに対し，この地区計画は最も一般的なものである。特色としては，市街化調整区域内においても定めることができる。地区計画を都市計画に定めることができるのは，以下の各号のいずれかに該当する土地の区域である。
　① 用途地域が定められている土地の区域
　② 用途地域が定められていない土地の区域のうち次のいずれかに該当するもの
　　イ：住宅市街地の開発その他の建築物もしくはその敷地の整備に関する事業が行われる，または行われた土地の区域
　　ロ：建築物の建築またはその敷地の造成が無秩序に行われ，または行われると見込まれる一定の土地の区域で，公共施設の整備の状況，土地利用の動向等からみて不良な街区の環境が形成される恐れがあるもの
　　ハ：健全な住宅市街地における良好な居住環境その他優れた街区の環境が形成されている土地の区域

(b) 防災街区整備地区計画（密集市街地における防災街区の整備の促進に関する法律第32条第1項）
　当該区域の各街区が火事または地震が発生した場合の延焼防止上及び避難上確保されるべき機能を備えるとともに，土地の合理的かつ健全な利用が図られることを目途として，一体的かつ総合的な整備が行われることとなるように定めること（都市計画法第13条第1項第15号）。

(c) 沿道地区計画（幹線道路の沿道の整備に関する法律第9条第1項）
　道路交通騒音により生じる障害を防止するとともに，適正かつ合理的な土地利用が図られるように定めること。この場合において，沿道再開発等促進区においては，土地の合理的かつ健全な高度利用と都市機能の増進が図られることを目途として，一体的かつ総合的な市街地の再開発または開

発整備が実施されることとなるように定めることとし，そのうち第1種低層住居専用地域及び第2種住居専用地域におけるものについては，沿道再開発等促進区の周辺の低層住宅に係る良好な住居の環境の保護に支障がないように定めること（都市計画法第13条第1項16号）。

(d) 集落地区計画（集落地域整備法第5条第1項）

営農条件と調和のとれた居住環境を整備するとともに，適正な土地利用が図られるように定めること（都市計画法第13条第1項第17号）。

第7章

都市施設

都市には道路や公園など都市として骨格をなす施設が必要であり，都市計画はこれらの施設を適切に配置することが重要である。都市計画法第11条で定める都市施設は次のとおりである。

① 道路，都市高速鉄道，駐車場，自動車ターミナルその他の交通施設
② 公園，緑地，広場，墓園その他の公共空地
③ 水道，電気供給施設，ガス供給施設，下水道，汚物処理場，ゴミ焼却場その他の供給施設または処理施設
④ 河川，運河その他の水路
⑤ 学校，図書館，研究施設その他の教育文化施設
⑥ 病院，保育所その他の医療施設または社会福祉施設
⑦ 市場，と畜場または火葬場
⑧ 一団地の住宅施設（一団地における50戸以上の集団住宅及びこれらに附帯する通路その他の施設をいう）
⑨ 一団地の官公庁施設（一団地の国家機関または地方公共団体の建築物及びこれらに附帯する通路その他の施設をいう）
⑩ 流通業務団地
⑪ その他政令で定める施設（電気通信事業の用に供する施設または防風，防火，防水，防雪，防砂もしくは防潮の施設）

7.1 交通施設と公共交通

(1) 都市計画道路

まちづくりは道づくりという言葉があるほど，都市計画道路は都市施設の中でも都市の基盤を形成する主要な施設である。都市計画道路の役割は，人や車の移動を担う交通機能のほかに，地下を含めた道路空間内に上下水道，電線の収容を行う収容機能，都市内の空間を創出し都市環境，都市防災に資する空間機能や，都市構造を形成し都市の形を担う市街地形成機能など多面的である。都市の道路網の形態には放射環状型，格子型，梯子型などがある（図7・1）。

わが国の都市で最初から計画的に道路を配置したのは奈良，京都，札幌など数少なく，多くの都市がその発達に従って都市内の道路を整備していった。都市に人口が流入すると安価な住宅を求めて都市がスプロール化し郊外に住む人と都市中心部とを結ぶ放射状道路が形成される。放射状道路は交通量が少ない間は効率的な道路網であるが，すべての交通がいったん都心部に入らなければならない。このため，交通量が増えると都心部での交通渋滞を招く。これを解決するには環状の道路を配置し，交通の分散を図り都心部への過度の交通集中を避ける必要がある。環状道路を配置すると交通量の分散が図れるだけでなく，目的地へ行くにも様々な経路が可能になり，事故，災害時のリダンダンシー（冗長性）が高まりリスクに強い道路網となる。パリ，ロンドンなどの大都市では

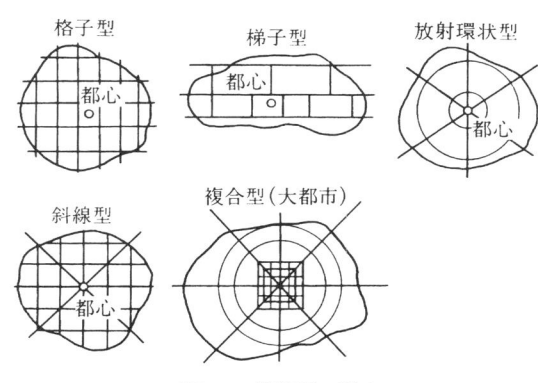

図7・1 道路網の型[31]

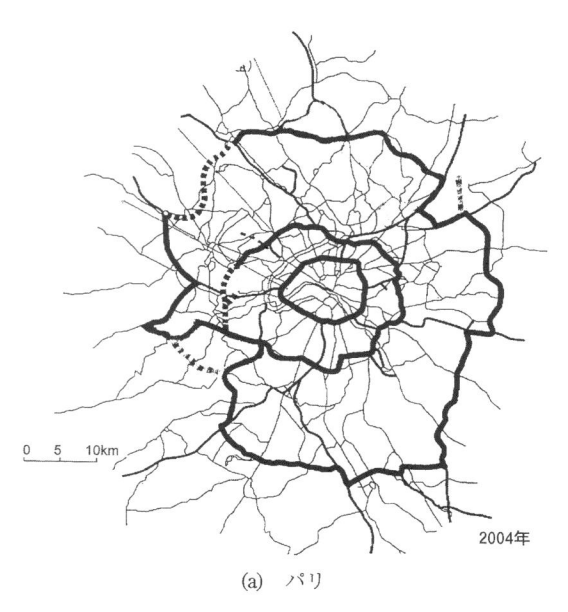

表7・1 都市高速道路と都市間高速道路の違い

項　目	都市高速道路	都市間高速道路
目　的	都市内の交通の処理	都市間の交通の処理
構造規定	道路構造令第2種	道路構造令第1種
主な設計速度	40〜60km/h	80〜120km/h
主な構造	高架	盛土
インターの間隔	短い	長い
インターの構造	ハーフインターが多い	フルインター
主な料金体系	均一料金	距離制料金

(a) パリ

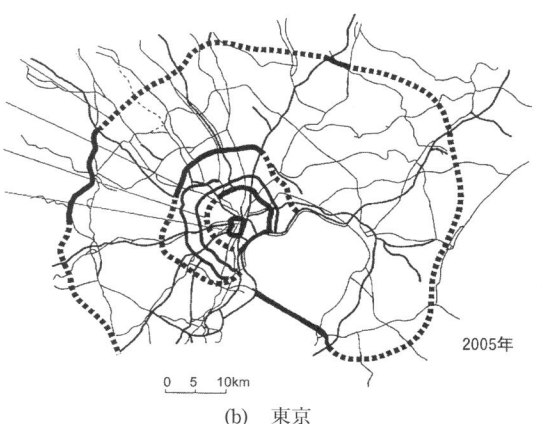

(b) 東京

図7・2　環状道路網の比較（国土交通省資料より）

(a) パリの歩道

(b) 東京の歩道

写真7・1　都市内の電柱地中化，歩道の比較

複数の環状道路が完成しているが，それに比較して東京の環状道路は貧弱といわざるを得ない（図7・2）。

都市内には都市高速道路が計画される。都市高速道路は都市内の自動車専用道路で，都市間の高速道路とは区別して記述される場合が多い。都市高速道路と都市間の高速道路の特徴の違いを表7・1に示す。

わが国では都市高速道路は1959（昭和34）年には首都高速道路公団，1962（昭和37）年には阪神高速道路公団が設立されて，それぞれ首都圏，阪神都市圏の都市高速道路の整備にあたることとなり，その後名古屋，福岡，北九州，広島で都市高速道路が整備されている。

都市内の道路は都市景観を形成する重要な要素である。このため緑化，電線の地中化，ストリートファニチャーの設置などが行われることが多い。海外の先進国と比較するとわが国の都市内の歩道の設置，電線類の地中化は大幅に遅れている（写真7・1）。

(2) 都市高速鉄道

都市高速鉄道とは大都市圏のJR，民間鉄道，地下鉄などの鉄道の総称である。鉄道は道路交通に比較し，大量に，渋滞に左右されず定時に旅客を運ぶことができるメリットがある。一方インフ

写真7・2　マドリードの地下鉄

ラの建設と運行に大きな投資が必要であり，かなり需要がないと採算が取れない。したがって都市高速鉄道は大都市に適しているが，地下鉄の場合人口100万人でも採算が難しい。

都市間の長距離の鉄道に比較し，都市の中心部では旅行速度は低下するが駅間距離を短くし，利用しやすくしている。都市高速鉄道は住宅地のある郊外と都心部の移動に用いる放射状の鉄道網と，都市内の移動に用いる環状，線状，弧状等の鉄道網を組み合わせる。結節点での乗換えや，郊外の鉄道と都市内の地下鉄などの鉄道との相互乗り入れで円滑な交通を実現する。相互乗り入れは事業者の異なる区間で直通電車を走らせることであり，利用者にとっては乗換えの時間と労力を節約することができるシステムである。相互乗り入れを実現させるためには計画時からゲージ，建築限界，動力方式等を統一しておく必要がある。例えば首都圏の地下鉄では初期に完成した銀座線，丸の内線はゲージが1,435mmの標準軌の上，第三軌条から電気を供給させる特殊な方式であったので相互乗り入れが不可能だが，それ以降建設された地下鉄は大江戸線を除きJRや私鉄の規格に合わせて建設されており，ほとんどの路線で相互乗り入れが行われている。パリでは既存の地下鉄に乗り入れる方式を採用せず，高速郊外鉄道が別線で都市内は地下を走るシステムとなっている。

都市内の鉄道は都市内移動の利便性を向上させるが，地域を分断し踏切で渋滞や事故を発生させ

図7・3　連続立体交差化事業（小田急）

ることが多い。このため，地下鉄にしたり，地上を走る鉄道は踏切をなくして連続立体交差化が進められている。一つの踏切を除去するのは単独立体交差化といい，連続立体交差とは1969（昭和44）年に旧運輸省・建設省の間で作られた協定によると，鉄道と幹線道路とが2カ所以上で交差し，かつ，その交差する両端の幹線道路の中心間距離が350m以上あり，さらに鉄道と道路とを同時に3カ所以上で立体交差させ，かつ2カ所以上の踏切道を撤去する事業をさしている（図7・3）。

(3) 路面電車

路面電車は道路上に線路を設ける鉄道で，法規上は軌道法により，鉄道事業法による鉄道と区別されている。一般に線路上も舗装されて線路上も自動車が走行できる構造の場合が多い。路面電車の特徴は次のとおりである。

① 鉄道や地下鉄に比べ建設費が安いこと
② バスより輸送能力が高いこと
③ バリアフリーに適合しやすい交通機関であること
④ 排気ガスがないので環境に優しいこと
⑤ 道路交通や交差点の信号の影響を受けるので鉄道ほどの表定速度はないこと

などである。

路面電車の歴史は1881年にベルリン郊外で試用されたのが始まりとされ，日本では1895年に京都市で営業を開始している。明治以降都市の交通機関として全国的に路面電車が整備され，多くの都市で路面電車のネットワークがつくられた。しかし戦後モータリゼーションの進展で自動車が増え，新たな道路スペースが必要となり，路面電車が渋滞に巻き込まれて，公共交通機関としてのメリットが低下してきたこと，増大してきた自動車利用者から邪魔にされたことなどから東京，大阪，京都等と大都市から次々と撤去され，代わりに地下鉄の建設が進められた。同様な動きはロンドン，パリなどヨーロッパの都市でも見られ，路面電車からトロリーバスへそして地下鉄へと交通機関がシフトしていった。現在我が国の路面電車は全国で広島，岡山など17業者になっている。しかし最近は建設費が地下鉄，新交通より安いこと，環境に与える影響が少ないこと，地下鉄のように階段の昇降をしなくてよくバリアフリーに向いていることなどから路面電車を都市交通機関として見な

写真7・3　ウィーンのLRT

おす動きがあり，高知市で路線の延長を行ったり，富山市で58年ぶりに路面電車が新規開業するなどの動きが出てきている。ヨーロッパではパリなどで路面電車の新たな路線が建設されるほか，加減速に優れた低床の高性能の路面電車を数両連結して運転し，郊外は高架の専用軌道にし，都心部は地下化や主要交差点を立体交差にするなどして輸送効率を上げたLRT（Light Rail Transit）と呼ばれる交通機関が整備されるようになった（写真7・3）。

(4) 新交通システム

新交通とは，様々な意味で用いられるが一般にはバス，鉄道など従来の交通機関に分類されない新たな交通手段のことである。1960年代の米国でバスと鉄道の中間の輸送力を持つ都市交通手段が不足しているために乗用車が多くなり交通渋滞を引き起こしているとの分析があり，その対策として新交通と呼ばれる新しい交通手段が提案された。

(a) モノレール

モノレールは，字のごとくmono（一つの）rail（軌道）であり1本の軌道上を車両が走行するシステムである。1821年にイギリスのロンドン埠頭で貨物輸送用として設けられたのが世界で最初といわれており，歴史が古い。モノレールには跨座式と懸垂式がある。跨座式は多摩モノレールのように1本の軌道上を車両がまたぐようにして走行するものである。懸垂式は千葉モノレールのように1本のレールに車両がぶら下がって走行するものである。モノレールは車両も小さく速度も遅いので輸送能力は一般に鉄道の半分程度で，鉄道と路面電車・バスの間に位置する公共交通機関であ

写真7・4　モノレール（多摩モノレール）

写真7・5　新交通（大阪南港・港区連絡線）

る。モノレールの特徴は，
① 地下鉄や高架鉄道に比べ一般に建設費が1/2〜1/3と安価である
② 同様に建設が短期間で可能である
③ 鉄道と比較して軌道の維持保守が簡単である
④ 高架構造であるため他の交通機関の影響を受けず路面電車より運転速度が高く定時性の確保が可能である
⑤ 急勾配（60/1000まで），急カーブ（半径60mまで）でも走行が可能で設計が容易である
⑥ 騒音・振動が少ない
⑦ 鉄道ほど大量輸送には向かない
⑧ あまり高速運転には向かない
⑨ 分岐構造が複雑である

などがある。

(b) 中量軌道輸送システム（PM：people mover）

モノレールや路面電車と同様にバスと鉄道の中間の輸送能力を持つ公共交通機関である。中量軌道輸送システムは都市内の基幹輸送と補助的輸送の中間の輸送需要に対応し，ニュータウンと都市を結ぶライン，地方中核都市の幹線，大都市の環状交通などに適合する。一般に高架構造の専用軌道上をタイヤ車輪の車両で走行し，コンピュータで自動運転を行うことができるため無人運転も可能である。路線の延長は5〜15kmが最適とされている。輸送力は毎時1万〜2万人程度で鉄道とバスの中間である。交通機関としての特徴もモノレールに似ており車両1両の定員はバス並の60人程度で鉄道に比べると小さく，数両を連結して運行される。ゴムタイヤのため縦断勾配は7〜10%と大きくとれ，最小曲線半径も10〜30mと小さく路線の設計が容易であり，建設コストも安い。しかし最高速度は鉄道より多少遅く50〜60km/h程度で，表定速度も30〜40km/h程度である。わが国の実施例としては広島市の新交通，神戸市のポートアイランド線，東京都の臨海新交通臨海線（ゆりかもめ），大阪南港・港区連絡線，大宮の埼玉新都市交通等がある。

(c) デュアルモードバス（dual mode bus）

ガイドウェイバスとも呼ばれバスと軌道システムの両方（デュアル）の形態（モード）を有する交通機関である。両システムの長所を生かして効率的に輸送することを目的としている。都心部と郊外の住宅地を結ぶ路線では，端末の都心部や住宅地では通常の路線バスとして走行し，中間の都心部と住宅地の間の幹線では専用の高架構造の軌道上を高速運転するものである。これにより道路の混雑を避けることができ，しかも路線の柔軟性も確保できる。軌道上ではバスに格納されている案内輪を出して誘導させ，さらに軌道上から集電して動力を得て自動運転も可能である。すなわちデュアルモードバスはバスと列車の長所を持ち合わせたハイブリッドな公共交通機関である。しかしデュアルモードバスは特殊な仕様になるため通常のバスより高価である。デュアルモードバスは，ドイツのエッセン，オーストラリアのアデレードと，わが国では名古屋の志段味線（ゆとりーとライン）で実施されている（写真7・6）。

(5) バスとバスターミナル

(a) バスシステム

バスは最も一般的な公共交通手段である。バスの歴史は古く17世紀にフランスで乗合馬車として

写真7・6 デュアルモードバス（ゆとりーとライン）

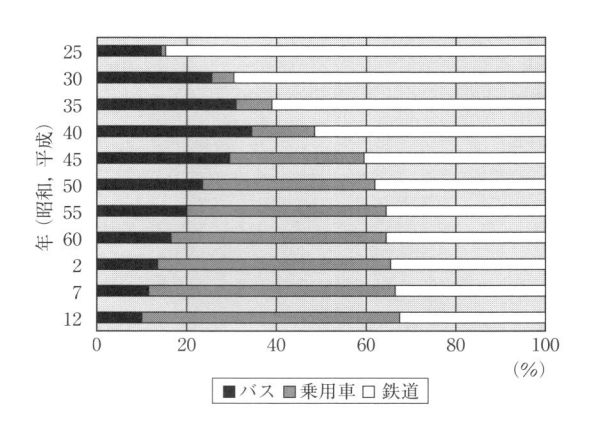

図7・4 バスの交通機関シェアの推移[32]より

始められたとされている。バスは鉄道よりも路線設定が柔軟にでき、乗用車より大量の輸送能力がある。バスの特徴は次のとおりである。

① 路線の開設・撤廃が容易で、柔軟な路線設定ができる
② 公共交通機関として中程度の輸送能力を有し、中小の都市では主要交通機関として、大都市では鉄道の補助交通機関として機能する
③ 国や自治体でインフラ（道路）が整備されるため、輸送コストが安い
④ 渋滞の影響を受け定時制確保や速度維持が難しい

近年の交通機関別のシェアとバスの輸送量を示したのが図7・4であるが、昭和43年を最高に年々輸送量、シェアは減少している。表定速度も年々減少している。このように公共輸送機関として代表的なバスも年々輸送量が減少している。一方1990年代後半から武蔵野市のムーバスの成功を受けて各地でコミュニティバスと称する地域密着型の路線バスの開設が相次いでおり、バス退潮傾向に歯止めをかけようとしている。2002（平成14）年2月の改正道路運送法で路線バスの参入撤退が自由になり、各地で赤字路線からの撤退が相次いだ。この後を埋めるため自治体で代替バスを運行するケースが多くなったが、過疎地では乗客の需要に応じてバスを運行するデマンドバスが運行されるようになってきた。デマンドバスはタクシーとバスの中間の交通機関で、乗客は電話などで乗車を申し込んでから乗るシステムである（写真7・7）。

(b) バスターミナル

バス路線の起終点、結節点でバスの発着が多いところにはバスターミナルが設けられる。バスタ

写真7・7 デマンドバス（岩手県雫石町）

ーミナルの機能は、バス乗客の乗降、乗換え、待ち合わせ・休憩、乗務員の休憩・交代、車両のヤード、切符の販売・案内などである。バスターミナルの位置はバス路線に接し、バス交通の出入りに支障のない道路空間が必要である。交通結節点としての機能を高めるため鉄道、路面電車など他の交通機関の駅と併設されることもある。欧州ではバスと鉄道を同一ホームで乗換え可能としているターミナルもある。なお、バスターミナルは利便性の高い都市内に設置されることが多いことから用地確保が課題である（写真7・8）。

バスターミナルにおける発着形式は平行発着型が多いが、この場合前後に停車しているバスがあってもスムーズに発着できるようにするには、停留場所間に5m以上の余裕をとることが望ましく、広い駐車占有スペース面積が必要となることが多い。駐車占有スペースを少なくする形状として、斜角発着型、鋸歯状発着型、放射状発着型などがある。

写真7・8　バスターミナル（渋谷）

バスターミナルは利用者が多いことから，他のバス停以上に早期のバリアフリー化が望まれる。「移動円滑化のために必要な旅客施設及び車両等の構造及び設備に関する基準」によれば，バスターミナルのバリアフリーは次のように規定されている（第22条）。
① 床の表面は，滑りにくい仕上げがなされたものであること
② 乗降場の縁端のうち，誘導車路その他の自動車の通行，停留または駐車の用に供する場所（以下「自動車用場所」という）に接する部分には，柵，点状ブロックその他の視覚障害者の自動車用場所への進入を防止するための設備が設けられていること
③ 当該乗降場に接して停留する自動車に車椅子使用者が円滑に乗降できる構造であること

(6) 駐車場

自動車は目的地では必ず駐停車をするので，道路と駐車場は平行して整備する必要がある。特に，駐車場が十分でない都心の商業業務地区等では，路上駐車により交通渋滞や安全性の低下，住環境の悪化など様々な問題が生じている。1957年に駐車場法が制定されて駐車場の整備が進められており，1962年には青空駐車をなくす自動車の保管場所の確保等に関する法律が制定されて車庫の保有が義務付けられた。都市計画で商業地域など必要な場所を駐車場整備地区として定めることができる。地方公共団体は条例により商業地区などで新築，増築する者に対しある一定以上の規模の床面積の建物について駐車場を合わせて設置するよう義務付けることができる。これを付置義務駐車場という。路上駐車場は地方公共団体が設置し，パーキングメータは都道府県公安委員会が運営する。このように駐車場の量的整備は進んでいるがそれ以上の駐車需要のため違法駐車があとを絶たない。このため取り締まりの強化や貨物車の積み下ろしのための荷捌き駐車場も実験的に行われている。一般的な駐車場の分類を図7・5に示す。

駐車場探しの迷走する車両や近くに空いている駐車場がありながら駐車場待ちしている車両をなくすため駐車場案内システムが各地に設置されてきている。このシステムでは各駐車場から情報を収集し，道路上の情報板で満空情報を提供する。

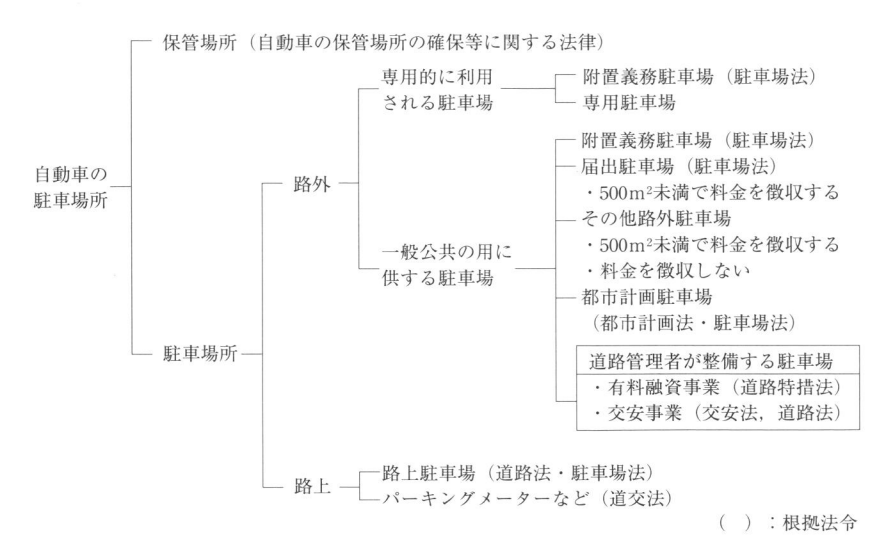

```
自動車の駐車場所 ─┬─ 保管場所（自動車の保管場所の確保等に関する法律）
                  │
                  └─ 駐車場所 ─┬─ 路外 ─┬─ 専用的に利用 ─┬─ 附置義務駐車場（駐車場法）
                               │         │  される駐車場    └─ 専用駐車場
                               │         │
                               │         └─ 一般公共の用に ─┬─ 附置義務駐車場（駐車場法）
                               │            供する駐車場    ├─ 届出駐車場（駐車場法）
                               │                            │  ・500m²未満で料金を徴収する
                               │                            ├─ その他路外駐車場
                               │                            │  ・500m²未満で料金を徴収する
                               │                            │  ・料金を徴収しない
                               │                            ├─ 都市計画駐車場
                               │                            │  （都市計画法・駐車場法）
                               │                            └─ 道路管理者が整備する駐車場
                               │                               ・有料融資事業（道路特措法）
                               │                               ・交安事業（交安法，道路法）
                               │
                               └─ 路上 ─┬─ 路上駐車場（道路法・駐車場法）
                                        └─ パーキングメーターなど（道交法）
```
（　）：根拠法令

図7・5　駐車場の分類

7.2 公共空地

(1) 公園

公園の歴史は，16～18世紀にヨーロッパで王侯貴族所有の庭園や狩猟場が市民の要求により開放されたことから生まれたものとされている。公園が普及したのは19世紀後半で，欧米各都市に公園が作られるようになった。日本も公園のルーツは古く，江戸時代徳川吉宗が18世紀前半に品川御殿山，中野桃園など武家地を庶民に開放している。制度的に公園が整備されたのは1873年の太政官布告以降であり，上野，浅草，芝，深川，飛鳥山等の公園が整備された。近代的な公園としての整備は1903年に開園された日比谷公園が最初である。都市公園の役割は次のとおりである。

① 良好な環境の創出
② 防災
③ 市民の活動の場，憩いの場の提供
④ 地域づくりの拠点

先進国と比較しわが国の都市公園の面積は狭く，人口1人当りの面積はロンドンやニューヨークにはるかに及ばない（図7・6）。

都市公園の種類は次のとおりである。

① 街区公園：街区に居住する人の利用を目的とする公園で誘致距離250mの範囲内で1カ所当り面積0.25haを標準として配置する。
② 近隣公園：主として近隣に居住する人の利用を目的とする公園で誘致距離500mの範囲内で1カ所当り面積2haを標準として配置する。
③ 地区公園：主として徒歩圏内に居住する人の利用を目的とする公園で誘致距離1kmの範囲内で1カ所当り面積4haを標準として配置する。都市計画区域外の一定の町村における特定地区公園（カントリーパーク）は，面積4ha以上を標準とする。
④ 総合公園：都市住民全般の休息，観賞，散歩，遊戯，運動等総合的な利用を目的とする公園で都市規模に応じ1カ所当り面積10～50haを標準として配置する。
⑤ 運動公園：都市住民全般の主として運動を目的とする公園で都市規模に応じ1カ所当り面積15～75haを標準として配置する。
⑥ 広域公園：主として一の市町村の区域を超える広域のレクリエーション需要を充足することを目的とする公園で，地方生活圏等広域的なブロック単位ごとに1カ所当り面積50ha以上を標準として配置する。
⑦ レクリエーション都市公園：大都市その他の都市圏域から発生する多様かつ選択性に富んだ広域レクリエーション需要を充足することを目的とし，総合的な都市計画に基づき，自然環境の良好な地域を主体に，大規模な公園を核として各種のレクリエーション施設が配置される一団の地域であり，大都市圏その他の都市圏域から容易に到達可能な場所に，全体規模1000haを標準として配置する。
⑧ 国営公園：主として一の都府県の区域を超えるような広域的な利用に供することを目的として国が設置する大規模な公園で，1カ所当り面積がおおむね300ha以上を標準として配置する。国家的な記念事業等として設置するものにあっては，その設置目的にふさわしい内容を有するように配置する。
⑨ 特殊公園：風致公園，動植物公園，歴史公園，墓園等特殊な公園で，その目的に則して配置する。
⑩ 緩衝緑地：大気汚染，騒音，振動，悪臭等の公害防止，緩和もしくはコンビナート地帯等の災害の防止を図ることを目的とする緑地で，公害，災害発生源地域と住居地域，

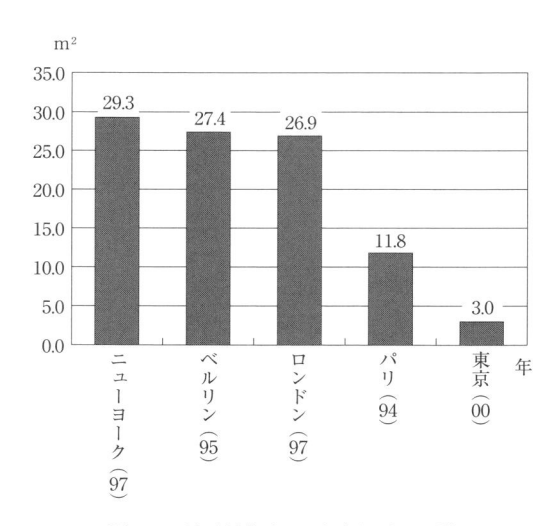

図7・6 計画対象人口1人当り公園面積
（国土交通省ホームページから）

商業地域等とを分離遮断することが必要な位置について公害，災害の状況に応じ配置する。
⑪ 都市緑地：主として都市の自然的環境の保全並びに改善，都市の景観の向上を図るために設けられている緑地であり，1カ所当り面積0.1ha以上を標準として配置する。ただし，既成市街地等において良好な樹林地等がある場合あるいは植樹により都市に緑を増加または回復させ都市環境の改善を図るために緑地を設ける場合にあってはその規模を0.05ha以上とする。
⑫ 緑道：災害時における避難路の確保，都市生活の安全性及び快適性の確保等を図ることを目的として，近隣住区または近隣住区相互を連絡するように設けられる植樹帯及び歩行者路または自転車路を主体とする緑地で幅員10〜20mを標準として，公園，学校，ショッピングセンター，駅前広場等を相互に結ぶよう配置する。

(2) 広場および駅前広場

都市の広場は集会，儀式，商売，交流，交通の拠点など多目的に利用されるもので，古代ギリシャのアゴラや古代ローマのフォルムに原点があるとされる。広場は元々ヨーロッパで発達したもので，ヨーロッパの都市では広場と道路が都市の骨格をなし美しい景観を形成している（写真7・9）。

日本では広場の概念がなく，河原や道路，神社がその機能を果たしていたといわれている。広場は街路とともに都市空間に重要な位置を占め，歩行者専用の歩道として，あるいは自動車と歩行者用の道路としての機能を有する。広場の種類は駅前広場や市民の集会のための市民広場，交通処理のために設けられる交通広場，地下に設けられる地下広場などがある。

日本で最も多く用いられているのは駅前広場であり，鉄道交通と道路交通の接合点であると同時に都市の玄関という性格も持ち合わせている。駅前広場としての条件は，
① 都市の玄関としてその都市を象徴するにふさわしい雰囲気を持つこと
② 路面電車やバスの乗降客が鉄道駅との乗換えに便利にできていること
③ タクシーの乗降に便利であること

写真7・9　パリ・オペラ座前広場

④ 自動車駐車場，駐輪場を近接して設置すること
⑤ 歩行者が安全にかつ便利に利用できること
⑥ バリアフリーに対応すること
などが望ましい。

7.3　供給施設・処理施設

(1) 上水道

水道といえば上水道のことをさすのが一般的である。人が水を人工的に供給する灌漑の起源は紀元前3000年頃とされているが，都市に居住する人間に飲み水を供給する水道施設の起源は紀元前1000年頃とされている。古代ローマ帝国では大規模な水道が建設され，水道橋が今も残っている（写真7・10）。

近世になると都市化の進んだロンドンやパリで水需要を賄うために水道会社が設立された。わが国では江戸時代の1590年に神田上水，1653年に玉川上水が開通し，江戸城下の水需要を賄うことに

写真7・10　ローマ時代の水道橋（セゴビア）

なった。明治になり，不平等条約のための検疫体制の不備からコレラやチフスなど疫病が大流行し，上水道普及の大きなきっかけとなった。最初の近代的な水道はイギリス人技師により横浜で1887年に完成された。

(a) 上水道の機能と構成，水質

上水道施設を構成する要素は次のとおりである（図7・7）。

① 取水施設：河川水や湖沼水，地下水などから水道原水を取り入れる施設
② 貯水施設：水道に利用する水をいったん貯留する施設
③ 導水施設：取水施設から浄水施設までの管路やポンプなどの施設
④ 浄水施設：不純物のある水道原水を水質基準まで変換させる水処理施設
⑤ 送水施設：浄水場から配水場までの管路やポンプなどの施設
⑥ 配水施設：浄水を需要者まで運ぶための配水基地と配水管網
⑦ 給水施設：水道事業者が配置した配水管から分岐して設けられた給水管および給水用具

上水道の水質は水道法に基づき厚生労働省令で定められており，50項目の水質基準が定められている。

(b) 上水道計画

上水道計画に必要な手順は次のとおりである。

① 給水対象と給水対象区域の設定
② 計画年次における人口予測と計画給水量の算出
③ 水源の選定と確保
④ 財政負担の検討

(c) 上水道事業

水道法では水道事業を次のように分類している。

① 水道：給水人口101人以上の水道
② 簡易水道：給水人口101～5,000人までの水道
③ 専用水道：寄宿舎，社宅，療養所等における自家用の水道で給水人口101人以上のもの
④ 水道用水供給事業：水道事業者に対してその用水を供給する事業をいう

(2) 下水道

人間が生活していく上で水は大切なものであるが，同時に様々な不要な水も発生させる。自然の中で生活する場合は，それらの水は自然が浄化し循環する。しかし人々が都市に生活するようになると，自然浄化の能力を超え都市の環境を悪化させる。下水道の起源は古く，BC20世紀のインドにおいても水洗便所が用いられていた。近代的な下水道は都市の発達とともに始まった。ヨーロッパでは産業革命以降都市への人口集中が始まったが，し尿の処理は道に投げ捨てるという原始的なものであった。このため都市の衛生環境は悪化し19世紀にはロンドンやパリでコレラが大流行し，多くの犠牲者を出した。1856年にロンドンで下水道が建設され，これに倣って各国でも下水道が建設されるようになった。わが国では江戸時代はし尿は肥料としてリサイクルされたこともあり，衛生環境対策としての下水道は未発達であった。明治以降，本格的な下水処理場は，大正12年に建設された東京三河島処理場が最初であり，その後，地方の各都市に広がっていった。

(a) 下水道の機能と施設

下水道の機能は，以下のとおりである。

① 雨水の排除による浸水防止
② 汚水排除による生活環境の改善
③ トイレの水洗化による衛生環境の向上
④ 排水処理による公共用水域の水質保全

下水道はその構造により合流式と分流式に分類される。

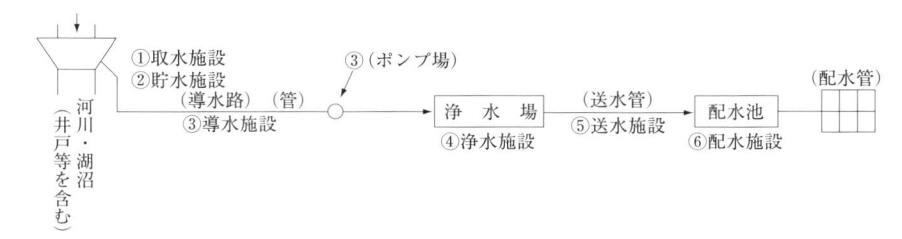

図7・7 上水道施設の構成[28]

① 合流式：汚水と雨水を同一の管渠で流す方式の下水道でコストが安い。雨が降っていない場合汚水の全量が終末処理場に運ばれるが，雨天時には雨水で下水量が増えるので許容量を超える下水はそのまま川等公共用水域に放流される。
② 分流式：汚水と雨水を別々の管渠で流す方式の下水道でコストは高いが水質汚濁防止の効果が高い。

下水道施設は管渠，ポンプ場，終末処理場，放流施設などである。管渠はできる限り自然流下方式を用いることとし，ポンプ場はやむをえない場合とする。終末処理場は下水を最終的に処理して河川その他の公共の水域に放流するために設けられる施設である。スクリーン，沈砂池，最初沈殿池，ばっき槽，最終沈殿池，消毒設備などの水処理施設と濃縮槽，脱水機，焼却炉などの汚泥処理施設からなる。下水処理は水中の汚濁物質を分離除去して水を放流の環境基準に適合させることである。下水はまず沈砂池と最初沈殿池で土砂類や細かい粒子が沈殿させられ，大きな浮遊物はスクリーンで除去される。ここまでを1次処理という。さらに活性汚泥法，散水路床法などで下水中の有機性汚濁物質を微生物により分解させ無機物に変換させる。これが2次処理で，さらに高度な処理は3次処理と呼ばれる。

下水道法による下水道の区分は次のとおりである（図7・8）。
① 公共下水道：主として市街地における下水を排除し，または処理するために地方公共団体が管理する下水道で，終末処理場を有するものまたは流域下水道に接続するものであり，かつ，汚水を排除すべき排水施設の相当部分が暗渠である構造のものをいう。

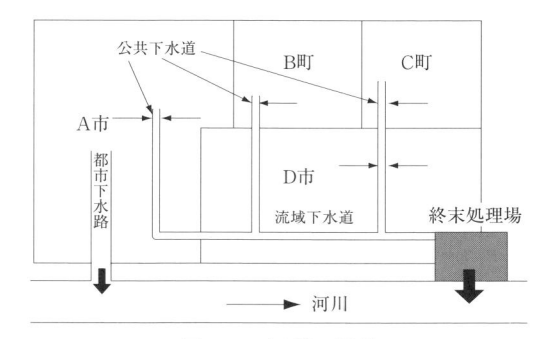

図7・8 下水道の区分

② 流域下水道：河川，湖沼の水質汚濁防止のため流域内にある2以上の市町村の下水を集めて処理するための管路と終末処理場である。流域下水道の建設と管理は都道府県が行う。
③ 都市下水路：主として市街地における雨水排除を目的とした開水路の下水道で終末処理場を持たない。

(b) 下水道計画

下水道計画は，まず下水道整備地区を定め，おおむね20年後を目標年次として策定し，下水で処理すべき家庭汚水量，事業場排水量，雨水量を予測する。次に分流式，合流式の選択と，終末下水処理場の位置，中継ポンプ場，雨水吐き，排水ポンプ上の位置，施設の規模，下水処理方式を定める。

(c) 下水道事業

下水道事業の事業主体は，公共下水道は市町村が，流域下水道は都道府県が行う。日本で下水道事業が計画的に実施され始めたのは1963（昭和38）年の第1次下水道整備5カ年計画（昭和39年〜43年）からである。平成15年以降下水道の5カ年計画は社会資本整備重点計画法の下で実施されている。

第8章

市街地開発事業

わが国では平安京，平城京は中国の制度を導入し計画的に作られた都市で碁盤目のように道路をめぐらし，その中に宮殿や寺院を整然と配置していた。それ以降江戸時代までの多くの都市は城郭を中心とし，武家町と町人町を分離した城下町であった。江戸時代では大火事の頻発から防火を目的とした広い道路（広小路）を発達させたこともあったが，欧米の合理的な都市計画とは異質なものであった。明治以降わが国は近代国家としての発展を目指して欧米の都市計画を目標として都市改造をしてきた。1923年の関東大地震は東京を近代都市に整備する大きなきっかけとなり，東京市長の後藤新平らが震災復旧に活躍した。第二次世界大戦は日本の多くの都市に空襲により大きな被害を与えたが，戦後これらの都市の復興が都市の近代化に寄与した。明治以降都市や地域を開発するためにいくつかの制度が発足したが，ここでは主な事業である土地区画整理事業，市街地再開発事業，新住宅市街地開発事業について解説する。これらの特徴の一覧を表8・1に示す。

これらの事業は後述するように第二次世界大戦後のわが国の都市の発展，住宅不足，地価の高騰，経済の高度成長などの時代の背景から生まれてきたものであり，戦後の都市開発に貢献した。ところが現在は人口減少，少子化による住宅の余剰や高齢化，地価の下落と都心への回帰など当時とは全く異なる社会状況になっており，今後時代の要請にあわせて制度も変化していくものと考えられる。

8.1 土地区画整理事業

(1) 土地区画整理事業の歴史

近代社会になり工業化が進むと農村から都会へ多くの人が移転してきた。明治以降その数が飛躍的に増えてきたので旧来の都市内には人口が収容できず，都市はその周辺にスプロールして拡大してきた。しかし無秩序に開発を行ったため，住環境は悪化し，都市としての効率も落ち，防災にも弱い不健全な都市となってしまった。

一方農地では，生産拡大のため人力から馬に耕させる場合，不定形な曲がりくねった田畑では効率が悪いことから，耕地を整理して圃場を矩形にし，道路や水路を生み出す事業（田区改正）が各地で行われるようになった。1899（明治32）年にはドイツの制度などを参考にして耕地整理法が制定された。明治以降東京周辺では郊外に移住する人が増加し，宅地が必要となっていた。そのため，実質的に耕地整理法を用いて区画整理が行われるようになった。都市計画で土地区画整理が法律に

表8・1　市街地開発事業の概要[34]より

事業名	目的	根拠法令	事業主体	特徴	主な事業内容	対象地域
土地区画整理事業	公共施設の整備，改善と宅地の利用増進	土地区画整理法	個人，組合，地方公共団体，公団等	換地手法	街路，公園，下水道，宅地	既成市街地，周辺市街地，新市街地
市街地再開発事業	土地の合理的，高度利用と都市機能の更新	都市再開発法	個人，組合，地方公共団体，公団等	権利変換	宅地，建築物	既成市街地
新住宅市街地開発事業	全面買収による住宅市街地の大規模開発，大量供給	新住宅市街地開発法	土地所有者（法人），地方公共団体，公団等	土地収用，優先譲渡	街路，公園，下水道，宅地	新市街地

明文化されたのは1919(大正8)年の旧都市計画法からである。しかしこの法律では耕地整理法を準用することとなっており，建築物の移転，借地権の取り扱いなどでは十分な対応ができなかった。このため関東大地震の起きた1923(大正12)年12月に耕地整理法の欠点を補った特別都市計画法が制定され，震災復興事業に貢献した。

第二次世界大戦時，主要都市の多くは爆撃により破壊された。戦後の1946(昭和21)年に関東大震災後と同様に特別立法で特別都市計画法が制定され，戦災復興土地区画整理事業が施行され，主要都市の中心市街地が整備されて戦後の発展の基礎となった。その後高度経済成長で人口の都市集中が加速したので，区画整理で市街地整備が各地で行われるようになった。このため1949(昭和24)年に新たに土地区画整理法が制定され，法的な整備が整った。

(2) 事業の仕組み

土地区画整理法第1条では「この法律は，土地区画整理事業に関し，その施行者，施行方法，費用の負担等必要な事項を規定することにより，健全な市街地の造成を図り，もつて公共の福祉の増進に資することを目的とする」とあり，健全な市街地を形成することが目的である。

同法第2条第1項では「この法律において『土地区画整理事業』とは，都市計画区域内の土地について，公共施設の整備改善及び宅地の利用の増進を図るため，この法律で定めるところに従って行われる土地の区画形質の変更及び公共施設の新設または変更に関する事業をいう」としている。土地区画整理事業の施行主体は，次のように分類されている。

① 個人・共同施行：宅地所有者などが個人か共同して行う事業で，不同意者を強制的に編入できない。この点が強制力のある以下②から⑤の場合と異なる。

② 組合施行：7人以上の発起人が定款や事業計画を定め，設立に知事の認可を受けて事業を行う。地区内の宅地所有者，借地権者数の2/3以上の同意と同意した者の地積の合計が地区内の宅地地積と借地地積の2/3以上であることが必要となる。不同意者も強制的に編入できる。

③ 公共団体施行：都道府県または市町村が行う事業で，都道府県の場合国土交通大臣，市町村の場合都道府県知事の認可を受けて実施する。この場合土地区画整理事業は都市計画事業になり，宅地所有者，借地権者の同意は必要ない。

④ 行政庁施行：災害など緊急性の高い事業

※都市計画事業として施行する場合は，都市計画の決定に関する手続必要

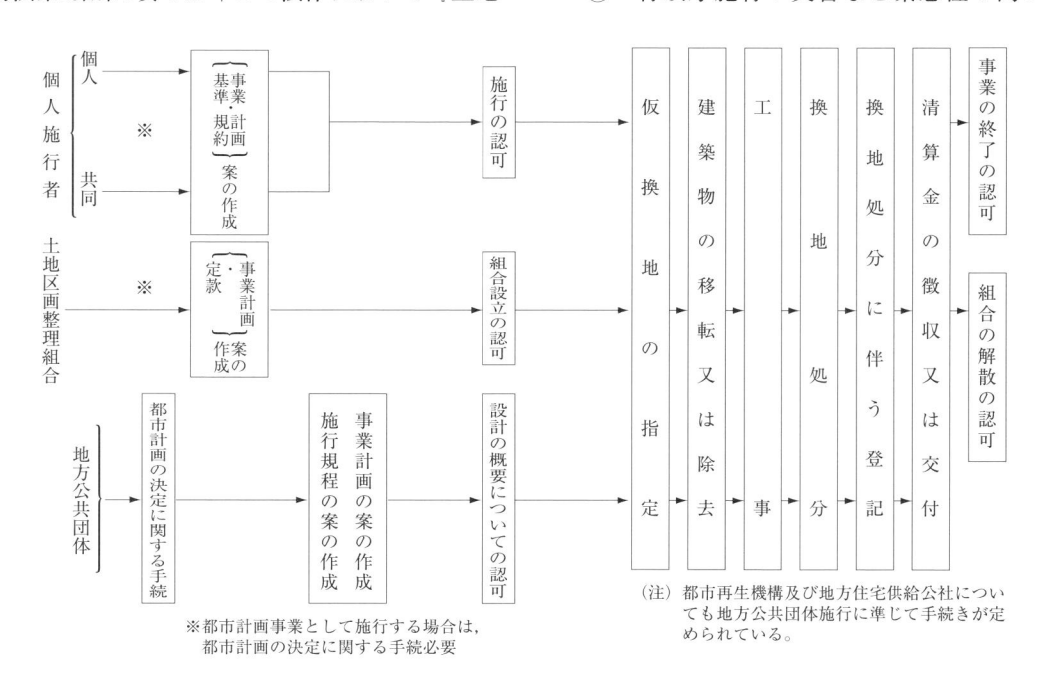

(注) 都市再生機構及び地方住宅供給公社についても地方公共団体施行に準じて手続きが定められている。

図8・1 土地区画整理事業の流れ[35]

で，国土交通大臣が都道府県知事または市町村長に命じて施行させる事業である。国が直接施行することもできる。
⑤　公団公社施行：都市再生機構，地方住宅供給公社が行う事業である。これらの公団公社の事業に関連して施行する必要のあることを国土交通大臣が認めるものに限られる。

土地区画整理事業のフローは図8・1のとおりであるが，関係者が多く，同意を得るのに時間を要し，一般に事業の施行には長期間を要することが多い。

既存の市街地やその周辺では道路，公園などの公共空間が不足し，道路が狭く入り組み，宅地の形状も不定形で利用がしにくい地域が多い。区画整理事業は健全な市街地を形成するために，道路，公園を整備するとともに宅地の区画や形状を整形するものである。

土地区画整理事業では事業地内の土地所有者が少しずつ土地を供出し，供出した土地を利用して道路・公園などの公共施設を作ったり保留地として売却して事業費に当てる。さらに土地の区画を整理した上で所有者に再分配するものである（図8・2，写真8・1）。元々の土地は公共施設などのために土地面積が減少するがこれを減歩という。また，事業地内で道路など公共空間を確保し，土地形状・面積も変化するので，土地区画整理事業後同じ場所に同じ形の土地を所有することはほとんどできないため，所有する場所や土地形状が変化する。これを換地という。

(a) 減歩

先に述べたように土地区画整理事業では減歩が生じる。道路・公園などの公共空間を生み出すために，事業地内の土地所有者は応分の負担を土地として供出しなければならない。これを公共減歩

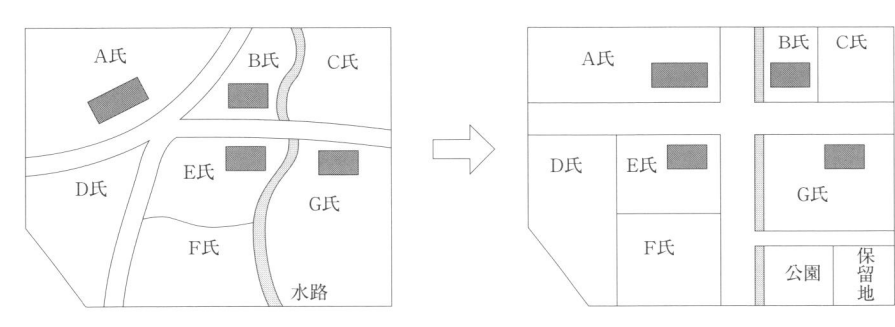

図8・2　土地区画整理事業の概念

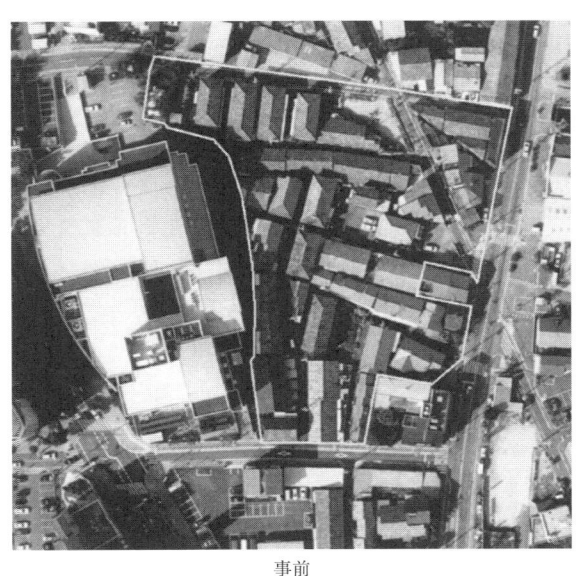

写真8・1　土地区画整理事業の例（大阪府門真市）

という。また土地を売却して事業費を捻出する場合はその分も供出しなければならない。これを保留地減歩という。公共減歩と保留地減歩を合わせた減歩の割合は減歩率として次式で定義される。

減歩率＝減歩面積／従前の敷地面積＝（従前の敷地面積－換地後の面積）／従前の敷地面積

土地区画整理事業では減歩により個々の所有者の土地面積は減少するが，道路・公園が整備され地域の利用価値が高まることから，土地単価が上昇する。このため総合的には減歩のマイナスを補い以前の土地価値と遜色ないものになると考えられる。

(b) 換地

土地区画整理事業では道路・公園を作ったり，宅地を整形したり事業地内の土地の再編を行うが，土地の交換，分合，土地の位置，形状の変更を換地という。土地区画整理法第89条では「換地計画において換地を定める場合においては，換地及び従前の宅地の位置，地積，土質，水利，利用状況，環境等が照応するように定めなければならない」と定められており，なるべく以前の土地に合わせて換地を行うことが重要である。

(3) 特徴と効果

区画整理を行う目的は，都市の復興，都市の改造，新市街地の開発，他の公共事業との連携などである。区画整理の特徴は次のとおりである。

(a) 総合的面的な整備が行われる……道路，公園など公共施設を単独に用地買収して整備すると，その施設の周辺だけが開発され，地区全体としては未整備な土地や道路も残されてしまう。
(b) 個々の公共施設の建設と比較し能率的，経済的である……総合的に整備するため，手戻りや無駄が生じない。
(c) 宅地の有効利用が図られる……不整形な土地や小さな残地が生じないため宅地が有効に造成できる。
(d) 公共施設整備に関し地区内の地権者を公平に扱え，開発利益も権利者が公平に扱える……用地買収による公共施設の整備は，用地の所有者が土地を手放し，他の周辺の者が開発利益を受ける不公平が生じることになるが，土地区画整理事業では公平に利益も不利益も分配できる。
(e) 正確な登記が期待できる……土地の権利関係が明確になるため，正確な登記ができる。
(f) 地権者が他地区に移転せずにすむ……地区内で換地をするので，地権者が外に移転せずもとの土地かその近くに住むことができる。
(g) 公共空地が確保できる……事業の結果道路や公園などの公共空地が確保でき，生活環境の向上や防災上のメリットがある。

上記のように土地区画整理事業が行われると，その結果直接的，間接的に次のような効果が期待できる。

① 利便性の向上：道路網が整備され，目的地までの到達時間が短縮される。道路利用者に走行便益，時間便益が発生する。
② 安全性の向上：道路網が整備され，道路幅も確保されて見通しも良くなり歩道など交通安全施設も整うので交通事故が減少し交通事故減少便益が発生する。また火事のときも消防車が進入できる道が整備されるので，防災にも寄与する。水路など排水施設も整備されるので衛生環境の向上とともに洪水被害を減少させる効果もある。
③ 快適性の向上：公園など公共施設が整備されることから住む人の快適性が向上する。広い道路や公園が整備されるので公的空間が増加し通風，採光が向上し，生活環境が改善される。上下水道なども完備されるので衛生状況も改善する。
④ 経済的な効果：区画整理が行われた地区はインフラの整備で付加価値が生じ土地の価格が上昇する。区画整理事業実施中には道路建設，土地造成，上下水道，河川改良などのインフラ整備がされて建設投資が行われ，さらに新たに移転した住宅の建設が行われるので地域に大きな経済効果がある。
⑤ その他：複雑な住居表示が区画が整理されることにより，町名，地番がわかりやすくなる。

土地区画整理事業は健全な市街地の発達に欠かせない制度である。一方様々な権利の調整を行いながら事業を実施するために時間がかかり，ニーズに即応できないことや，長期間にわたるため事業を実施している間に社会情勢が変化しても対応できないなどの問題もある。近年地方自治体の財

政が逼迫し，途中で事業費の確保が困難になったり，地価の下落で保留地の売却益が思うように得られないなどの事業執行上の問題点も出てきている。さらに複雑な権利関係が絡み合うため途中で計画を変更や縮小，中止することが困難といった硬直性も持ち合わせており，今後の課題となっている。

8.2 市街地再開発事業

(1) 市街地再開発事業の歴史

市街地再開発事業に関し1969（昭和44）年に都市再開発法が制定された。都市再開発法は，公共施設の整備に関連する市街地の改造に関する法律（昭和36年制定）と防災建築街区造成法（昭和36年制定）が統合されてできたものである。このことから，当時都市内での公共施設の整備が進まず，木造など火災に弱い住宅が密集していたことが推測できる。都市再開発法の第1条には「市街地の計画的な再開発に関し必要な事項を定めることにより，都市における土地の合理的かつ健全な高度利用と都市機能の更新とを図り，もって公共の福祉に寄与することを目的とする」とあり，土地区画整理と異なり高度利用がされている都市中心部のまちづくりを目指していることがわかる。

(2) 事業の仕組み

市街地再開発事業は土地区画整理事業と似通った目的，手法を持つ。しかし人口密集市街地では高度に土地が利用されているので，都市の整備に平面的な土地区画整理手法では困難を伴うことが多い。大まかにいえば土地区画整理事業を，建築物などを用いて立体的に行うのが市街地再開発事業である（図8・3，図8・4）。ただし人口密集地では土地が細分化され土地区画整理のような土地の変換では狭くなって利用ができなくなるので，再開発で建設するビルの床の所有権といった別の権利に置き換える。このことを権利変換という。ちょうどマンションを分譲するようなものである。地権者の従前の土地所有などの権利を変換するための床を権利床といい，売却して事業費を得るための床を保留床という。権利変換は都市再開発法によれば次の3種類になる。

① 原則型（第76条）：それまでの土地所有者の共有の土地とし，地権者と保留床取得者による共有の地上権を設定し建物は区分所有にする。最も従前の権利形態に近いもの

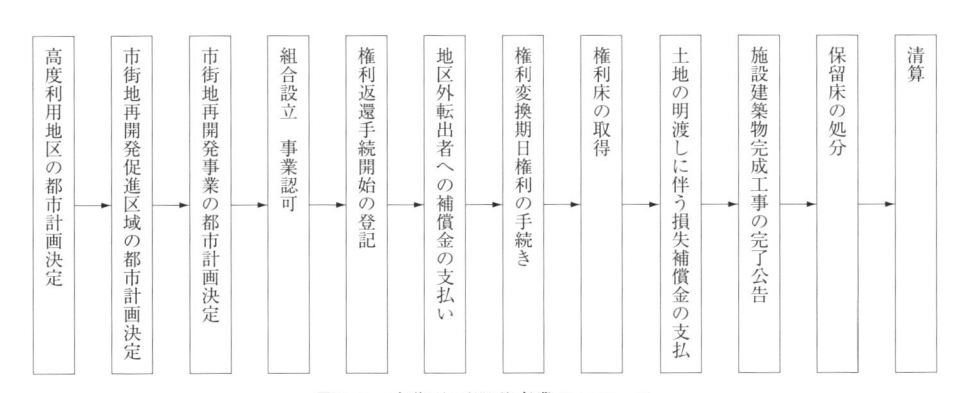

高度利用地区の都市計画決定 → 市街地再開発促進区域の都市計画決定 → 市街地再開発事業の都市計画決定 → 組合設立　事業認可 → 権利返還手続開始の登記 → 地区外転出者への補償金の支払い → 権利変換期日権利の手続き → 権利床の取得 → 土地の明渡しに伴う損失補償金の支払 → 施設建築物完成工事の完了公告 → 保留床の処分 → 清算

図8・3　市街地再開発事業のフロー[36]

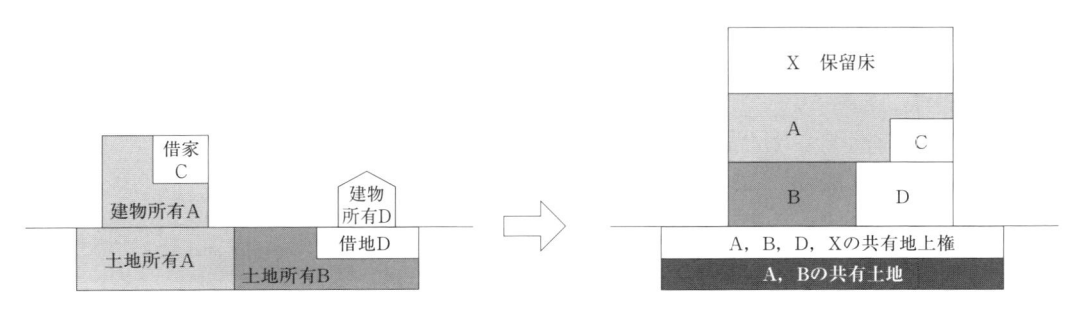

図8・4　市街地再開発事業の概念図（権利変換原則型）

である（図8・4）。
② 地上権非設定型（第111条）：従前の土地所有者のみならず，施設建築物の床を取得するものすべてで土地を共有し，建物は区分所有する。地代を徴収しなくてすむこと，地上権を設定しないので建替え時に地上権更新料等の問題が発生しない利点がある。
③ 全員同意型（第110条）：関係権利者全員が同意した場合はこれらの形によらず権利変換が可能である。

市街地再開発事業は土地区画整理事業のように権利変換手続きによって行われる第一種市街地再開発事業と，買収により行われる第二種市街地再開発事業がある。

(a) 第一種市街地再開発事業

事業地区内の所有者が有していた建物や土地をそれに見合った価値の再開発ビルの床に変換する。高層ビルを建てることにより新たに生じる床（保留床）を売却し，その利益で事業費を賄う。第一種市街地再開発事業の施工区域の要件は，当該区域が都市計画法第8条第1項第3号の高度利用地区内にあること，耐火建築物で土地の利用が階数が2以上建築面積が150m²以上など効率的で，老朽化していない等の建築面積の合計が三分の一以下であること，公共施設が不足していること，土地の高度利用を図る必要があることなどが規定されている。

(b) 第二種市街地再開発事業

施行者が事業地内の土地建物の全面買収あるいは収用を行い再開発ビルを建設する。地権者が希望すれば，補償費用に換えて再開発ビルの床と交換することも可能である。第一種事業と同様，保留床を売却して事業費に充てる。第二種市街地再開発事業の施行区域の要件は，第一種の要件の他，第一種事業より大規模（1ha以上）で，防火上支障のある建物が多いか，駅前広場や大規模火災が発生した場合の避難用の公園など公共施設の整備が必要な地区で行う。

施行者が個人の場合を除いて市街地再開発事業は都市計画決定が必要になる。市街地再開発事業は高度利用地区での実施が義務付けられているため，都市計画決定のときに高度利用地区の決定が行われることが多い。市街地再開発事業での都市計画は次のような内容を定めることとされている。①種類・名称，②施行区域・面積，③公共施設の配置・規模，④建築物の整備，⑤建築敷地の整備，⑥住宅建設の目標。

施行区域が都市計画決定されると区域内の建築，土地の譲渡に制限が加えられ，事業の執行を円滑化させる働きがある。市街地再開発事業の施行者は，個人，市街地再開発組合，再開発会社，地方公共団体，都市再生機構，地方住宅供給公社である。

(3) 特徴と効果

土地区画整理事業とほぼ同様であるが次のような特徴と効果がある。
① 低層の建物を高層の再開発ビルに換えるので土地の高度利用が図られる
② 密集した木造の建物を再開発ビルに換えるので，防災機能が向上する。
③ 道路，公園などの公共施設が同時に整備さ

再開発前

再開発後

写真8・2　市街地再開発の事例（浜松市提供）

れるので，市街地環境の向上が図られる。

わが国の都市中心部はまだ低層の建物が多く十分に活用されておらず，耐火に問題のある木造住宅が密集しているところも多い。空洞化が進む地方都市の中心市街地活性化の観点からも，市街地再開発事業の重要性は増していると考えられる（写真8・2）。

8.3 新住宅市街地開発事業

(1) 新住宅市街地開発事業の歴史

第二次大戦後，わが国は深刻な住宅問題に直面した。外地からの引揚者や，都市への人口流入などで都市人口は増加したがそれに見合った住宅が不足し，人々は劣悪な環境におかれた。このため，1950（昭和25）年に公営住宅法，1951（昭和26）年に住宅金融公庫法，1955（昭和30）年に日本住宅公団法が制定されて公的住宅の供給を行った。その後朝鮮戦争の特需などによる経済成長で経済力をつけた国民が自ら住宅を建設するようになると，住宅難から少し遅れて宅地不足が顕在化し，宅地難となった。政府では大量の宅地を整備するため，日本住宅公団に土地区画整理事業を用いた宅地供給事業を行わせるなど対策をとったが，量的な不足に対応できなかった。

このような宅地不足の現状に対応するため，

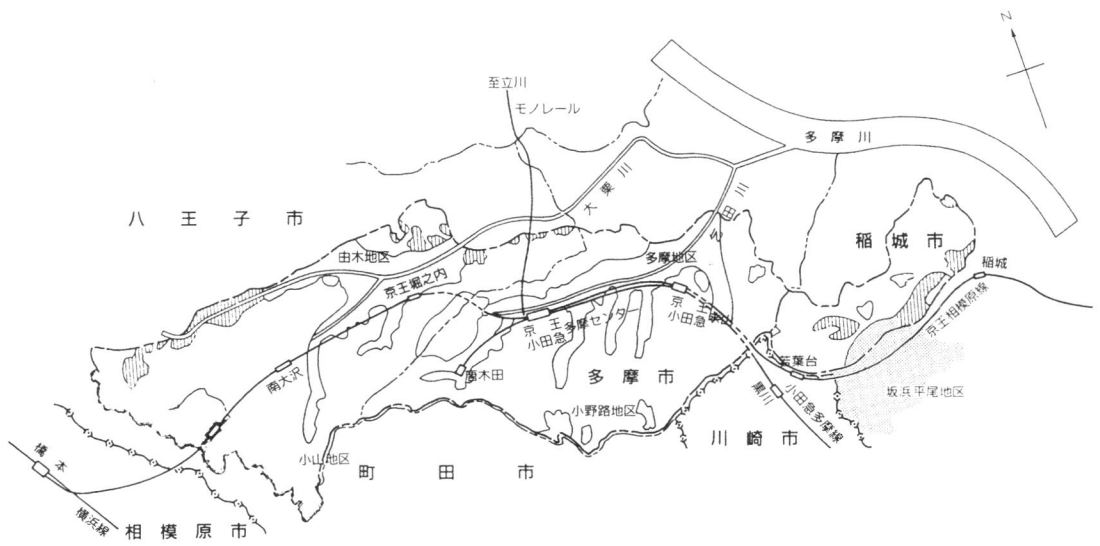

図8・5 多摩ニュータウン（図は東京都資料から）

1963(昭和38)年に都市周辺の大規模な住宅や市街地開発のための新住宅市街地開発法が制定された。この結果いわゆるニュータウンが誕生し、昭和30年代後半から40年代にかけて多摩ニュータウン(東京都)、千葉ニュータウン(千葉県)、桃花台ニュータウン(愛知県)、千里ニュータウン(大阪府)、北摂ニュータウン、西神ニュータウン(兵庫県)などの事業が着手されている(図8・5)。

(2) 事業の仕組み

新住宅市街地開発法第1条では、「人口の集中の著しい市街地の周辺の地域における住宅市街地の開発に関し、(中略)、健全な住宅市街地の開発及び住宅に困窮する国民のために居住環境の良好な住宅地の大規模な供給を図り、もって国民生活の安定に寄与することを目的とする」としている。新住宅市街地開発事業は都市計画事業として行うことが同法第5条に記されていることから、都市計画事業の認可または承認を得ることが必要となる。新住宅市街地開発を施行できるのは原則として地方公共団体、都市再生機構、地方住宅供給公社に限られる。

この事業で行えるのは、「宅地の造成、造成された宅地の処分及び宅地とあわせて整備されるべき公共施設の整備に関する事業並びにこれに附帯する事業(法第2条1項)、公益的施設または特定業務施設の整備に関する事業(法第2条2項)」とされている。公共施設とは、道路、広場、公園、緑地、水道、下水道、河川および水路ならびに防水、砂防または防潮の施設をいい、公益的施設とは教育施設、医療施設、官公庁施設、購買施設など居住者の共同の福祉または利便のために必要なものをさす。特定業務施設とは、事業所、工場、研究所、研修施設、厚生施設などで、居住者の雇

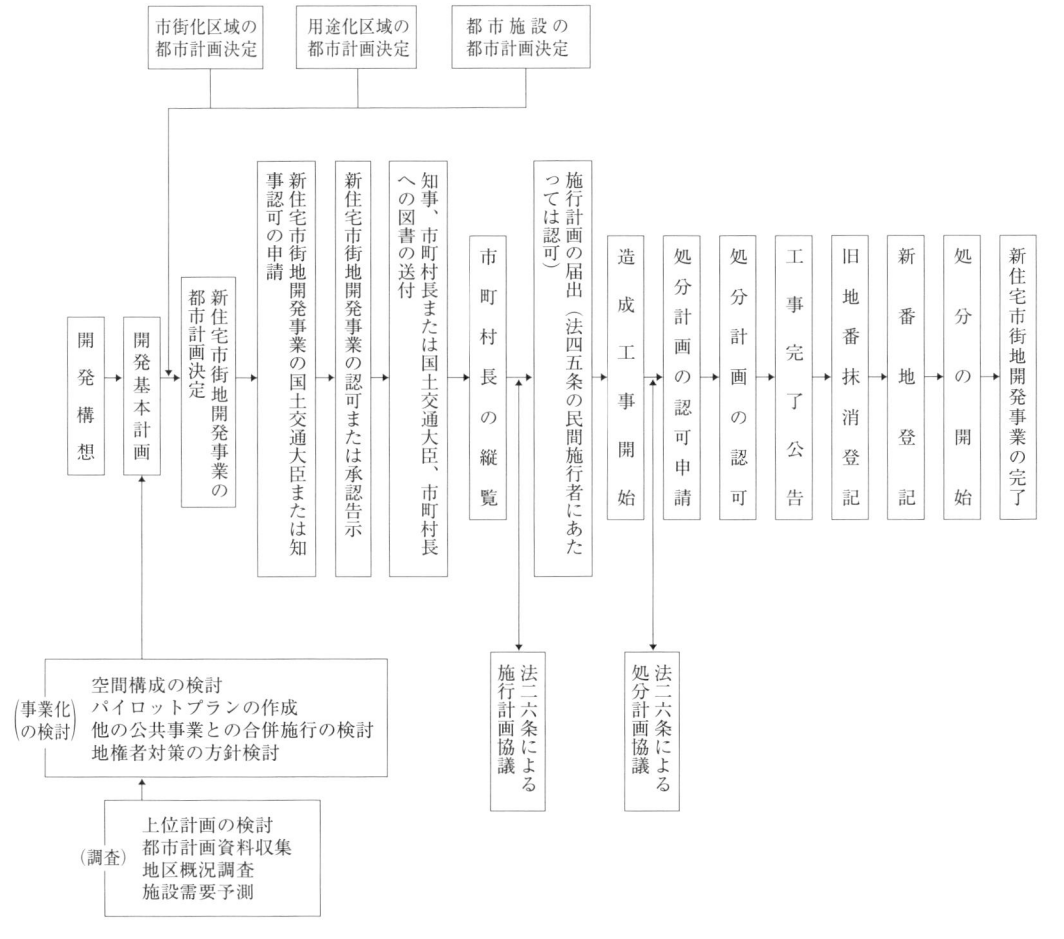

図8・6 新住宅市街地開発事業の流れ[34]

用機会の増大及び昼間人口の増加による事業地の都市機能の増進に寄与するものである。すなわち街づくりに必要な事業はほとんどすべて行えることとなっている。

土地区画整理事業，第一種再開発事業と異なり，新住宅市街地開発事業は施行者が全面買収を行う。事業の流れは図8・6のようになっている。

(a) 都市計画

新住宅市街地開発事業は都市計画として実施されるので，都市計画においては，名称，施行区域，施行区域の面積，住区，公共施設の配置および規模，宅地の利用計画を定める。都市計画決定後は，予定区域内の建築物の制限，土地の先買い制限が行われる。

(b) 処分計画

施行者は本事業により造成した土地，公共施設，公益施設，特定業務施設の処分について処分計画を作成し，都道府県，都市再生機構は国土交通大臣の，その他の施行者は都道府県知事の認可を得る必要がある。本事業では公正に処分が行われなければならない。処分計画では造成施設等（宅地その他の土地および公共施設その他の施設）の処分方法，処分価格，造成宅地等（造成施設等のうち公共施設及びその土地以外）の利用の規制に関する事項が定められる。土地提供者等は優先的に土地を譲渡される。宅地を譲渡された者は3年以内に住宅建設しなければならないし，10年間は第三者への譲渡が制限される。

(3) 特徴と効果

土地区画整理事業で宅地を造成することも可能であるが，道路，公園などのインフラは完成しても，保留地以外は地主の投機的思惑により売却が進まず住宅建設が遅れ，その結果商業施設や病院が立地せず市街化が進まないことが多かった。一方地方公共団体の行っていた全面買収型宅地造成事業には収用権がなかった。そこで収用権を持って全面買収をして宅地造成と譲渡，および関連する公共・公益事業を行える新住宅市街地開発事業が登場することとなった。ニュータウンという言葉に代表されるように一つの町を計画的に建設し，良質の宅地を大量に供給することができる大規模な事業が特徴である。

新住宅市街地開発事業は高度成長期の日本で宅地供給に多くの役割を果たしたと考えられる。ただ冒頭に述べたとおり，現在は時代の背景が事業創設時とはかなり異なってきており，既存のニュータウンは老朽化，高齢化が進むとともに，地価の下落，少子化による住宅の余剰などで宅地が大量に売れ残り，空き家の増加などの負の効果も生まれつつあり，ニュータウンの再生が必要となっている。

第9章

都市交通計画

9.1 都市交通と公共交通

(1) 都市交通の種類

都市交通は，人を運ぶ旅客交通と物を運ぶ貨物交通に分けられるが，交通の発生要因や特徴により，次のような分類が可能である。
① 交通目的による分類：通勤通学，業務，買い物，通院，旅行レジャー等
② 距離による分類：長距離トリップが卓越する都市間交通，短距離トリップが卓越する都市内交通
③ 時期による分類：日常的な平常交通，旅行レジャーのときなどの季節交通
④ 交通機関による分類：徒歩，乗用車，トラック，自転車交通などの個別交通機関，バス，路面電車などの大量公共交通機関

これらの要因や特徴が合わさって都市交通は発生しており，例えば，通勤通学目的の交通は比較的短距離トリップの平常交通で鉄道などの大量公共交通機関を利用することが多く，旅行レジャー目的の交通は乗用車を利用した中長距離トリップの季節交通である。

(2) 都市規模と交通機関

交通機関と都市規模には関係がある。日常人が移動に利用する時間は片道2時間以内と考えられるが，徒歩では時速4kmとして8kmの範囲となる。江戸の町は2里（約8km）四方といわれていたが，徒歩で暮らす時代には最大の大きさの都市であったと考えられる。現在に当てはめてみると自転車やバスでは時速10〜15kmなので30km四方の都市が可能であり，自動車や電車では時速30kmが可能なので60km四方の都市が可能である。逆に考えれば面積の大きな都市ほど高速の交通が必要になってくる。一方採算性の面で，大都市では多くの需要が見込めるため，地下鉄のような大規模な公共交通機関が発達する。反対に小さな都市では需要が見込めないため鉄道が発達しない。

図9・1は三大都市圏と地方圏での旅客の交通機関分担を比較したものである。三大都市圏ではJR，民鉄，地下鉄などの鉄軌道系の交通機関が多く利用されているが，地方圏では自家用車が圧倒的にシェアが大きい。

図9・2は需要と利用距離でどのような交通手段が有効かを示した概念図である。左上から右下に

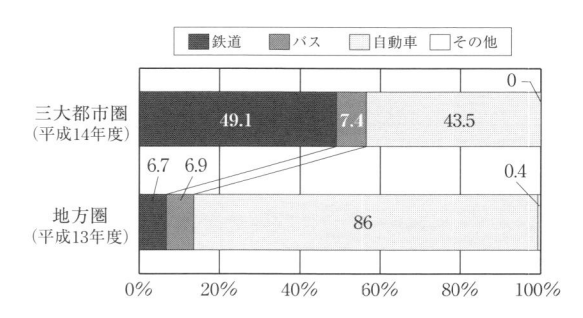

図9・1 三大都市圏と地方圏の交通機関分担[1]
（国土交通省資料による）

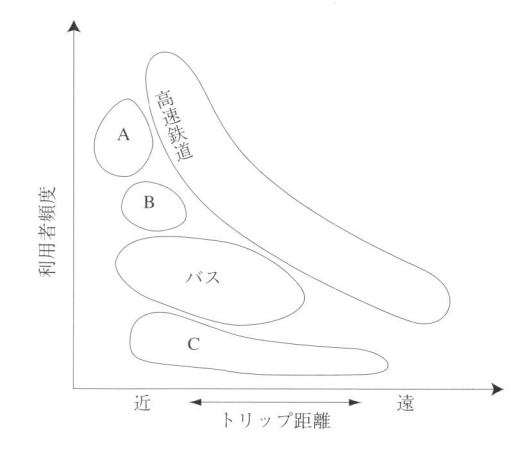

図9・2 都市交通手段の適合範囲（八十島義之助による）

かけての実線より上が鉄道輸送に適する範囲で，実線で囲んだ範囲がバス輸送に適する範囲である。図から分るように既存の交通機関にはそれぞれ適合した範囲がある。鉄道とバスにはそれぞれ運営しやすい範囲があり，その範囲を外れると，例えば鉄道の採算の確保が困難になったり（Aゾーン），バスの走行が都市内の渋滞により困難になったりする（Bゾーン）。Aゾーンは比較的近距離で，歩くには少々遠いが乗物に乗るには近すぎる場合で都市では交通需要も大きい。1～3kmの距離帯であり動く歩道などの連続輸送システムが開発され，大都市の駅構内や空港など特定の場所で使用されている。Bゾーンは大都市郊外や中小都市に多く，鉄道では利用者が少なくて経営が困難になるがバスでは需要が多くて運びきれない場合である。この場合はモノレールなどの新交通システムが適している。だがこれらのシステムは鉄道より安価な費用でできるもののやはりコストがかかるので，路面電車やバスの輸送効率を向上させたバス専用レーン，連接バスの導入などが考えられる。Cゾーンは中小都市郊外や地方部に多く，バスでも経営が困難な利用者の少ゾーンである。バス等の大量公共交通機関が未発達で，住民はマイカーがなければ生活が不便で，マイカーが広く使用されているゾーンである。しかし高齢者，身体障害者，年少者などの交通弱者はマイカーを利用できず問題が生じている場合が多い。対策は公共の負担による福祉バス，デマンドバスなどの公営サービスやボランティア活動による輸送サービスが必要と考えられる。以上のことから，都市の規模により適合する公共交通機関があることがわかる。表9・1は都市の規模と適合する公共交通機関の一覧である。

9.2 道路交通調査

都市の交通計画を策定するため，交通の現状を把握する必要がある。交通調査は多岐にわたるがここでは交通量調査，パーソントリップ調査，自動車起終点調査について述べる。

(1) 交通量調査

交通量調査とはある断面を単位時間に通過する人や車の数を数えるものである。調査は人の目視により行われ，歩行者類，自転車類，動力付き二輪車類，乗用車類（乗用車，バス），貨物車類（小型貨物車，普通貨物車）に分類して1時間ごとの観測値を記録する（表9・2）。車両の分類はナンバープレートの番号による。道路管理者による大規模な交通量調査には交通量常時観測調査と，5年ごとに行う道路交通情勢調査（道路交通センサス）がある。交通量常時観測調査は交通量観測機器（トラフィックカウンター）により路線を代表する重要な地点で，自動的かつ連続的に交通量を測定するもので，交通量の時系列的変動調査を目的とした地点交通量調査である。観測は，1年を通して観測する基本観測と，これを位置的に補完する補助観測に分類される。基本観測地点は，原則として大都市の郊外や中都市間を結ぶ路線間，休日交通が多い箇所，交通量の年間変動の大きい箇所に設置される。補助観測地点は基本観測地点間に3～5カ所設置されて，春と秋に各々1週間の連続観測を行う。また，交通量常時観測地点は，道路交通センサスの一般交通量調査地点と一致させているので，一般交通調査の中間年次の補完が可能である。

道路交通情勢調査は道路状況と断面交通量の調

表9・1 都市の規模と公共交通機関

都市規模	公共都市交通機関
巨大都市 （200万人以上）	・都市圏内交通はJR，私鉄の鉄道が主体 ・都市内主要交通は環状鉄道，地下鉄が主体 ・補完的交通として路面電車，バス
大都市 （50～200万人）	・都市周辺部はJR，私鉄 ・都市内骨格交通は一部地下鉄，新交通システム ・都市内交通は路面電車，バス
中都市 （5～50万人）	・都市内交通は路面電車，バス ・一部の都市でJR，私鉄
小都市 （5万人以下）	・バスが主体 ・一部の都市でJR，私鉄

表9・2 車種分類

種 別		内 容
歩行者類		隊列，葬列を除く
自転車類		車いす，小児用の車を除く
動力付き二輪車類		自動二輪車，原動機付き自転車
乗用車類	乗用車	ナンバー5（黄と黒のプレート） ナンバー3，8（小型プレート） ナンバー3，5，7
	バス	ナンバー2
貨物車類	小型貨物車	ナンバー4（黄と黒のプレート） ナンバー3，6（小型プレート） ナンバー4，6
	普通貨物車	ナンバー1 ナンバー8，9，10

査をする「一般交通量調査」と自動車の運行内容を調査する「自動車起終点調査」から構成される。5年ごとに実施されているが5年間隔のデータを補完する調査として，3年目の中間年においては一般交通量調査を実施している。

一般交通量調査は，道路状況調査，交通量調査，旅行速度調査から構成される。対象道路は，高速自動車国道，国道，一般都道府県道（一部の政令指定都市の市道を含む）で，6月中旬から7月中旬と8月下旬から10月下旬の火または水曜日の交通量を観測し，調査年度の交通量としている。観測時間は午前7時～午後7時の昼間12時間である。環境対策などで夜間の状況も調査する必要のある区間は，翌日7時までの24時間調査として24時間交通量を昼間の12時間交通量で除した昼夜率を定めている。昼夜率は12時間交通量から24時間交通量を推測することなどに用いる。夜間の交通量が多ければ昼夜率は大きくなる。

(2) パーソントリップ調査

交通量調査ではある断面での交通の動きはわかるが，交通がどこで発生してどこに集中しているのかはわからない。このため人に注目してどのような目的でどこからどこへどのような手段で移動しているのかを調査することをパーソントリップ調査という。人や物の移動には必ず起点（Origin）と終点（Destination）がある。これらをトリップエンド（Trip end）という。起点と終点の間の交通をトリップといい，トリップを調査するのを起終点調査（Origin destination survey：OD調査ともいう）という。人の動きの起終点調査をパーソントリップ調査という。パーソントリップ調査は都市の人の動きを把握するために行われるものである。

パーソントリップ調査はサンプルを抽出し，5歳以上の個人を対象に家庭訪問調査によって行われる。調査ではある1日の移動に関し次の情報が収集される。

① 出発地・到着地の情報：場所，施設，時刻
② 移動の内容：目的，手段，所要時間
③ 移動に付随する情報：運転の有無，同乗者数，経路
④ 個人の属性：性別，年齢，職業，産業，自動車等の保有状態

パーソントリップ調査では家庭訪問調査のほか，対象地域外に居住する人の交通行動を把握するため，対象区域を囲む線上で対象地域内に出入りする交通に対し実施するコードンライン調査や，営業者の調査，補正のためのスクリーンライン調査などがある。パーソントリップ調査は1960年代に欧米の諸都市で始まり，わが国では1967年の広島都市圏が始めで，全国30万人以上の都市を対象に，おおよそ10年をサイクルにして実施されている。

(3) 自動車起終点調査

パーソントリップ調査はすべての交通手段に関して行うが，自動車起終点調査は交通手段が自動車に限られる。方法や考え方は基本的にはパーソントリップ調査と同様である。自動車起終点調査は，路側OD調査とオーナーインタビューOD調査から構成される。本調査は「道路交通情勢調査（通称道路交通センサス）」の一環として，1958（昭和33）年度から開始されている。当初は部分的なものであったが，1971（昭和46）年度から全国規模の調査として実施されている。場合により平日調査に加え休日交通の実態調査が実施されることがある。

また，詳細な調査が必要な特定の都市については，対象車両の抽出率を高めた調査（都市OD調査）を実施している。

9.3 将来交通需要推計

(1) 将来交通量の推計手法

交通量推計は都市全体の交通網についての将来推計を行うことが多いが，その他に一部の区間を有料道路とした場合の交通量推計や駐車場の利用予測，さらには大規模店舗出店に伴う周辺道路の交通量予測など様々な場合必要である。

交通量推計の方法には，大きく分けて総合的推計方法と個別的推計方法がある。都市全体の交通網の将来計画策定について交通量推計する時は，OD調査資料から対象地域全体の交通網の路線別将来交通量を推計する総合的推計方法を用いる。個別的推計方法は，一部の交通機関の区間交通量を推計する場合などに用いる。この方法は簡単に実施できるが，推計値の根拠に乏しいために利用も限定されることがある。

交通量推計の手法は，統計的手法が多用される。

現在よく用いられている手法は，市町村などを単位としたゾーンを集計の単位としてモデルを作成して交通量予測する集計モデルと，個人または世帯を単位としたモデルを作成する非集計モデルの2種類がある。

(2) 将来交通量の推計手順

推定作業を開始する前に3つの事項を検討する必要がある。第1は「目標年次の設定」である。目標年次は一般的に20年後を設定することが多い。特段の理由はないが，社会経済の変化も現在の延長線上にあると考えられる範囲であり，いくつかの新しい路線の調査を始めても完成が望める時間的範囲として，適当と考えられる年次である。第2は「推計地域の範囲の設定」である。将来の都市の広がり等を考慮し，どこまでを一つのつながりのある圏域として捉えるか，よく検討して設定する必要がある。第3は「サービスレベルの設定」である。現在は，将来配分交通量がその道路の交通容量を超えない，「混雑度」（日交通量／設計基準交通量）が1未満となるように考えられている。以上の要件を設定してから，交通量推計の作業に入る。

将来交通量を推計するには，OD調査のデータをもとに，発生・集中交通量推計，分布交通量推計，機関分担交通量推計，配分交通量推計の四つの段階を経て推計する「四段階推定法」を用いる（図9・3）。

① 発生・集中交通量推計：地域を分割したゾーンごとにそのゾーンで発生集中する交通量を推計する。

② 分布交通量推計：ゾーン間相互の交通量を推計する。ゾーンごとの集計値は発生集中交通量に一致する。

③ 機関分担交通量推計：ゾーン間相互の交通量が利用可能な交通機関をどのような割合で選択するか推計する。

④ 配分交通量推計：機関分担で配分されたゾーン間相互の交通を実際の路線に配分し，路線ごとの交通量を推計する。

推計では次のことに留意する。現在の交通量と各指標（説明変数）の現在値によって，モデルのパラメータを定めてモデルを決定し，そのパラメータを用いたモデルに各々の指標の将来値を代入して将来交通量を算出する方式を用いる。明らかなように推計の中には，モデルを決定する段階で行う推計と将来値そのものを推計することとの二つの推計があり，「推計の二重性」がある。この前提条件として，交通量と人口や各種経済指標，土地利用との関係が現在も将来も変わらないことがある。すなわち，現在の交通と社会構造や地域構造等との関係は将来も変化しないという仮定で用いられているのである。

(3) 発生・集中交通量推計

以下，簡単に紹介するが，詳細は参考文献などを参照されたい。

① 関数モデル法

説明変数に，総人口，昼夜間人口，就業人口，商品販売額，工業出荷額，自動車保有台数等を用い，ゾーンごとの発生交通量と人口等の各種経済指標との間に，ある関数関係を想定して推計を行う方法である。ゾーンが比較的大きく，ゾーン内に様々な施設が包含されている場合に用いられる。

② 原単位法

比較的小さいゾーンの予測に適している方法である。土地利用面積や床面積の量に応じて交通が発生することを仮定して，単位面積当りの発生量にそのゾーンの当該利用の土地面積等を掛けて，ゾーンの発生交通量を推計する方法である。土地利用の原単位についての将来推計値が得られにくいという欠点がある。

③ 時系列法

交通の伸びを外挿等で時系列的に予測するもので，過去から現在までのデータから伸び率を求め，それを将来値推計に用いる方法である。現在ではあまり用いられない。

(4) 分布交通量推計

ゾーン間の交通分布の状況を表したものをOD

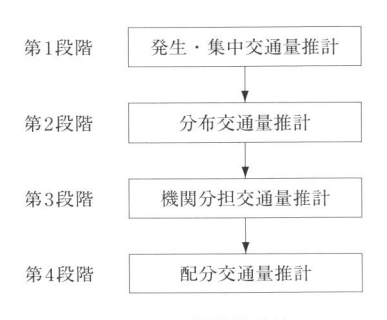

図9・3 四段階推計法

第1段階	発生・集中交通量推計
第2段階	分布交通量推計
第3段階	機関分担交通量推計
第4段階	配分交通量推計

表（Origin Destination Table）という（表9・3）。OD表は地域の交通特性を反映した最も基本的なデータと考えられる。交通分布パターンはトリップ目的により異なるので，交通目的別にOD表が作成されることがある。分布交通量の推計方法は，現在パターン法と地域間流動モデル法に分類される。

しかし，分布交通量の推計方法は，地域間流動モデル法で将来の交通特性の変化を反映させ，その後，現在パターン法により収束計算を行うなど，両方の方法を組み合わせて用いることが多い。

(a) 現在パターン法

現在OD表の交通分布パターンが将来においても変わらない仮定の下に，将来の発生集中交通量を将来OD表の中に分布させる方法である。現在パターン法の中に，平均成長率法，デトロイト法，フレーター法などがある。フレーター法は収束効率がよいので多く用いられる。

(b) 地域間流動モデル法

数学モデルを用いてゾーン間の距離と交通量との関係を表現するもので，現在OD表は必要ない。このため，拠点開発が予定されたり，新規路線が建設されるなど現在の交通パターンが変わる場合の予測にも追随できるモデルである。地域間流動モデル法には次に示す重力モデル法と機会モデル法がある。

① 重力モデル法

重量モデルの一般式は次式である。

$$T_{ij} = k(P_i \cdot P_j / D_{ij}^a) \qquad (9.1)$$

ここで，T_{ij}：交通量（ゾーン間のトリップ数）
P_i, P_j：iゾーン及びjゾーンの人口
D_{ij}：ゾーン間距離あるいは時間距離
k, a：定数

定数は既往の現在OD表の数値を用いて最小自乗法により決める。決定されたモデル式に人口などの将来推計値を代入すると，将来分布交通量が算出される。

② 機会モデル法

このモデルは，トリップは出発地に近いほど目的地となる機会が多いと仮定し，あるゾーンから発生するトリップは総旅行時間が最小になるように行われると仮定し，順に遠くの方に目的を持つトリップが確率的に分布するものとして作成されている。機会モデルの一般式は次のとおりである。

$$T_{ij} = T_i \{P(V_j) - P(V_{j-1})\} \qquad (9.2)$$
$$P(V) = 1 - e^{-LV}$$

ここで，T_{ij}：交通量（ゾーン間トリップ数）
V_j：jゾーンまでの累積集中量（この場合のjゾーンとはiゾーンから近い順に並べてj番目という意味である）
L：発生量が単位集中量に吸収され，トリップを終了する確率

機会モデルの利点は理論的根拠が重力モデルより明確で信頼性が高い点であるが，L値の決定が難しい弱点がある。

(c) 内々交通量の推計

(a)(b)に示した分布交通量推計はゾーン間の交通量推計が主で，同一ゾーン内を移動する交通量（出発地と目的地が同じゾーン内にある交通量で内々交通量と称する）の推計は難しい。内々交通量のみを対象とした推計方法には先に述べた時系列法や，経済指標などとの相関による関数モデルを用いることがある。

(5) 機関分担交通量推計

複数の交通機関を対象とした交通量の推計にはゾーン間の交通を鉄道，道路等各交通機関が分担する交通量に計算しなおす必要がある。交通機関分担に関係する要因は交通の目的，交通のサービス水準，個人属性，地域の特性など複雑な要因に左右される。このため最近は個人特性を反映できる非集計モデルが用いられるようになってきたが，ここではまず集計モデルの交通機関分担について述べる。分担率モデルには以下のようなものがある。

(a) 全域モデル

対象とする地域全体の交通機関分担率を決定するモデルである。

(b) トリップエンドモデル

トリップエンドである発生ゾーンまたは集中ゾーンごとに交通機関分担率を定める方法である。

表9・3　OD表

目的地 出発地	ゾーン i	ゾーン j	ゾーン k	ゾーン n	出発地計
ゾーン i	t_{ii}	t_{ij}	t_{ik}	t_{in}	t_i
ゾーン j	t_{ji}	t_{jj}	t_{jk}	t_{jn}	t_j
ゾーン k	t_{ki}	t_{kj}	t_{kk}	t_{kn}	t_k
ゾーン n	t_{ni}	t_{nj}	t_{nk}	t_{nn}	t_n
目的地計	t_i	t_j	t_k	t_n	Σt

ゾーンの特徴を表す指標として，所得，土地利用形態，自動車保有率，バス停密度，最寄り駅までの平均徒歩時間などがある。しかし交通機関分担は発生ゾーンと集中ゾーンの双方の影響を受け途中の経路の影響を表現できない弱点がある。

(c) トリップインターチェンジモデル

与えられたゾーン間のOD交通に交通機関分担率を定める方法である。①交通手段の選択，②ODペアの分類，③モデル式の選択の順に行われる。

① 交通手段の選択：どのような交通手段に分類されるかを選ぶことで，二者択一方式で行われる場合が多い。例えば全交通手段をまず，(ア)徒歩・二輪車と，(イ)交通機関利用に分け，交通機関利用を，(ア)鉄道と(イ)道路に分け，さらに道路を，(ア)自動車，(イ)バスなど次々と分割する。

② ODペアの分類：目的別，方向別，内々交通，内外交通など同一のモデルで説明できるODを分類する。

③ モデル式の選択：最後に分類されたODごとにモデル式を作成するが，よく用いられているのが分担率曲線法である。分担率曲線法では例えば図9・4に示すように，時間比やコスト比などを用いて交通機関分担率を定める。

(6) 配分交通量推計

配分交通量を推計するには，事前に道路や鉄道などの新しい将来交通網を設定する必要がある。将来交通網はいくつかの代替案を設定しそれぞれの代替案に対して配分交通量を算出し，ネットワークとしての評価を行う。代替案では将来交通網の形態や重点的に連結する地区の設定，都市全体の渋滞が効率よく解消される新規路線の位置，交通機関建設による経済効果とコストの比較（B／C）などを総合的に検討する必要がある。また，新たな投資には予算上の制約もあり実現性の高い計画にする必要がある。配分交通量の推計方法には次のような方法がある。

(a) 需要配分（オールオアナッシング法）

最短経路法とも呼ばれ，OD交通量の全量をOD間の時間，費用，あるいは距離が最短の経路に配分する方法である。本来配分されるべき交通需要を知ることができるので，ある特定の区間に交通が集中したり，あるいはゼロである場合は道路網等の設定が適切でない等の評価もできる。

(b) 実際配分（分割配分法）

この手法は，OD交通量を何回か分割し，分割した交通量を配分するごとに変化する走行条件に従いながら，その中で一般には時間が最短となる経路に配分していくシミュレーション配分である。分割数は多いほど推計精度が良いが，現実的な精度を得るには通常4～10分割程度としている。分割率は，最初の段階で多くして次第に減らしていくことが望ましいといわれており，例えば5分割であれば，1回目：3割，2回目：3割，3回目：2割，4回目：1割，5回目：1割と分割するのがバランスがよい。交通量と速度の関係式であるQV式により，配分するごとに走行速度が変化するのでリンクの所要時間も変化し，数回の繰り返しにより実際の交通に近い交通量配分がなされる。なお，有料道路は料金抵抗として料金を時間に換算して実施する。

実際配分の方法が適切かどうかは，現況配分の交通量と実際に観測された断面交通量とを比べてチェックを行う。

(7) その他の推計方法

その他の推計方法には個人もしくは世帯を単位としてモデルを作成する非集計モデルがある。「非集計モデル」とは，「集計モデルではない」あるいは「集計データを用いない」ことからこのような呼び方がされている。ここまで述べてきた集計モデルでは，交通行動をゾーンごとに区分・集計してモデルを作成し解析していくことから，集計モデルと呼ぶ。一方，非集計モデルは，データをそのまま個人レベルで使用してモデルを作成し，予測の段階で集計して交通需要を推計している。このように，非集計モデルと集計モデルとで

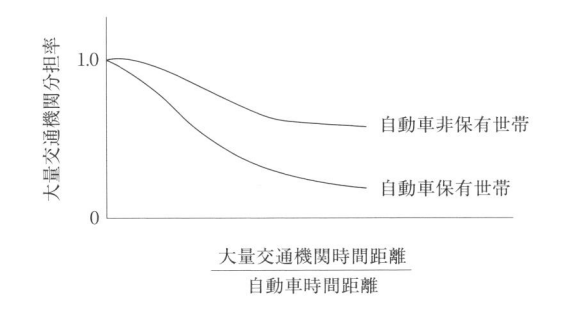

図9・4 時間比による大量公共交通機関分担率

は，分析の単位，モデルの構築方法など大きな相違点がある。

(a) 非集計モデルの特長

非集計モデルの特長は次のとおりである。
① 個人レベルの意思決定プロセスをモデルに反映可能である
② モデルによる現象の説明性が高い
③ 交通政策に関連するきめ細かな変数が導入でき，政策評価も可能となる
④ 少ないサンプルのモデル化が可能である
⑤ ある地域で作成したモデルを，若干修正すれば他の類似地域に適用可能である
⑥ 集計データはゾーンの平均値を用いるため真の相関が歪められる可能性があるが，非集計モデルではこれを回避することができる

非集計モデルには多くのメリットがある一方，非集計モデルは各個人の選択を説明するものであることから，モデルを作成し現象の説明までは可能だが，これを予測に用いるには将来の全個人の個別データが必要となる問題が生じる。現在，この集計の実用的な方法として，
① ランダムにサンプリングされた個人の選択確率の平均値を用いる「数え上げ法」
② 説明変数の平均値をモデル式に代入する「平均値法」

の2方法がある。なお，平均値法を用いる場合は単一集計では集計誤差が大きくなるので，グループ別に層化する必要がある。

初期の非集計モデルは，パーソントリップ調査で四段階推定法のうちの交通手段選択の段階で適用されることが多かったが，現在では，集計解析の考え方との統合が図られ，車の保有状況，交通発生，目的地の選択，経路選択などの様々な推計に適用されるようになってきた。

(b) 非集計モデルの手法

一般に非集計モデルには次のロジットモデル式が用いられる（図9・5）。

$$P(A) = \exp(V_A)/(\exp(V_A) + \exp(V_B)) \quad (9.3)$$
$$P(B) = 1 - P(A)$$

ここで，$P(A)$ ：Aを選ぶ確率
$P(B)$ ：Bを選ぶ確率
V_A ：Aを選んだときの効用（効用関数）

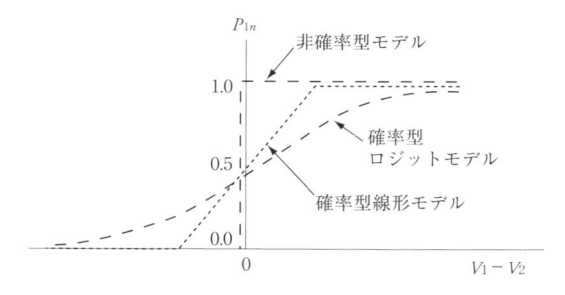

図9・5 非集計モデルの概形（二者択一の場合）

V_B ：Bを選んだときの効用（効用関数）

式（9.3）は，AとBのうちの選択肢Aを選択する確率$P(A)$とBを選択する確率$P(B)$を示す式であり，ある選択肢の持つ効用が選択肢の持つ特性と個人の社会経済的属性によって異なり，すべてを観測することは不可能であるが，これを確率的に変動するなど，いくつかの仮定と近似により通用されるものである。

効用確定項は次式で表される。
$$V = f(X, S) \quad (9.4)$$
ここで，V：効用確定項
X：選択肢特性変数
S：個人特性変数

ここで用いられる変数（X, S）に何を用いるかが，分析の精度及び政策評価への応用などに大きく関係する。一般的に変数としては，選択肢の持つ特性Xと個人の社会経済的属性Sが考えられる。交通機関選択の問題であれば，選択肢の持つ特性Xとは，例えば利用時間や費用等であり，また個人の社会経済的属性Sとは免許の有無，車の保有状況等がこれにあたる。

9.4 道路交通運用

(1) 交通渋滞のメカニズム

交通渋滞は交通量が道路の交通容量を超えたときに発生する。ここで交通量を水に，道路をパイプに例えると，流入する水の量が少ないときは水はパイプを流れるが，水の量が多くなるとパイプの容量をオーバーしてあふれ出す。これが道路交通では渋滞に相当する（図9・6）。

交通渋滞では，時間的な損失，燃料などエネルギーのロス，排気ガスなどによる環境の悪化，渋滞後尾への車の追突などによる交通事故の増加な

ど，社会的損失が発生し，その結果年間12兆円の損失があるともいわれている（国土交通省試算）。その他運転者のイライラなど心理面の影響も見のがせない。

交通渋滞は次のように分類される。

① 自然渋滞：最も多い渋滞で，交差点・トンネルなど交通容量が相対的に小さい地点を先頭に形成され，朝晩の交通量増加や休日の観光交通など交通需要の増加により発生する。

② 突発渋滞：事故・災害などで突発的に発生するもので，自然渋滞や工事渋滞と異なり時間や場所の予測が難しい。

③ 工事渋滞：水道，ガス等の占用物の工事や道路本体の工事により交通が規制され，工事現場での交通容量が減少することにより発生する渋滞である。時間，場所の特定，制御が可能である。

自然渋滞の原因は次のように分類される。

(a) 交通需要

都市内部及び周辺部では通勤，通学のため朝夕1日2回交通量のピークが発生し，ピーク交通が道路の交通容量をオーバーすると渋滞になる。観光地における観光交通も，休日に渋滞を発生させることがある。このほか花火などイベントでは終演とともに観客が一度に吐き出されてくるため，周辺の道路が交通容量を超え長時間の渋滞を発生することがある。

(b) 交通容量

交差点部，合流部，トンネル部，サグ部（縦断線形が下りから上りに変化する地点，図9・7），カーブ区間，織込み区間（車線変更する車が交差する区間，図9・8）などの道路構造で渋滞が発生することが多い。

(2) 交通渋滞対策

渋滞対策にもハードとソフトの対策がある。ハードの対策で効果的なものは道路拡幅，バイパス整備などによる交通容量の増加である。しかし道路整備には時間と費用を要するので，渋滞発生地点の部分的な改良が行われることが多い。ハード面の具体的な対策を次に示す。

(a) 交差点部の改良

交差点は，単路部に比べ交通容量が小さいので渋滞の原因となりやすい。交差点の渋滞対策を考える場合，着目している交差点だけでなく影響を与えると考えられる周囲の交差点の調査も必要である。方向別交通量や信号現示等を調査して交差点改良を検討する。

① 右左折レーンの設置：右左折車両が多い場合，右左折レーンを設置する。右折レーンの設置は幅が2.5m以上確保できなくても効果的なことが多い。

② チャンネリゼーション：区画線，導流島を設置して交通流を整流化し，円滑化する。

③ 多枝交差点の解消：5枝以上の交差点は信号現示が複雑で交通容量が低下する。このため，ある流入路を閉鎖して4枝交差点にするか，交差点内への流入を禁止して一方通行化し，4枝以下の交差点にする。

④ 交差角度の改良：道路が斜めに交差する交差点は面積が大きく，通過時間が長く信号のクリアランス時間が長いために交通容量

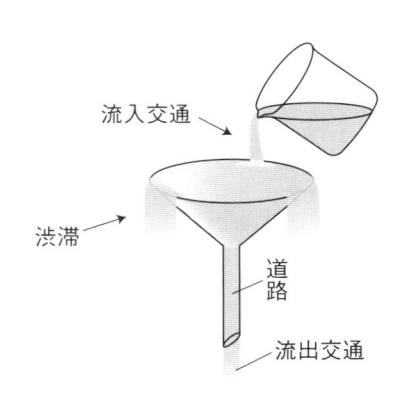

図9・6　渋滞の概念図

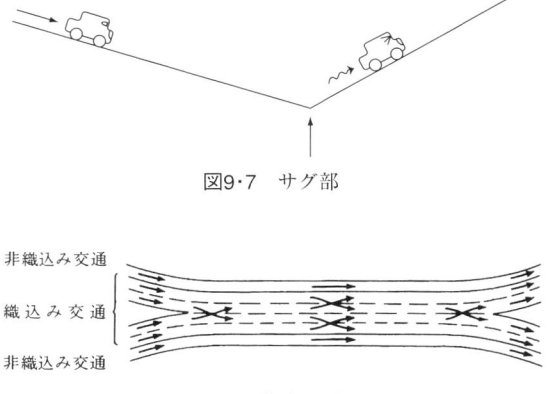

図9・7　サグ部

図9・8　織込み区間

が低下する。交差角を直角に近くに改良する。

⑤ 立体交差化：交差点の交通容量が小さく平面交差では渋滞解消が図れない場合は立体交差化を行う。ただし用地，工事費の問題から既成市街地では困難なことが多い。また，鉄道との交差箇所である踏切も立体化が検討されるが，この場合には道路と鉄道のどちらを改良する方がより効率的かにより，道路のみを立体にする単独立体と鉄道の連続立体の選択がある。

⑥ 信号機の改良：信号機の現示の再検討やインテリジェント化により，交通容量を上げる。

(b) 単路部の改良

交差点と比べ，単路部はあまり渋滞の原因にはならないが，容量が低下する区間ではいくつかの対策がある。例えば，上下3車線分の幅員のある路線では，時間によって交通量の多い方向に2車線を振り分けるリバーシブルレーンが活用されている。また，大型車の速度が低下する登り坂での登坂車線の設置，合流部の車線の増設，合流延長の延伸，線形改良，視距改良も有効である。

トンネル入口部が渋滞の先頭となる場合があるが，暗くて狭いトンネル内に入ることへの心理的な抵抗がアクセルを緩めるため，速度が低下するからである。これにはトンネル照明が関係しており，照明を明るくすることで渋滞が緩和できることもある。

(3) 交通需要マネジメント（TDM）

ハード面の対策は交通容量を増加させることであるが，ソフト面の対策は交通需要を減少させるものである。TDM（Transportation Demand Management）はソフト面の渋滞対策で，交通渋滞を緩和するため，道路利用者の時間の変更，経路の変更，利用手段の変更，自動車の効率的な利用などにより交通の需要量を調整する手法である。今までは交通の需要増加に合わせて道路整備を行ってきたが，道路整備に時間やコストがかかり，道路整備により新たな需要が発生して，いつまでたっても渋滞が解消されないことから提案されたものである。

特に都市部では，道路交通混雑が著しく，需要の増大に応じて道路整備を進めていくと都市空間が道路に占拠されてしまうジレンマが発生する。

主なTDM手法としては，以下のものがある

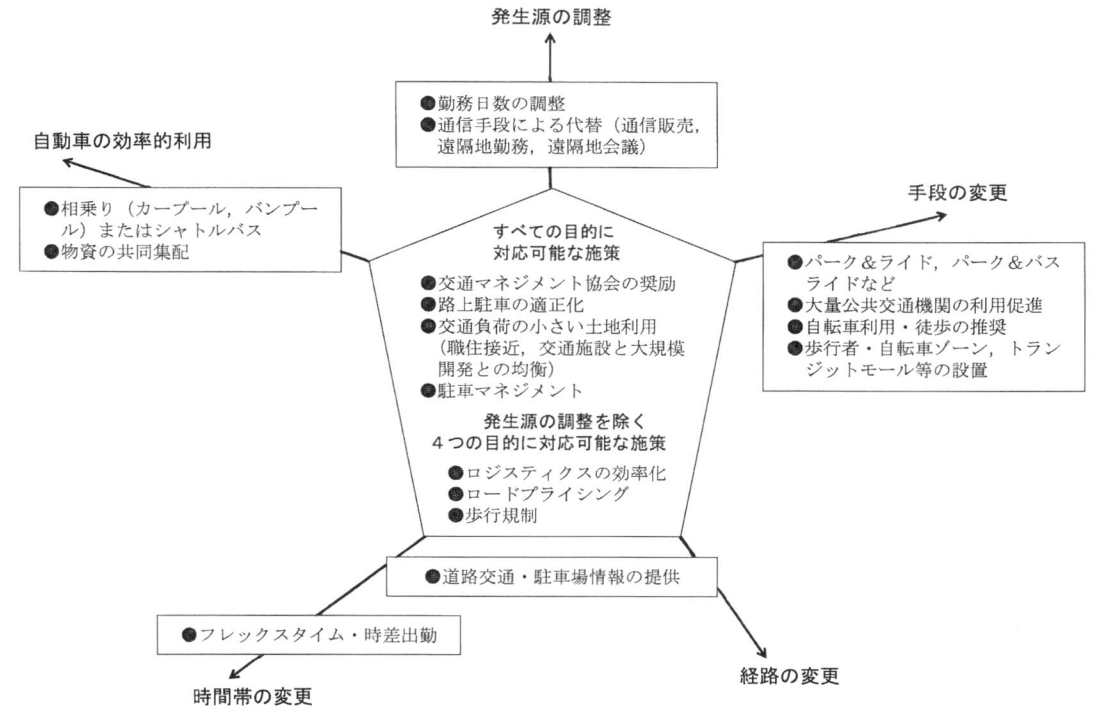

図9・9 TDMのねらいと主な手法[39]

（図9・9）。
① フレックスタイム・時差出勤：企業等の出勤・退社時間を変更し，通勤交通のピーク時間帯への集中を緩和する。
② 道路交通情報の提供：運転者に渋滞情報や駐車場の満空情報を提供することで，無駄な走行を抑制する。
③ パーク＆ライド，パーク＆バスライド：都市の郊外において，乗用車から鉄道，バスなどの大量公共交通機関へ乗り換え，自動車の交通量を減らす手法である。鉄道へ乗り換える場合をパーク＆ライド，バスへ乗り換える場合をパーク＆バスライドという。
④ 大量公共交通機関の利用促進：運行本数の増加，料金の値下げなどにより鉄道，バスなどの大量公共交通機関のサービスレベルの向上を図り，乗用車からの利用の転換を促進する手法である。
⑤ 自転車・徒歩の推奨：自転車道，歩道，駐輪場の整備を行い，自転車の利用，徒歩の推奨を図る手法である。
⑥ 相乗り（カープール，シャトルバス）：カープールは，相乗りによって乗用車1台当りの乗車人数を増やす手法であり，シャトルバスは，企業等が運行するバスによる相乗りである。海外には相乗り車の優先走行レーンもある。
⑦ 物資の共同集配：物流会社で個別に行われている物資の集配を，共同集配センターや共同集配用トラックの利用により，貨物車の積載率を高め，交通量減少を図る手法である。
⑧ ロジスティクスの効率化：物流拠点の整備，荷さばきスペースの確保，荷さばきの情報化を行い，貨物車の効率的運用を図る。
⑨ 通信手段による代替：直接出かけることなく，通信販売，遠隔地勤務，テレビ会議などの通信技術を活用して用件を満たし，交通の発生を抑制する。
⑩ ロードプライシング：混雑地域や混雑時間帯の道路利用に対して課金を行うことで，乗用車の利用を抑制し，公共交通機関へ転換させる手法である。ロンドンのロードプライシングは有名である。
⑪ 交通負荷の小さい土地利用：職住接近の都市計画や大規模開発と交通施設計画をセットで計画するなどして交通量の抑制を計画的に図るものである。

TDMは理念だけでは実現せず成功例もまだ少い。住民に理解を得て参加してもらうには，関係する公的機関，公共交通機関の事業者，道路利用者の連携と，長期的な取り組みが必要である。

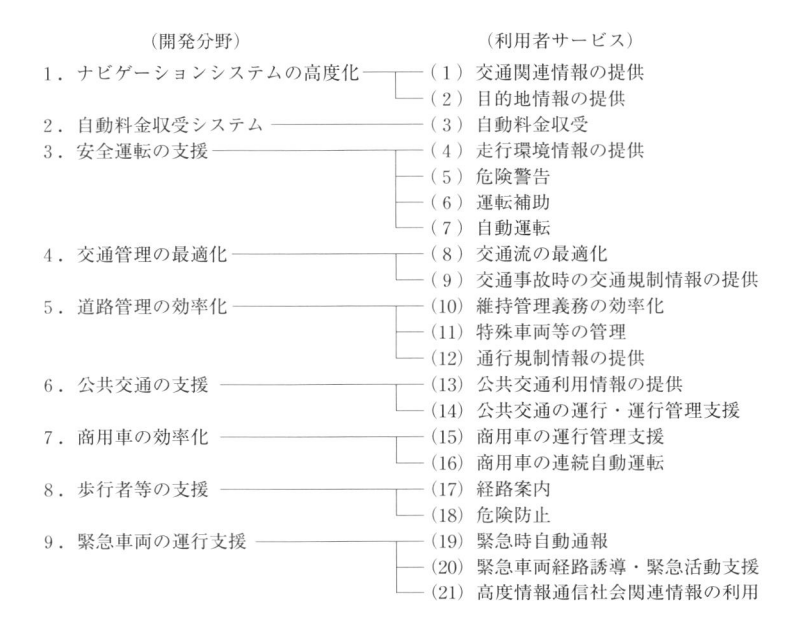

```
    （開発分野）              （利用者サービス）
1．ナビゲーションシステムの高度化 ─┬─（1）交通関連情報の提供
                                └─（2）目的地情報の提供
2．自動料金収受システム ──────────（3）自動料金収受
3．安全運転の支援 ─────────────┬─（4）走行環境情報の提供
                              ├─（5）危険警告
                              ├─（6）運転補助
                              └─（7）自動運転
4．交通管理の最適化 ──────────┬─（8）交通流の最適化
                            └─（9）交通事故時の交通規制情報の提供
5．道路管理の効率化 ──────────┬─（10）維持管理義務の効率化
                            ├─（11）特殊車両等の管理
                            └─（12）通行規制情報の提供
6．公共交通の支援 ────────────┬─（13）公共交通利用情報の提供
                            └─（14）公共交通の運行・運行管理支援
7．商用車の効率化 ────────────┬─（15）商用車の運行管理支援
                            └─（16）商用車の連続自動運転
8．歩行者等の支援 ────────────┬─（17）経路案内
                            └─（18）危険防止
9．緊急車両の運行支援 ─────────┬─（19）緊急時自動通報
                            ├─（20）緊急車両経路誘導・緊急活動支援
                            └─（21）高度情報通信社会関連情報の利用
```

図9・10　ITSの研究開発分野と利用者サービス

9.5 高度道路交通システム（ITS）

ITS（Intelligent Transport System）とは最先端の情報通信技術等の活用により，道路利用の安全性，効率性，快適性の向上を図るため，人と車と道路を一体のシステムとして構築するものである。

ITSの考え方は1970年代からあったが，当時のコンピュータは重く，大きくて自動車のトランクには収まり切れない代物で，性能も貧弱であったため思うような進展はなかった。わが国では，1973年の自動車総合管制システムによる経路誘導システム，80年代には，路車間情報システム，次世代道路交通システムなどの開発が進んでいった。開発当初はコンピュータもかさばり，通信技術も未発達であったが，1980年代以降の電気通信技術の急激な発展により現実のものとなった。近年急速に普及してきた，デジタル道路地図を用いたカーナビゲーションはITSの強力な推進力となっている。1996年には関係省庁（警察庁，通産省，運輸省，郵政省，建設省（いずれも当時））により「ITS推進に関する全体構想」が策定され，政府としてのITSの九つの研究開発分野と20の利用者サービス等が示された（図9・10）。ITSは海外でも我が国同様に国家プロジェクトとして研究開発，事業展開が進められている。

ITSは，情報提供による運転支援，運転補助，自動運転の段階を経て発展するものと考えられる。ITSの方式は，以下のものなどがある。

① 道路インフラが情報収集・提供をして車の運転支援をするもの
② 車にセンサーを搭載し，単体で情報収集して運転支援を行うもの

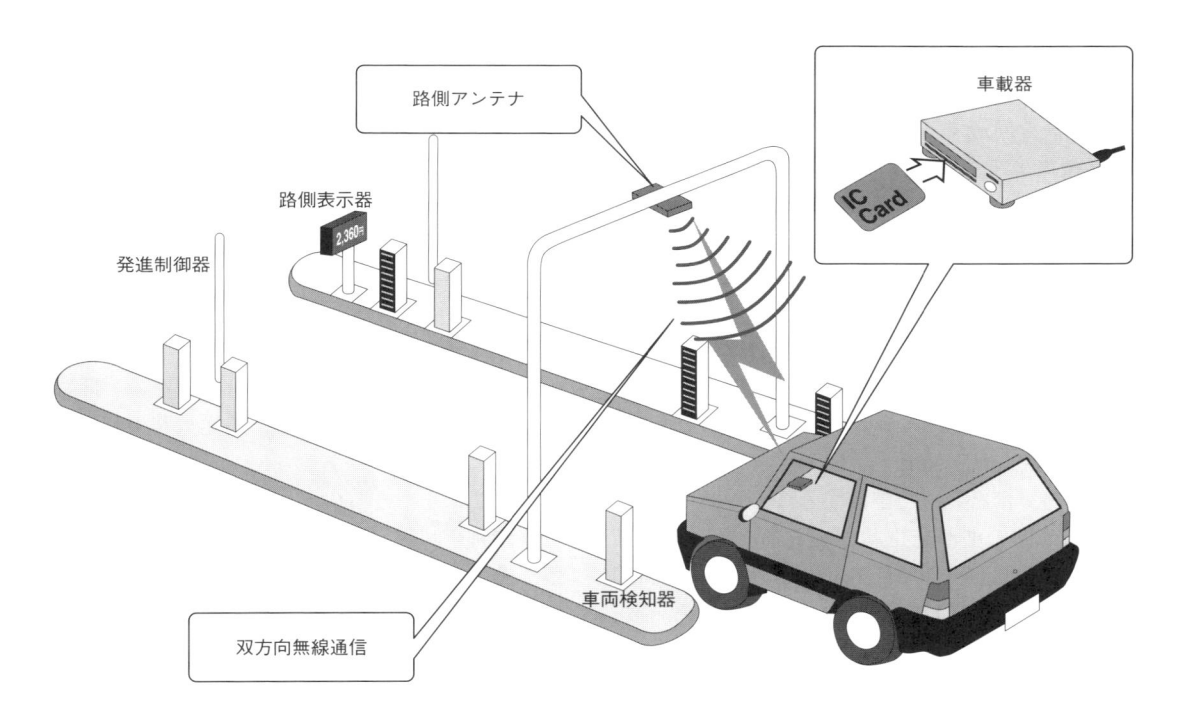

路側表示器	料金所を通過する車両に対して，車両通行時における通行の可否および料金等の文字情報を提供するための路側に設置される機器
発進制御器(チェックバー)	異常ETC車両および不正車両通行捕捉のため路側に設置される機器
車両検知器	料金所を通過する車両に対して，それぞれの路側機器の動作タイミングを取るため，車両の任意の位置への進入および退出を検知するための機器
路側アンテナ	料金所に進入した車両に搭載された車載機と無線による交信を行い，車両情報等の読みとりや経路情報等の書き込みを行うために，料金所の天井等に設置される機器
車載器	料金所に設置された料金所アンテナとの交信により自動的に料金収受や経路情報等の記録を行う車両に搭載される機器

図9・11　ETCの仕組み（国土交通省資料より）

③ 車同士直接にあるいは車から道路インフラを介して他の車に情報伝達し運転支援を行うもの

以下，ITSの主な応用について解説をする。

(1) 道路交通情報通信システム（VICS：Vehicle Information and Communication System）

VICSは，車載のナビゲーションシステムに渋滞情報，所要時間情報，工事・規制情報，駐車場情報等をリアルタイムで提供するシステムであり，1996（平成8）年4月に首都圏でサービスを開始した。提供する情報は，各都道府県警察や道路管理者の情報をリアルタイムで日本道路交通情報センターに集め，これに駐車場の満空情報等を加えて，VICSセンターで5分ごとの処理・編集を行っている。これらの情報は路側に設置された光ビーコン（一般道路），電波ビーコン（高速道路）やFM多重放送により車に発信される。

VICSでは渋滞個所，工事個所などを現地に行く前に知ることができるので，事前にルートを変更して渋滞を回避することが可能である。全国の高速道路及び主要都市でサービスが始まっており，VICSの搭載車は平成18年で1,600万台を超えており急速に普及が進んでいる。また，光ビーコンでは車との双方向通信が可能であり，車から光ビーコンへ情報を発信する（アップリンク）ことで車の移動時間を正確に把握でき，所要時間をより正確に表示することが可能となっている。

(2) 自動料金収受システム（ETC：Electronic Toll Collection System）

高速道路では料金所で渋滞することが多い。旧日本道路公団の渋滞発生状況をみると図9・12のように料金所部が渋滞時間の36％と最も頻度が高い。これは料金所入口で通行券を受領したり，出口で料金の支払いをするのに時間がかかるからである。この料金授受を自動化させたのがETCである。ETCは料金所において，通行車に装着した車載機器と料金所ゲートに設置した路側システムとの間で，車の通行や料金に関する情報を無線通信

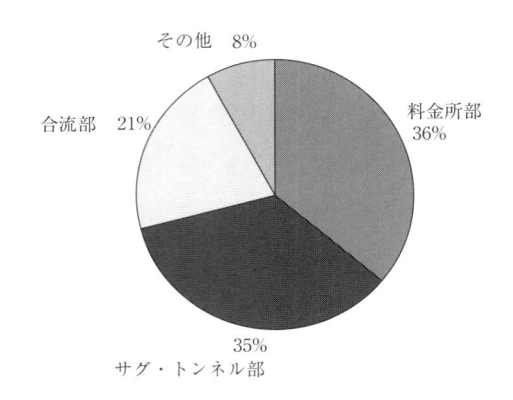

図9・12　高速道路における渋滞原因
（2002年国土交通省資料による）

により交信（使用周波数帯5.8GHz，伝送速度1Mbps）し，自動的に料金の収受をするシステムである（図9・11）。ETCにより有人料金所より約4倍交通容量が増加する。

ETCの目的は，料金所渋滞の解消，キャッシュレス化に対応した利用者サービスの向上，道路管理コストの低減であり，現在ではほとんどの高速道路，有料道路のインターチェンジでサービスが行われており，平成18年現在でセットアップされた車両は1,500万台を超えている。

高速道路では今まではトランペット型の広大な面積のインターチェンジが必要であったが，料金所がETCに換わるとダイアモンド型の簡易で面積の小さいインターチェンジが可能になる。低コストとなるため設置しやすく，高速道路の利用を促進することが可能である。ETCは料金設定を自由に行うことができるので，混雑時には料金を高くし流入料を制限するロードプライシングや，環境基準を満たすために通行料金の設定で沿道に人家のない路線に交通を誘導する，環境ロードプライシングなど多様な交通管理が可能になる。ETCはその機能を用いて駐車場の料金支払いや，ファーストフード店のドライブスルーの料金などの支払いにも利用可能である。

第10章

地域環境計画

10.1 地域環境に関する法体系

(1) 公害問題から環境問題

明治維新によって，わが国は急速に欧米化の道をたどり，工業化の進展に伴って，各地域で公害問題が発生した．歴史的な公害問題としては，足尾銅山（現在の栃木県日光市）の鉱毒公害がある．足尾銅山は1610(慶長15)年に開山したといわれており，明治に入ってから銅の生産量がわが国最大の鉱山となった．しかし，1896(明治29)年の渡良瀬川の大洪水により鉱毒被害が大きな社会問題となった．

表10・1 戦後の主な公害・環境問題

	年	公害・環境問題	年	日常生活の変化
高度経済成長期	1955	イタイイタイ病（神通川流域）発生	1953	テレビ放送開始
	1956	水俣病発生	1983	インスタント食品の登場
	1960	四日市公害深刻化（ぜんそく等）		
	1962	1週間のスモッグ発生（東京）	1962	首都高速開通（マイカー元年）
	1965	新潟水俣病発生（阿賀野川流域）	1962	全国総合開発計画
	1967	公害対策基本法の成立	1964	東京オリンピック
	1967	新潟水俣病訴訟，四日市公害訴訟	1964	東海道新幹線開通
	1970	光化学スモッグ被害東京で頻発，ばいじん，SOx大気汚染発生	1965	名神高速道路全線開通
	1970	第64回国会（公害国会）で14の公害関連法案可決	1970	大阪万国博覧会開催
	1971	環境庁発足		
	1972	国連人間環境会議が人間環境宣言，国連環境計画設立	1972	日本列島改造論発表
安定成長期			1973	第四次中東戦争：第一次石油危機
	1974	フロンによるオゾン層破壊の可能性指摘	1974	コンビニエンスストア第1号店開店
	1978	西淀川市「都市型複合汚染」訴訟	1975	山陽新幹線（岡山－博多）開業
	1979	省エネルギー法公布	1979	第二次石油危機発生
			1982	ペットボトル登場
地球環境問題の顕在化	1985	オゾン層保護のためのウィーン条約採択	1982	東北，上越新幹線開通
	1986	チェルノブイリ原発事故発生		
	1987	モントリオール議定書採択	1987	携帯電話サービス開始
	1988	気候変動に関する政府間パネル（IPCC）設立	1988	青函トンネル開通，瀬戸大橋完成
	1989	バルディーズ号油流出事故	1989	消費税(3%)導入
	1992	地球サミット開催	1989	日本でインターネット運用開始
	1992	バーゼル条約発効		
	1992	生物多様性条約採択		
	1993	環境基本法公布	1993	コンビニエンスストアが4万店を突破
	1995	容器包装リサイクル法公布		
	1996	ISO14001制定・発行		
	1997	京都議定書を採択（COP3）		
	1997	ナホトカ号重油流出事故	1997	消費税率5%に引き上げ
	1998	家電リサイクル法公布		
	1998	地球温暖化対策推進法公布	1998	GNP世界2位に
	2000	建設リサイクル法公布	2000	世界人口60億人突破
	2000	グリーン購入法公布		
	2000	循環型社会形成推進基本法公布		
	2000	食品リサイクル法公布		
	2002	自動車リサイクル法公布		
	2002	京都議定書を批准		

表10・2　公害の種類と概要

典型7公害	大気汚染	排煙，煤塵，有毒ガス，自動車の排気ガス
		粉塵（アスファルト粉塵を含む），煤塵，農薬の空中散布などの苦情
	水質汚濁	河川・湖沼の汚濁（汚水の流出，油分の浮流，土砂の混入等），海洋汚染
		地下水汚染，農業用水汚染，汚泥の河口堆積，配管の損壊による水道水汚濁
		魚類の斃死などに対する苦情
	土壌汚染	有害物質の埋め棄て，農薬・鉱滓の流出などに対する苦情
	騒音	機械・工具の作動音，モーター音，自動車の吸排気・走行音，警笛，ジェット機の爆音
		犬の咆哮，カラオケ，拡声器音，人の話し声・喚声，建設作業音，ボイラー音
		共同住宅の隣接室からの排水音などに対する苦情
	振動	地響き，ガラス音・建具のがたつき，電灯のゆれ，戸・窓の開閉支障，窓ガラスのひび割れ
		建物・設備等の損傷などに対する苦情
	地盤沈下	建物・設備等の損傷及び家屋の傾斜，道路の陥没などに対する苦情
	悪臭	浄化槽・下水からの汚臭，堆肥・有機肥料の臭気・腐敗臭，調理に伴う異臭
		焼却臭，揮発臭，刺激臭，汚物臭などに対する苦情
典型7公害以外	日照	高層ビル，マンションなどによる日影又は日照不足に対する苦情
	通風障害	高層建築物などによる風圧，遮蔽物のための通風妨害に対する苦情
	光害	建築物の壁面からの反射，深夜の照明など光や照明に対する苦情
	電波障害	ラジオ，テレビなどの受信妨害，違法電波などに対する苦情
	土砂の散乱	トラック等で運搬する土砂が道路上へ散乱することに対する苦情
	土砂の流出	堆積した土砂や残土の近隣地や道路への流出などに対する苦情
	不法投棄	廃棄物の不法投棄に関する苦情
	糞・尿の害	畜産農業，野鳥など広範囲に及ぶ動物の糞・尿に対する苦情
	害虫等の発生	堆肥及び雑草の繁茂による蚊，はえ，毛虫などの害虫や蟻，ゴキブリ，ヤスデなどのいわゆる不快昆虫の大量発生に対する苦情
	火災の危険	雑草の繁茂による火災発生の危険性に対する苦情
	動物の死骸放置	犬，猫等の轢死体等動物の死骸放置に対する苦情
	その他	典型7公害以外の苦情のうち，汚水の流出，洗車場の汚水散布，雑草等の花粉の浮遊，雑草等による交通視野妨害などいずれにも該当しない苦情

　昭和時代に入ると，産業発展による工場労働者の環境衛生上の観点から，また周辺住民に対する工場公害問題として，公害が扱われるようになった。

　昭和30年代後半から40年代においては，生産活動の拡大により，わが国の経済は高度成長を遂げたが，それは主に重化学工業によってもたらされたものであり，結果的には汚染物質の排出量の増大を招く結果となった。また交通面では，昭和30年代以降，自動車の保有台数が急速に増加し，特に人口や産業が集中している大都市部においては顕著であった。このような社会・経済状況の中，公害による被害が全国的な広がりをみせ，いわゆる四大公害病（水俣病，新潟水俣病，イタイイタイ病，四日市ぜんそく）の発生や，自動車の増加による大気汚染や騒音・振動などの生活環境の悪化は大きな社会問題となった。さらに，都市化の進行，ゴルフ場の造成，工業団地や住宅団地の造成による自然破壊が全国的に広がった。高度経済成長期には各地域で多くの公害問題が発生した（表10・1）。そのため，1967（昭和42）年に，「公害対策基本法」が制定された。この場合の公害とは，大気汚染，水質汚濁，土壌汚染，騒音，振動，地盤沈下，悪臭，の典型7公害と呼ばれるものである。その後の社会情勢の変化に伴い，新たに日照，光害，不法投棄，などが加わった（表10・2）。

　昭和50年代は，高度経済成長期から安定成長期へと移行し，エネルギー消費型産業から加工型・サービス型産業へと産業構造の変化が起こった。他方，国民の生活面では，個人所得の増加により家電製品や自動車の普及によるエネルギー使用量の増加，包装容器や食品廃棄物の増加，生活排水による水質汚濁等，通常の事業活動や日常生活に伴う環境負荷が増大し，都市・生活型公害が発生した。

　昭和60年代以降は，経済活動のグローバル化が進み，生産拠点の国外流出，バブル期における個人消費の拡大，大量生産・大量消費・大量廃棄型の社会経済システムが地球規模で拡大した。その結果，地球温暖化問題や酸性雨などの地球環境問題が顕在化してきた。

(2) 環境分野における法体系と環境基準

　表10・3は，環境分野における主な法律の体系を整理したものである。環境一般に関する法律としては，「環境基本法」がある。環境基本法の目的には，「環境の保全について，基本理念を定め，

表10・3　環境分野の法律体系

環境分野	法律の名称	公布年
環境一般	環境基本法	平成5年
地球環境	地球温暖化対策の推進に関する法律	平成10年
	特定物質の規制等によるオゾン層の保護に関する法律	昭和63年
大気保全	大気汚染防止法	昭和43年
水質保全	水質汚濁防止法	昭和45年
	浄化槽法	昭和58年
	湖沼水質保全特別措置法	昭和59年
土壌・農薬	土壌汚染対策法	平成14年
	農用地の土壌の汚染防止等に関する法律	昭和45年
	農薬取締法	昭和23年
騒音	騒音規制法	昭和43年
振動	振動規制法	昭和51年
地盤沈下	工業用水法	昭和31年
	建築物用地下水の採取の規制に関する法律	昭和37年
悪臭	悪臭防止法	昭和46年
廃棄物・リサイクル	循環型社会基本法（循環型社会形成推進基本法）	平成12年
	廃棄物処理法（廃棄物の処理及び清掃に関する法律）	昭和45年
	資源有効利用促進法（資源の有効な利用の促進に関する法律）	平成3年
	包装容器リサイクル法（包装容器に係る分別収集及び再商品化の促進等に関する法律）	平成7年
	自動車リサイクル法（使用済自動車の再資源化等に関する法律）	平成14年
	建設リサイクル法（建設工事に係る資材の再資源化等に関する法律）	平成11年
	食品リサイクル法（食品循環資源の再生利用等の促進に関する法律）	平成12年
	家電リサイクル法（特定家庭用機器再商品化法）	平成10年
自然保護	自然環境保全法	昭和47年
	自然公園法	昭和32年
	鳥獣の保護及び狩猟の適正化に関する法律	平成14年
	絶滅のおそれのある野生動植物の種の保存に関する法律	平成4年
	自然再生推進法	平成14年
環境評価	環境影響評価法	平成9年

（注意）公布年は，当該法律の最初の公布年であり，その後改正されたものもある。

並びに国，地方公共団体，事業者及び国民の責務を明らかにするとともに，環境の保全に関する施策の基本となる事項を定めることにより，環境の保全に関する施策を総合的かつ計画的に推進し，現在及び将来の国民の健康で文化的な生活の確保に寄与するとともに人類の福祉に貢献することを目的とする」とある（1993年公布・施行）。

典型7公害に関する法律としては，「水質汚濁防止法」「土壌汚染対策法」「騒音規制法」「振動規制法」「建築物用地下水の採取の規制に関する法律」「悪臭防止法」などがある。また，循環型社会の形成に向けた法体系としては，「循環型社会基本法」（2001年）を筆頭に，関連する法律として，廃棄物処理法（1970年）があり，個別物品の特性に応じて，「包装容器リサイクル法」「家電リサイクル法」「建設リサイクル法」「食品リサイクル法」「自動車リサイクル法」がある。

さらに自然保護に関する法律としては，「自然環境保全法」「自然公園法」「自然再生推進法」などがあり，環境評価としては，「環境影響評価法」がある。

表10・4は，環境基本法の下での環境政策の体系を整理したものであり，環境基本計画に基づいて，大気・水質・土壌・騒音などに係る環境基準が設定されている。国が講じる環境保全施策としては，各種の規制，環境影響評価の実施，経済的措置，情報提供や調査研究活動などがある。地球環境保全等に関する国際協力としては，国際機関を通じた各種観測結果の相互交換や環境ODAの実施などがある。

(a) 大気汚染

大気汚染の発生源としては，固定発生源と移動発生源がある。前者は，工場や火力発電所などが発生源となるものであり，主な汚染物質としては，二酸化硫黄（SO_2），二酸化窒素（NO_2），一酸化炭素（CO），および浮遊粒子状物質などがある。移動発生源は，自動車が走行するときに発生する排出ガスであり，主な物質としては，一酸化炭素（CO），鉛塩化物，炭化水素（HC），窒素化合物（NO_x），および浮遊粒子状物質などがある。こ

れらの汚染物質が大気中に増大することにより、呼吸器系疾患を生じる。京浜工業地帯で発生した川崎ぜん息や四日市工業地帯で発生した四日市ぜん息などがそうである。

大気汚染物質は人の健康に影響を及ぼすため、環境基本法により環境基準が定められている（表10・5）。環境基準は長期的な目標であるとともに、総合的な公害対策を行う目標であることから、行政上は大気汚染防止法によって工場や自動車などの排出規制が行われるとともに、都市計画上の規制配慮が行われる。

(b) 水質汚濁

河川や湖沼、海域などの水域を公共用水域といい、上水道用水や工業用水、農業用水の水源として用いられている。また、魚介類の生育の場や各種のレクリエーションの場としても重要なものである。このような公共用水域は、産業排水や生活排水などが流れ込む場ともなっており、公共用水域が本来有する自然浄化能力の限界を超えると水質が汚染される。これを水質汚濁という。

表10・4 環境基本法の下での環境政策の体系

	環境基本法	
	環境基本計画	
	環境基準	大気、水質、土壌及び騒音に係る環境基準
	公害防止計画	34地域について公害防止計画策定
国が講じる環境保全のための施策等	国の施策の策定等に当たっての配慮	各種計画策定に当たっての環境配慮等
	環境影響評価	環境影響評価等
	規制	公害防止のための排出等の規制
		公害防止のための土地利用・施設配置規制
		自然環境保全のための開発行為等の規制
		野生生物等の自然物の保護のための規制
		公害及び自然環境の両分野に係る規制等
	経済的措置	政府系金融機関の貸付事業、税制優遇措置等
	施設の整備その他の事業	各種公共的施設の整備、その他の事業の推進
	製品等の利用促進	グリーン購入法、エコマーク事業等
	教育・学習等	資料提供、施設整備、人材確保等
	民間団体等の自発的活動の促進	地球環境基金による助成等
	情報提供	環境監視データの公表、各種事例等の紹介
	調査	公害調査費等による調査
	監視等の体制整備	公害監視等設備整備費補助等
	科学技術の振興	国立環境研究所における試験研究等
	紛争の処理及び被害の救済	公害紛争処理法等
国際協力等に係る地球環境保全等	地球環境保全等に関する国際協力等	環境ODAの実施、国際機関との連携等
	監視、観測等に係る国際的連携等	国際機関を通じた観測結果の相互交換等
	地方公共団体・民間団体等の活動促進	情報提供、資金の確保等
	国際協力の実施等に当たっての配慮	国際協力事業団の環境配慮ガイドライン等
費用負担及び財政措置等	原因者負担	公害防止事業費事業者負担法等
	受益者負担	自然環境保全法、自然公園法等
	地方公共団体に対する財政措置等	公害の防止に関する事業に係る国の財政上の特別措置に関する法律等
	国及び地方公共団体の協力	

表10・5 大気汚染の環境基準

物質	二酸化硫黄	一酸化炭素	浮遊粒子状物質	光化学オキシダント
環境上の条件	1時間値の1日平均値が0.04ppm以下であり、かつ、1時間値が0.1ppm以下であること	平均値が10ppm以下であり、かつ、1時間値の8時間平均値が20ppm以下であること	一時間値の1日平均値が0.10mg/m3以下であり、かつ、1時間値が0.20mg/m³以下であること	1時間値が0.06ppm以下であること
測定方法	溶液導電率法又は紫外線蛍光法	非分散型赤外分析計を用いる方法	濾過捕集による重量濃度測定方法又はこの方法によって測定された重量濃度と直線的な関係を有する量が得られる光散乱法、圧電天びん法若しくはベータ線吸収法	中性ヨウ化カリウム溶液を用いる吸光光度法若しくは電量法、紫外線吸収法又はエチレンを用いる化学発光法

河川や湖沼の水質が汚濁されると，水道水の水質上の負荷が増大し，要求される水質浄化が困難となり，また農業用の灌漑用水として用いた場合，農作物の生育阻害だけではなく，食品汚染から健康被害の危険性もでてくることになる。海域が汚染された場合は，漁場への影響や魚介類のへい死による悪臭の発生やレクリエーションとしての場の喪失なども発生する。

以上のような水質汚濁を防止するために，環境基本法に基づいて水質の環境基準が定められている。水質の環境基準には，健康項目と生活環境項目がある。健康項目とは人の健康に被害を生じる恐れのある物質であり，カドミウム，全シアン，鉛など26項目の物質が指定されている（表10・6）。これらの健康項目は公共用水域の全体で一律に定められているが，生活環境項目は，公共用水域の河川・湖沼・海域の別に利用目的などに応じた環境基準が定められている。

(c) 土壌汚染

土壌に負荷された多くの物質は，一般の場合は土壌中に残留することはない。しかし，重金属などの一部の汚染物質は土壌中の小動物や微生物などにより分解されることなく，土壌中に残留することがある。これらの有害な汚染物質により土壌が汚染されることを土壌汚染という。有害な汚染物質としては，工場跡地とか周辺で埋め立てられた鉱滓などが原因となることが多い。また，都市化・工業化の進んだ地域では，大気中の汚染物質である重金属や有害な有機化合物などが降下して土壌に蓄積することもある。土壌に残留蓄積した汚染物質を吸収した農産物を食することによる健康被害や，汚染物質の飛散による健康への危険性もある。また飛散して大気中に浮遊した汚染物質が降雨とともに流出して周辺の水質を汚染することもある。

土壌汚染の環境基準は，表10・7に示すとおりであるが，その内容は水質汚濁の環境基準とほぼ同様な基準となっている。土壌汚染は，事業活動によって排出された廃棄物である重金属などの有害物質によるものであり，汚染された水や空気を

表10・6　水質汚濁の環境基準（人の健康の保護に関する環境基準）

項　目	基準値	項　目	基準値
カドミウム	0.01g/ℓ 以下	1, 1, 1-トリクロロエチレン	1mg/ℓ 以下
全シアン	検出されないこと	1, 1, 2-トリクロロエチレン	0.006mg/ℓ 以下
鉛	0.01mg/ℓ 以下	トリクロロエチレン	0.03mg/ℓ 以下
六価クロム	0.05mg/ℓ 以下	テトラクロロエチレン	0.01mg/ℓ 以下
ヒ素	0.01mg/ℓ 以下	1, 3-ジクロロプロペン	0.002mg/ℓ 以下
総水銀	0.0005mg/ℓ 以下	チウラム	0.006mg/ℓ 以下
アルキル水銀	検出されないこと	シマジン	0.003mg/ℓ 以下
PCB	検出されないこと	チオベンカルブ	0.02mg/ℓ 以下
ジクロロメタン	0.02mg/ℓ 以下	ベンゼン	0.01mg/ℓ 以下
四塩化炭素	0.002mg/ℓ 以下	セレン	0.01mg/ℓ 以下
1, 2-ジクロロエタン	.0004mg/ℓ 以下	硝酸性窒素及び亜硝酸性窒素	10mg/ℓ 以下
1, 1-ジクロロエチレン	0.02mg/ℓ 以下	フッ素	0.8mg/ℓ 以下
シス-1, 2-ジクロロエチレン	0.04mg/ℓ 以下	ホウ素	1mg/ℓ 以下

表10・7　土壌汚濁の環境基準

項　目	基準値	項　目	基準値
カドミウム	0.01g/ℓ 以下	シス-1, 2-ジクロロエチレン	0.04mg/ℓ 以下
全シアン	検出されないこと	1, 1, 1-トリクロロエチレン	1mg/l 以下
有機燐	検出されないこと	1, 1, 2-トリクロロエチレン	0.006mg/ℓ 以下
鉛	0.01mg/ℓ 以下	トリクロロエチレン	0.03mg/ℓ 以下
六価クロム	0.05mg/ℓ 以下	テトラクロロエチレン	0.01mg/ℓ 以下
ヒ素	0.01mg/ℓ 以下	1, 3-ジクロロプロペン	0.002mg/ℓ 以下
総水銀	0.0005mg/ℓ 以下	チウラム	0.006mg/ℓ 以下
アルキル水銀	検出されないこと	シマジン	0.003mg/ℓ 以下
PCB	検出されないこと	チオベンカルブ	0.02mg/ℓ 以下
銅	125mg/kg	ベンゼン	0.01mg/ℓ 以下
ジクロロメタン	0.02mg/ℓ 以下	セレン	0.01mg/ℓ 以下
四塩化炭素	0.002mg/ℓ 以下	フッ素	0.8mg/ℓ 以下
1, 2-ジクロロエタン	.0004mg/ℓ 以下	ホウ素	1mg/ℓ 以下
1, 1-ジクロロエチレン	0.02mg/ℓ 以下		

媒体とする二次汚染である。したがって，未然の防止はもちろんのこと，一度汚染されたならば汚染土壌の除去，置換といった対策が必要となる。

(d) 騒音

騒音は地域騒音と道路交通騒音とに分けることができる。地域騒音は，工場や事業所などを発生源とする騒音やピアノ，クーラーなどの近隣騒音など発生源は多種多様である。特定工場の騒音に関しては，騒音規制法により特に規制を必要とする地域を指定し，環境基準の範囲内で規制基準と時間を定めることができる（表10·8）。その地域内にある特定工場等では届出義務があるとともに，規制された基準と時間を守る義務がある。特定の建設作業に伴って発生する騒音についても，都道府県知事が地域を指定し，特定作業の種類と時間によって，作業場所の敷地境界線における騒音の大きさを85dB以下に規制することができる。

道路交通騒音は，エンジン，吸排気系，駆動系，タイヤ系などから発生する自動車騒音と，交通量，運行車種，走行速度，道路構造などが原因となる道路騒音とが複雑に絡み合って伝搬するものである。道路騒音に対する環境基準は表10·9のとおりである。対策としては，発生源対策と周辺対策がある。前者は，低騒音車両の開発，交通管制システムや交通信号の系統化による発信停止回数の削減，自動車交通量削減のための公共交通の利用促進対策などがある。後者の対策としては，遮音壁や幹線道路における緩衝緑地帯の設置，吸音効果の高い舗装材の開発などがある。

10.2 環境影響評価法による環境保全

全国初の「環境影響評価に関する条例」が1976（昭和51）年に川崎市で公布され，その後，国や地方自治体においても「環境影響評価」に関する条例や実施要項が策定された。1993（平成5）年に制定された環境基本法では，環境影響評価（環境アセスメント）を法的に位置づけし，そして，1997（平成9）年に環境影響評価法が制定された。環境影響評価法では，下記のように具体的な手続きが規定されている（図10·1）。

① 環境影響評価の対象事業には，第一種事業と第二種事業がある。第一種事業とは，規模が大きく環境に著しい影響を及ぼす恐れがあり，かつ，国が実施し，または許認可等を行う事業であり，必ず環境アセスメントを実施する事業である。第二種事業とは，第一種事業に準じる規模を有する事業であり，個別の事業や地域の違いを踏まえ，環境アセスメントの必要性を個別に判定するスクリーニング手続きを行うものである。なお，第二種事業では，その事業規模が小さい場合でも事業の内容や地域の事情により環境アセスメントを行う必要がある場合もある（表10·10）。

② 事業者は，対象事業に係る環境アセスメントの項目ならびに調査・予測および評価の

表10·8 特定工場等騒音に係る環境基準

	昼間	朝・夕	夜間
第一種区域	45dB以上 50dB以下	40dB以上 45dB以下	40dB以上 45dB以下
第二種区域	50dB以上 60dB以下	45dB以上 50dB以下	40dB以上 50dB以下
第三種区域	60dB以上 65dB以下	55dB以上 65dB以下	50dB以上 55dB以下
第四種区域	65dB以上 70dB以下	60dB以上 70dB以下	55dB以上 65dB以下

第一種区域：良好な住居の環境を保全するため，特に静穏の保持を必要とする区域
第二種区域：住居の用に供されているため，静穏の保持を必要とする区域
第三種区域：住居の用ににあわせて商業，工業等の用に供されている区域であって，その区域内の住民の生活環境を保全するため騒音の発生を防止する必要がある区域
第四種区域：主として工業等の用に供されている区域であって，その区域内の住民の生活環境を悪化させないため，著しい騒音の発生を防止する必要がある区域

表10·9 道路騒音の環境基準

地域の類型		基準値	
		昼間 (6時から22時)	夜間 (22時～翌6時)
	AA	50dB以下	40dB以下
	A及びB	55dB以下	45dB以下
	C	60dB以下	50dB以下
地域の区分	A地域のうち2車線以上の道路に面する地域	60dB以下	55dB以下
	B地域のうち2車線以上の道路に面する地域，及びC地域のうち斜線を有する道路に面する地域	65dB以下	60dB以下
	幹線交通を担う道路に近接する空間の特例	70dB以下	65dB以下

AA：療養施設・社会福祉施設等が集合して設置され特に静穏を要する地域
A：専ら居住の用に供される地域
B：主として居住の用に供される地域
C：相当数の住居と併せて商業・工業の用に供される地域

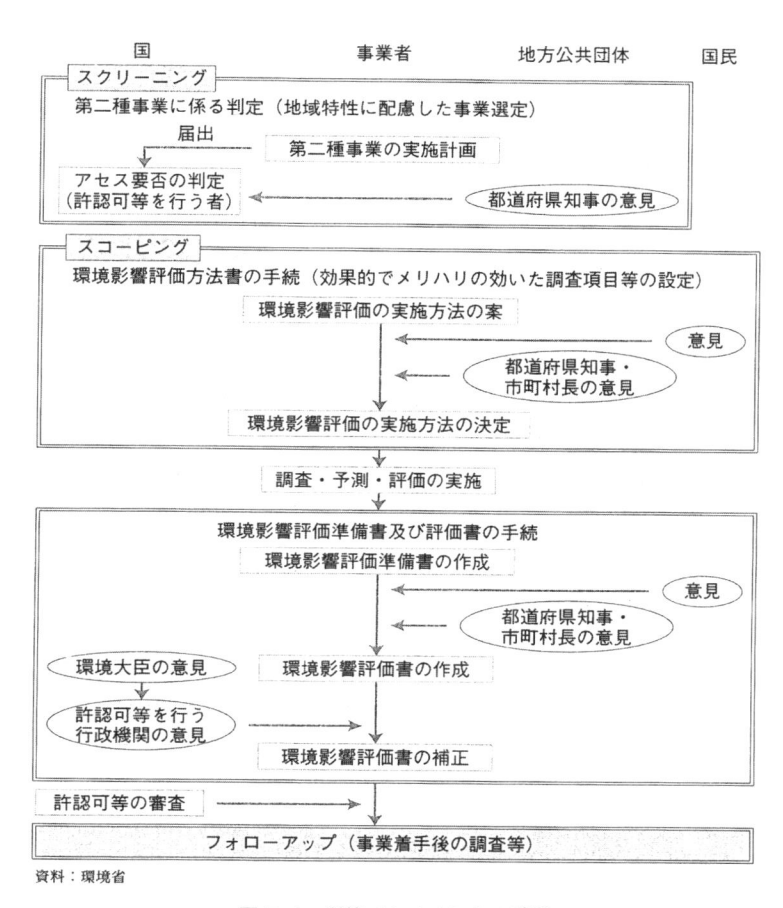

図10·1 環境アセスメントの手順

手法などについて，環境影響評価方法書（方法書）を作成し，事業の環境影響を受けると認められる都道府県知事および市町村長に送付する。これは環境保全の見地から意見を有する者の意見を聴取するもので，早い段階からアセスメント手続きが開始されるように，調査の方法について意見を求めるスコーピング手続きを行うものである。なお，方法書には次の事項を記入しなければならない。「事業者の氏名および住所」「対象事業の目的および内容」「対象事業が実施されるべき区域およびその周囲の概況」「対象事業に係わる環境影響評価の項目ならびに調査・予測および評価の方法」。

③ 事業者は，都道府県知事や環境保全の見地から意見を有する者の意見を踏まえ，対象事業に係る環境アセスメントの項目ならびに調査・予測および評価の手法を選定し，これに基づいて環境アセスメントを実施する。

④ 事業者は，環境影響評価準備書（準備書）を作成し，関係地域を管轄する都道府県知事および市町村長に送付する。さらに，事業者は，公告・閲覧や説明会の開催を行って，環境保全の見地からの意見を有する者の意見を聴取する。都道府県知事は，市町村長の意見を聴いたうえで，事業者に対して環境保全上の意見を提出する。準備書の記載事項としては，環境保全対策の検討経過，事業着手後の調査も加える。また必要に応じて代替案の検討および事後のモニタリングが実施される。なお，準備書には次の事項を記載しなければならない。「事業者の氏名および住所」「対象事業の目的および内容」「対象事業が実施されるべき区域およびその周囲の概況」「方法書についての意見と事業者の見解」「環境影響評価の項目並びに調査，予測および評価の方法」「環境影響

表10·10 環境アセスメント法の対象事業一覧

	第一種事業 (必ず環境アセスメントを実施)	第二種事業 (スクリーニング対象事業)
1 道路		
高速自動車道	すべて	−
首都高速道路など	4車線以上のもの	−
一般国道	4車線：10km以上	4車線以上：7.5km～10km
大規模林道	2車線：20km以上	2車線　　：15km～20km
2 河川		
ダム，堰	湛水面積：100ha以上	湛水面積：75ha～100ha
放水路，湖沼開発	土地改良面積：100ha以上	土地改良面積：75ha～100ha
3 鉄道		
新幹線	すべて	
鉄道，軌道	長さ：10km以上	長さ：7.5km～10km
4 飛行場	滑走路長：2500m以上	滑走路長：1875m～2500m
5 発電所		
水力発電所	出力：3万kw以上	出力：2.25万kw～3万kw
火力発電所	出力：15万kw以上	出力：11.25kw～15万kw
地熱発電所	出力：1万kw以上	出力：7500kw～1万kw
原子力発電所	すべて	
6 廃棄物最終処分場	面積：30ha以上	面積：25ha～30ha
7 埋め立て，干拓	面積：50ha以上	面積：40ha～50ha
8 土地区画整理事業	面積：100ha以上	面積：75ha～100ha
9 新住宅市街地開発事業	面積：100ha以上	面積：75ha～100ha
10 工業団地造成事業	面積：100ha以上	面積：75ha～100ha
11 新都市基盤整備事業	面積：100ha以上	面積：75ha～100ha
12 流通業務団地造成事業	面積：100ha以上	面積：75ha～100ha
13 宅地の造成事業（「宅地」には，住宅地，工業用地も含まれる）		
環境事業団	面積：100ha以上	面積：75ha～100ha
住宅・都市整備公団	面積：100ha以上	面積：75ha～100ha
地域振興整備公団	面積：100ha以上	面積：75ha～100ha
○港湾計画（＊）	埋立・掘込み面積の合計：300ha以上	

（＊）港湾計画については，港湾環境アセスメントの対象となる。

評価の結果」「環境影響評価を委託した場合には，その者の氏名および住所」。

⑤ 事業者は，環境影響評価書を作成して，許認可権者へ送付する。環境影響評価書について，環境大臣は必要に応じて許認可等権者に対して，環境の保全上の意見を提出する。許認可等権者は，当該意見を踏まえて，事業者に環境保全上の意見を提出する。事業者は環境大臣の意見や許認可等権者の意見を受けて，環境影響評価書を再検討し，必要に応じて追加調査などを行ったうえで環境影響評価書を補正する。

⑥ 事業者は，最終的な環境影響評価書を1カ月の公告・縦覧に付する。

⑦ 事業者は，環境影響評価書の公告を行うまでは対象事業を実施できない。

⑧ 事業者は，環境影響評価書の公告後，環境の状況の変化その他の特別な事情により必要があると認めたときは，環境影響評価手続きの再実施を行う。

⑨ 許認可等権者は，対象事業の許認可等の審査にあたり，環境影響評価書および環境影響評価書に対して述べた意見に基づき，対象事業が環境の保全について適正な配慮がなされるものであるかどうかを審査し，許認可等を拒否したり，条件を付けることができる。

⑩ 事業者は，環境影響評価書に記載されているところにより，環境保全について適正な配慮をして事業を実施することが義務付けられる。

環境アセスメントを実施することにより，得られる意義は以下のとおりである。

① 開発行為による環境破壊を事前にチェックすることにより，対策を早くから講じて防止することができる。

② 開発行為を行う側と地域住民との公害紛争を避けて，事前に調整を行うことができる。このときに望ましい代替案についても検討することができる。

③ 従来の都市計画における土地利用計画を，環境保全の見地から見直すとともに，都市的文化を保全し，自然環境をも保全することができる。

10.3 地域の環境対策

(1) 都市の環境対策

都市の環境対策の一つにヒートアイランド対策がある。ヒートアイランド現象とは，都市の中心部の気温が郊外に比べて島状に高くなる現象で，近年都市に特有の環境問題として注目を集めており（図10･2，表10･11），その原因としては，以下のようなことが考えられる。

① 空調システム，電気機器，燃焼機器，自動車などの人間活動により排出される人工熱の増加
② 緑地，水面の減少と建築物・舗装面の増大による地表面の人工化

ヒートアイランド現象による影響としては，夏季における昼間の高温化や熱帯夜の出現回数の増加，熱中症による死亡者数の増加，高温化による冷房需要の増加とそれに伴うエネルギー消費の増加などがある。また冷房等による人工廃熱の増大により一層の気温上昇を招く悪循環を形成している。さらにヒートアイランド現象による光化学オキシダント生成の助長や局地的集中豪雨との関連性も指摘されている。冬季における影響としては，都市域の高温化により発生する上昇気流が逆転層に遮られて混合層（ダスト・ドーム）を形成することが指摘されている。

ヒートアイランド現象は，人工廃熱，地表面被覆，都市構造や地形・気象など多岐にわたる要因により形成され，ある要因が別の要因に影響を及ぼすなどメカニズムが複雑である。また，業務系街区・住宅系街区といった地区の特性，昼間・夜間といった時間的条件により，現象が異なるため，地域性の強い問題でもある。

ヒートアイランド対策としては，①人工廃熱の低減，②地表面被覆の改善，③都市形態の改善を中心として進められてきたが，人々のライフスタイルのあり方がヒートアイランド現象の形成に大きく関わっていることから，④ライフスタイルの改善についても対策を講じる必要がある。

ヒートアイランド現象はどのようにして起こるのか

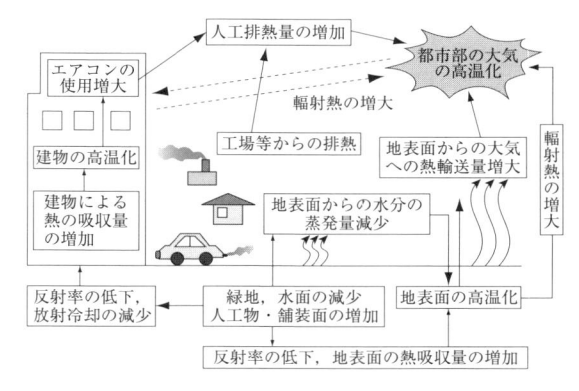

図10･2 ヒートアイランド現象の原因（出典：環境省）

表10･11 日本の大都市の平均気温の上昇

地点	100年当たりの上昇量（℃／100年） 平均気温		
	年	1月	8月
札幌	+2.3	+3.0	+1.5
仙台	+2.3	+3.5	+0.6
東京	+3.0	+3.8	+2.6
名古屋	+2.6	+3.6	+1.9
京都	+2.5	+3.2	+2.3
福岡	+2.5	+1.9	+2.1
大都市平均	+2.5	+3.2	+1.8
中小規模の都市平均	+1.0	+1.0	+1.0

(a) 人工熱の低減
① エネルギー消費機器等の高効率化の促進
② 省エネルギー性能の優れた住宅・建築物の普及促進
③ 低公害車技術開発・普及促進
④ 交通流対策および物流の効率化の推進，公共交通機関の利用促進
⑤ 未利用エネルギー等ヒートアイランド対策に資する新エネルギーの利用促進

(b) 地表面被覆の改善
① 民間建築物等の敷地における緑化等の推進
② 官庁施設等の緑化等の推進
③ 公共空間の緑化等の推進
④ 水の活用による対策の推進

(c) 都市形態の改善
① 水と緑のネットワーク形成の推進
② 環境負荷の小さな都市の構築に向けた都市計画制度の活用の推進

(d) ライフスタイルの改善
① ライフスタイルの改善に向けた取り組みの

推進
② 自動車の効率的な利用（エコドライブの推進）

(2) 道路の環境対策

道路の環境対策には，大きく二つの分野がある。一つは沿道環境の改善であり，二つ目は自然環境対策である。沿道環境の改善としては，前述した道路交通騒音対策として，遮音壁の設置，低騒音舗装の導入などがある。自然環境対策としては，生物の生息空間を確保し，周辺の自然環境との共存を図るためのビオトープ（多様な生物の生息・生育空間），エコロード（生態系に配慮した道路整備），ミティゲーションの導入，都市の街路樹を活かし，道路景観の形成を目的とした緑陰道路などがある。

(a) 遮音壁

遮音壁は走行する自動車から直接伝わる騒音を減らすものであり，5dB程度の低減効果がある。また道路の上を高架道路が走る場合，高架の裏面に音が反射して伝わってしまうことがあるため，高架裏面の吸音板によって騒音を軽減させるものとして裏面吸音板がある（図10・3）。

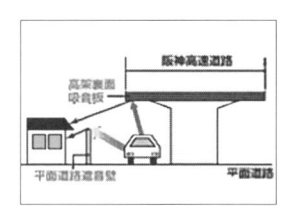

図10・3 高架橋における裏面吸音板（国土交通省HPより）

(b) 低騒音舗装

自動車が走行するとき，タイヤと路面の間に空気が入り，これが騒音の原因となる。低騒音舗装は，こうした空気を舗装の中に逃がすことができ，その結果，騒音を3dB程度低減する効果がある（図10・4）。

(c) 光触媒

自動車から排出される様々な排気ガスを除去する方法として光触媒を利用した方法がある。これは光触媒を遮音壁などに塗布しておくと，太陽光線などによって活性化し，窒素酸化物（NOx）を分解し，降雨によって分解されたものが洗い流されて大気浄化につながるものである（図10・5）。

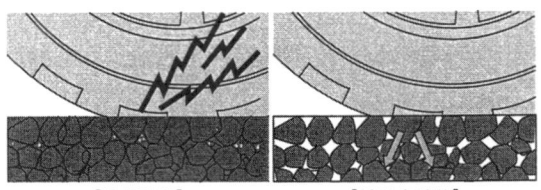

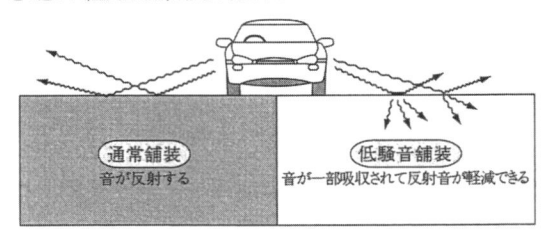

図10・4 高機能舗装による騒音低減効果

図10・5 光触媒による大気浄化（国土交通省HPより）

(d) 土壌脱臭

汚れた空気を送風機で通気層に流して土壌の中の微生物で分解させたあと大気中に放出させる仕組みの浄化システムである（図10・6）。

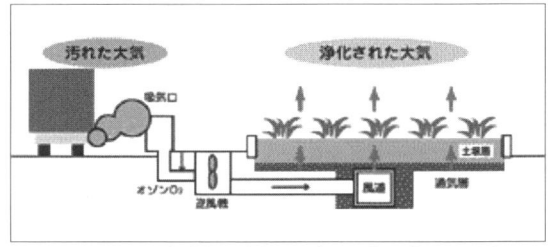

図10・6 土壌脱臭の仕組み（国土交通省HPより）

(e) エコロード

自然環境の改変量を最小限にするための橋梁構造の採用，「けもの道」の確保（写真10・1），モリアオガエルの代替産卵池の設置（写真10・2），

写真10・1　けもの道の確保（東日本高速道路提供）

写真10・2　モリアオガエルの代替産卵池
（東日本高速道路提供）

表土の保全，貴重な植物の移植など，様々な取り組みが行われている。

(f) 緑陰道路

二酸化炭素を吸収し地球温暖化防止と良好な景観を形成するための方法として道路緑化がある。緑陰道路とは，枝葉を極力剪定せず，自然のあるがままの状態で枝葉を広げた街路樹を有することで，良好な都市景観を形成する道路緑化を進めるための手法として制定されたものである（写真10・3）。

(3) 河川の環境対策

河川整備にあたっては，多自然型川づくりを基本として，必要とされる治水上の安全性を確保しつつ，生物の良好な生息・生育環境を保全する必要がある。また，都市化による水や生物，土砂，物質（栄養塩類）の連続性が大きく改変されており，湖沼等の富栄養化，生態系への影響，海岸線の後退など，広範囲に影響が及んでいる。このため，現在の治水や利水上の機能を損なうことなく，河川を軸とした流域全体でこれらの循環や移動を健全化するための検討が必要である（図10・7）。

(a) 総合的な土砂管理

ダム堆砂の進行，河床低下，海岸浸食等の土砂管理上の問題点を解決するために，砂防，ダム，河川，海岸の各領域が連携しつつ，適正な量・質の土砂を下流領域に供給し，生態系，景観等の環境面の保全・再生を含めた総合的な土砂管理を行う必要がある。具体的な対策としては，ダムの排砂バイパスの設置，透過型砂防えん堤の整備（写真10・4），荒廃地の緑化，堆積土砂の養浜等への活用がある。

写真10・4　透過型砂防えん堤（国土交通省HPより）

(b) 水と緑のネットワーク整備

既存の河川，都市下水路等のネットワーク化を図り，流水を相互に融通して都市内河川・水路の水質浄化を図るとともに，河川沿いの緑地帯，公園等を整備して，豊かな水辺環境・都市環境を創出する水と緑のネットワーク整備が進められている。

(c) 川と人との豊かな関係の構築

地域に身近に存在する自然空間として，川においては環境学習や自然体験活動等の様々な活動が

写真10・3　緑陰道路（仙台市，国土交通省HPより）

図10・7 河川における連続性の確保（国土交通省HPより）

行われている．小・中・高校において「総合的な学習の時間」が導入されたことも踏まえ，子供の「水辺発見プロジェクト」など，子供たちが安全に水辺で学び，遊ぶためのプロジェクトや情報発信が行われている．また，川には危険が内在し，安全に活動するためには正しい知識が不可欠であることから，市民団体が中心となって設立された「川に学ぶ体験活動推進協議会」等と連携し，川の指導者の育成等も行われている．

第11章

都市景観計画

11.1 景観法とまちづくり

都市景観計画は，その都市らしい良好な景観の保全と創出への必要性から，地方自治体の都市計画行政の中でも重要な位置づけがなされている。景観条例が整備されて計画が立案される傾向が増え，景観法が施行されて新しい景観行政への枠組みに移行した。

景観法は，2005（平成7）年6月に施行された107条からなるわが国で初めての景観についての総合的な法律である。わが国の都市，農山漁村等における良好な景観の形成を促進するため，景観計画の策定その他の施策を総合的に講ずることにより，美しく風格のある国土の形成，潤いのある豊かな生活環境の創造及び個性的で活力ある地域社会の実現を図り，もって国民生活の向上並びに国民経済及び地域社会の健全な発展に寄与することを目的としている。良好な景観の形成に関する基本理念及び国等の責務を定めるとともに，景観行政団体となった地方自治体による景観計画の策定，景観計画区域，景観地区等における良好な景観の形成のための規制，景観整備機構による支援等所要の措置を講ずる。

(1) 景観法

景観法の目次と要点は以下のとおりである。

第一章　総則（第一条～第七条）

第二章　景観計画及びこれに基づく措置

　第一節　景観計画の策定等（第八条～第十五条）　景観行政団体（都道府県，指定都市等又は都道府県知事と協議して景観行政をつかさどる市町村をいう）が策定する。また，住民等は景観計画の提案をすることができる。また，景観計画区域内における良好な景観の形成を図るための協議を行うため，景観行政団体等は景観協議会を組織することができ，景観協議会で協議が整った事項については尊重しなければならない。

　第二節　行為の規制等（第十六条～第十八条）景観計画区域内の建築物等の建築等に関して届出・勧告による規制を行うとともに，景観行政団体の長は，必要な場合に建築物等の形態又は色彩その他の意匠（形態意匠）に関する変更命令を出すことができる。

　第三節　景観重要建造物等

　　第一款　景観重要建造物の指定等（第十九条～第二十七条）　景観計画区域内の景観上重要な建造物を景観重要建造物として指定するとともに，その現状変更には景観行政団体の長の許可を必要とする。また，景観整備機構が管理協定を締結し，景観重要建造物の管理をすることができる。

　　第二款　景観重要樹木の指定等（第二十八条～第三十五条）　景観行政団体の長は，景観計画に定められた景観重要樹木の指定の方針に即し，景観計画区域内の良好な景観の形成に重要な樹木で国土交通省令（都市計画区域外の樹木にあっては，国土交通省令・農林水産省令。以下この款において同じ）で定める基準に該当するものを，景観重要樹木として指定することができる。

　　第三款　管理協定（第三十六条～第四十二条）　景観行政団体または景観整備機構は，景観重要建造物または景観重要樹木の適切な管理のため必要があると認めるときは，当該景観重要建造物または景観重要樹木の所有者と管理協定の目的となる景観重要建造物または管理協定の目的となる景観重要樹木，協定建造物または協定樹木の管理の方法に関する

事項，管理協定の有効期間，管理協定に違反した場合の措置の事項を定めた協定（以下「管理協定」という。）を締結して，当該景観重要建造物または景観重要樹木の管理を行うことができる。

　　第四款　雑則（第四十三条〜第四十六条）
　第四節　景観重要公共施設の整備等（第四十七条〜第五十四条）　景観計画に定められた道路，河川等の景観重要公共施設については，景観計画に即して整備することとし，景観計画に定める基準を景観重要公共施設の許可の基準に追加できる。また，電線共同溝の整備等に関する特別措置法の特例を設ける。
　第五節　景観農業振興地域整備計画等（第五十五条〜第五十九条）　景観計画区域内の農業振興地域に景観農業振興地域整備計画を定め，当該区域内における土地利用についての勧告，景観整備機構による農地の権利取得等ができる。
　第六節　自然公園法の特例（第六十条）景観計画に定める基準を国立公園または国定公園に関する自然公園法の許可の基準に追加できる。
第三章　景観地区等
　第一節　景観地区
　　第一款　景観地区に関する都市計画（第六十一条）　市町村は，市街地の良好な景観を形成するため，都市計画に，建築物の形態意匠の制限等を定める景観地区を定めることができる。
　　第二款　建築物の形態意匠の制限（第六十二条〜第七十一条）　景観地区内で建築物の建築等をしようとする者は，当該建築物の形態意匠が景観地区の都市計画で定める建築物の形態意匠の制限に適合することについて市町村長の認定を受けなければならない。
　建築物の高さの最高限度または最低限度，壁面の位置の制限，建築物の敷地面積の最低限度についての市町村長の認定を任意で定めることとする。
　　第三款　工作物等の制限（第七十二条・第七十三条）　市町村の条例で，工作物の建設，開発行為等について必要な制限を定めることができる。
　第二節　準景観地区（第七十四条・第七十五条）　市町村は，都市計画区域及び準都市計画区域外の景観計画区域において準景観地区を定めて，条例で，景観地区に準ずる制限を定めることができる。
　第三節　地区計画等の区域内における建築物等の形態意匠の制限（第七十六条）　市町村は，地区計画等の区域（地区整備計画，特定建築物地区整備計画，防災街区整備地区整備計画，沿道地区整備計画または集落地区整備計画において，建築物または工作物（以下この条において「建築物等」という）の形態意匠の制限が定められている区域に限る）内における建築物等の形態意匠について，政令で定める基準に従い，条例で，当該地区計画等において定められた建築物等の形態意匠の制限に適合するものとしなければならないこととすることができる。
　第四節　雑則（第七十七条〜第八十条）
第四章　景観協定（第八十一条〜第九十一条）景観計画区域内の土地の所有者等は，景観協定（承継効あり）を締結することができる。
第五章　景観整備機構（第九十二条〜第九十六条）　景観行政団体は，良好な景観の形成のための業務を適切に行う公益法人やNPO法人を景観整備機構として指定することができる。
第六章　雑則（第九十七条〜第九十九条）
第七章　罰則（第百条〜第百七条）
附則

(2) 景観条例と景観まちづくり

　2006(平成18)年12月時点において景観法による景観行政団体は全国に249（都道府県47，政令指定都市15，中核市37，その他の市町村150）あるが今後はさらに増加傾向にあり，景観法による景観のまちづくりが進められる。景観法は景観条例および自治体の景観行政を補強・補完する役割を果たしている。自治体の景観条例や要綱などその数は約500件を越え，全国の公共団体の約15％強になってさらに増加傾向にあるが，景観行政団体へ移行した自治体では，今までの都市景観計画の見直しと景観法による景観計画の策定など新たな枠組みへの検討が始まっている。

　振り返るとわが国の景観条例は，歴史的景観の保全に端を発し，昭和40年前後に，高度成長の開発ブームを受けて，開発が歴史を無視して進められる問題への対処として，歴史的景観の保存・保

全が模索された。1968（昭和43）年には，「金沢市伝統環境保存条例」「倉敷市伝統美観保存条例」が全国に先駆けて制定され，また1972（昭和47）年には「萩市歴史的景観保存条例」が制定されたのを契機に，1975（昭和50）年に文化財保護法が改正されて伝統的建造物群保存地区が制度化された。30年経た2005（平成17）年時で全国67の伝建地区を有するに至っている。一方，まちなみの保存だけでなく，良好な都市景観形成を目的とした「神戸市都市景観条例」が1978（昭和53）年に制定された。国においても，1979（昭和54）年の建設省都市計画中央審議会答申で初めて「景観」という言葉が登場して以降，「都市景観形成モデル事業」等を経て，1986（昭和61）年の都市計画中央審議会答申『良好な都市景観の形成を目指して』が出た後，都市景観条例制定の動きが急速に展開した。それまでの歴史的景観を対象とした条例に都市景観形成という視点を追加した条例に改正する動きが出てきて，生活環境として自らのまちを保全・創造していく方向に進んでいった。近年は，景観関連条例は保全から創造へ移行する傾向がより強くなり，さらに景観施策を総合的・複合的にする動きがある。また，1980（昭和55）年の地区計画制度の創設以来高まってきた住民参加によるまちづくりの動向を受けて，「地域のまちづくり」の推進を統合した「景観まちづくり条例」の事例が増えた。

また都市化の過程で眺望権侵害や景観利益の侵害を巡る景観訴訟等も現れてきて景観における地域のきまりや景観行政の強い指導性が求められるようになった。外国に旅行する邦人に比べ来日する外国人の少なさ等から政府の観光立国が目指され，魅力ある国土景観づくりの必要性が重視されて景観法施行による施策へと連動している。

景観計画の基本的方向性で考慮されねばならないことは，以下のとおりである。
① その都市の景観資源を時系列，季節，面的に十分に整理したうえで景観計画の目的と方向性を明確にし，目標となるコンセプトをつくる
② 景観計画区域の範囲を決め，景観地区としてどこを重点的に保全・整備していくか決める
③ 歴史や自然，文化的資産などの保全・育成
④ 主要視点場からの山の稜線やシンボルとなる景観への眺望の確保
⑤ 周辺景観との調和
⑥ そのまちらしさといった地域や地区の個性となる景観の尊重
⑦ 景観阻害要因の除去
⑧ 大規模建築物・工作物建築への指針・配慮
⑨ 美しい景観への改善
⑩ 美しい景観資源の育成とその視点場の導入および創出
⑪ 景観の適切な維持管理
⑫ 美しい景観づくりへの普及宣伝・啓発事業

これらを踏まえ，景観法による景観計画では，その都市での景観計画理念・目標の設定，計画コンセプトの作成，景観計画区域の指定（行為の規制等の内容とあわせて検討），景観地区の指定（準景観地区も含む），景観地区における建築物の形態意匠などの制限内容検討，景観重要建造物・景観重要樹木の指定等の検討，管理協定内容の検討，景観重要公共施設の指定・整備方針等の検討，景観農業振興地域整備計画等の景観指針・制限内容等の検討，景観協定の可能性等の検討，景観整備機構の可能性等の検討，実行プログラムなどの計画検討項目がある。

11.2　街路樹

街路樹は，通常，道路の敷地内に植えられている高木を指すが，中木も低木も含まれる。並木というときには道路を含めたそれ以外の列植された樹木をいう。なお，低木，中木，高木の区別は厳密なものはなく，1m以下を低木，1〜3mを中木，3m以上を高木ということが多い。なお，道路構造令では，街路樹は道路標識や防護施設と同様，道路の附属物となっている。

なお，緑陰のある散歩道を英語でプロムナード（promenade）といい，比較的距離が短くて数列の並木・街路樹のある場合にはモール（mall）という。イギリスのロンドンにある「ザ・モール」はモミジバスズカケノキ6列の並木道であり，アメリカのワシントンのモールはアメリカニレの並木道として知られている。また，フランス語のブールバール（boulevard）は，E・ハワードが描いた田園都市にも登場するが，街路樹のある大通り

のことである。

街路樹は，街路景観を構成する様々な要素のなかでも，街路景観の形成・向上に重要な役割を担っているが，街路樹に焦点を当てた街路景観を特に街路樹景観と呼んでいる。

(a) 街路樹の機能と効用

街路樹は道路緑化の中で中心的な役割を担っており，街路空間において人間の精神面や行動面に大きな影響を及ぼす重要な要素の一つと言えよう。街路樹の機能と効用には，①都市景観の美化，②緑陰の提供，③都市気候の緩和，④防火・防災機能，⑤精神衛生機能（都市の緑は人々に安らぎを与える），⑥社会性機能（都市の顔づくり・ランドマーク機能），⑦環境保全機能（防塵・大気汚染物質の吸着・防風・防音），⑧交通安全機能（視線誘導・緩衝・遮光）等があり，現在の道路環境における様々な問題を緩和させるのに大きな役割を担っている。

(b) 樹種の選定

街路樹は都市において多様な機能を有しているが，これらの機能を発揮するためには街路樹として，以下の要件を考慮する必要がある。

① 樹形が美しく，枝葉が密生し，夏に心地よい緑陰をつくる。②落葉樹を原則とするが，暖地や広幅員道路では常緑樹でもよい。③自然災害に強く，都市の環境に耐え，剪定に耐え，強健であること。④樹木に悪臭，毒性，トゲのないこと。⑤移植が容易で，繁殖がやさしいこと。⑥維持管理が容易で経費の安いこと。

以上の要件に合致する樹種を見つけることは容易なことではないが，該当する道路の機能，道路の性格に合致した社会性，地域性，歴史性，観光性などの視点から十分に検討した樹種を選ぶようにしたい。最近では，住民に愛される樹種という観点から，パブリック・インボルブメントを導入して住民参加型で樹種を選ぶことが多くなっている。

(c) 街路樹の形と特性

街路樹の形態的区分は，常緑広葉樹，常緑針葉樹，落葉広葉樹，落葉針葉樹，特殊樹の五つに分けられる。近年は，落ち葉の処理等の問題から常緑広葉樹の使用が多くなっているが，冬の採光と夏の遮光の面からは，歩道部分の植栽は，暖地以外は落葉樹が望ましいと言えよう。

卵円形　　盃状形　　円錐形　　狭卵円形

下垂形　　乱れ樹形　　球形　　倒卵円形・鐘形

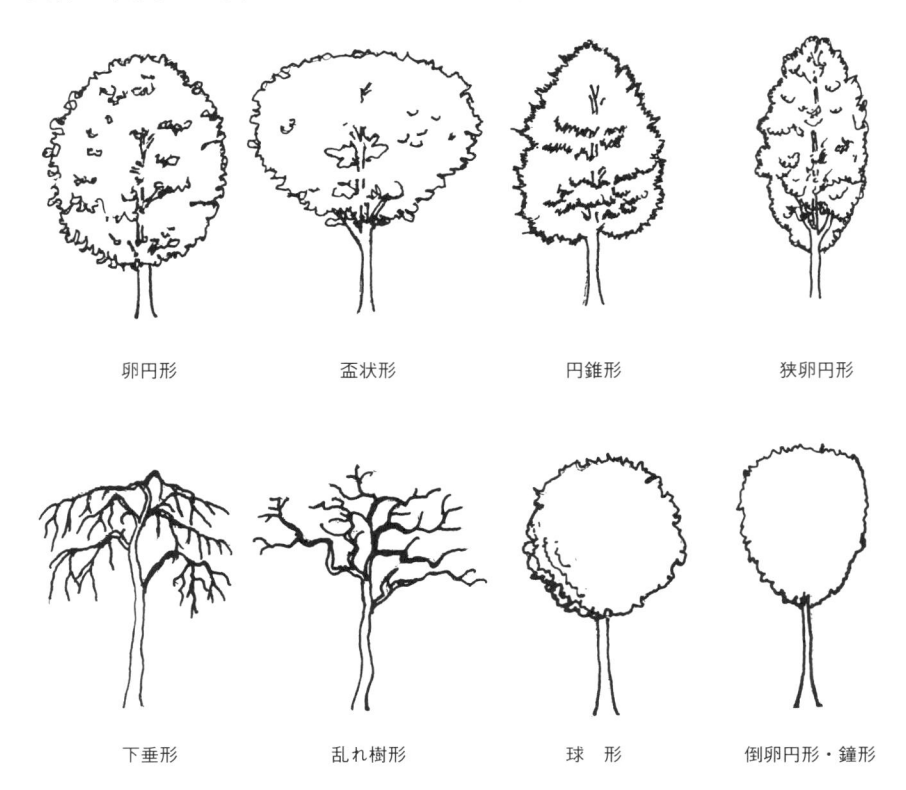

図11・1　樹形の分類

一方，街路樹は自然に成長したときの樹形で分類すると，およそ次の8種類くらいに分けられる（図11・1）。

① 卵円形：トウカエデ，ナンキンハゼ，ユリノキ，モミジバフウ，クスノキ，ホルトノキ
② 円錐形：イチョウ，メタセコイア，スギ
③ 狭卵円形：ポプラ，ナナカマド
④ 球形：エンジュ，ヤマモモ
⑤ 盃状形：ケヤキ，アキニレ，シンジュ
⑥ 下垂形：ヤナギ，シダレザクラ，シダレエンジュ
⑦ 倒卵円形・鐘形：トチノキ，カツラ
⑧ 乱れ樹形：サルスベリ，クロマツ，モチノキ，イヌマキ

これらの樹形は都市の景観に非常に大きく影響を与えるので，樹種選択にあたっては十分な検討が必要である。

(d) 植樹帯と植栽形式
　① 植樹帯のデザイン

歩道の植栽は，原則として歩道と車道との間に植樹帯を設けて行うが，道路構造や沿道条件により，植樹帯の設置が困難な場合は，車道寄りに植栽桝を設けて行うのが一般的である。この場合，原則的には単純で規則的な配植構造とし，歩行者の通行を阻害しないよう枝下高さの確保などに配慮することが望まれる。植樹帯の設置について，道路構造令では第4種第1級の道路には植樹帯を設けるものとし，その他の道路には必要に応じて設けるものとしている。なお，植樹帯の幅員は1.5m以上を標準とする。

　② 植栽形式

樹種による形式としては，単一の樹種による単純植栽と2種類以上の樹種を使用した混合植栽がある。また，都市における植栽形態の多くは規則形であり，整形式をとるのが一般的であるが，道路幅員によっては自然形，不整形式をとる場合もある。特に，都市の緑のネットワークを考えるとき，面として都市内に分布する公園や寺社等の緑と，線である緑の街路樹でこれらを結び，緑そのものを有機的につなぎ合わせるという考え方が多くの都市で採用されている。

(e) 使用されている樹種（高木）

街路樹の種類は大変多いが，全国の樹種別高木調査（平成13年3月末）によれば，全国の樹種別高木本数は678万5750本で，総樹種数は504種となっている。しかし，そのうち上位10種（多い順に，イチョウ，サクラ類，ケヤキ，ハナミズキ，トウカエデ，クスノキ，プラタナス類，ナナカマド，サザンカ類，モミジバフウ）で全体に占める割合が48.6％と半数近くを占めている。平成4年の同調査結果に比べ，近年のハナミズキの増加が著しい。なお，上位20種で全体の2/3（66.6％）を占めていることから，樹種は多いが街路樹として使われる樹種はかなり限定されていることを示している。

(f) 景観管理

街路樹をめぐる問題で住民から最も苦情の多いのは落ち葉の処理であるが，近年，この問題への対策として，街路樹里親制度（＝アダプト・プログラム）を導入する地域が増えている。これまでにも，自治体は街路樹への市民の理解を高め，親しんでもらうために「街路樹愛護会」等を組織し活動の支援を行っているが，このような既存の美化制度があるなかで，最近特に注目されているのが，「アダプト・プログラム」である。

アダプト・プログラムは，道路や公園などの公共空間の美化を，市民・地元企業と自治体が契約を結び，継続的に進めていく「環境美化システム」と捉えることもできる。行政側にとっては維持管理費の低減が期待でき，住民サイドにとっても道路への愛着心の形成や地域社会への貢献等に効果があるとされており，新たな景観管理システムとしても注目されている（詳細は**第15章**を参照のこと）。

11.3　ポケットパーク

ポケットパークは，「ベスト・ポケット・パーク」の略であり，洋服のチョッキについているポケットのように小さい「ミニの公園」を意味している。1967年につくられたニューヨークのベストポケットパーク「ペイリーパーク」（Paley Park）がはじまりといわれている（図11・2）。

ペイリーパークは，超高層がたち並ぶニューヨーク近代美術館の並びにある，わずか13m×30mの小さな公園で，建物の間に構成されている。正面に高さ約6mの人口滝を配し，その水の音が周

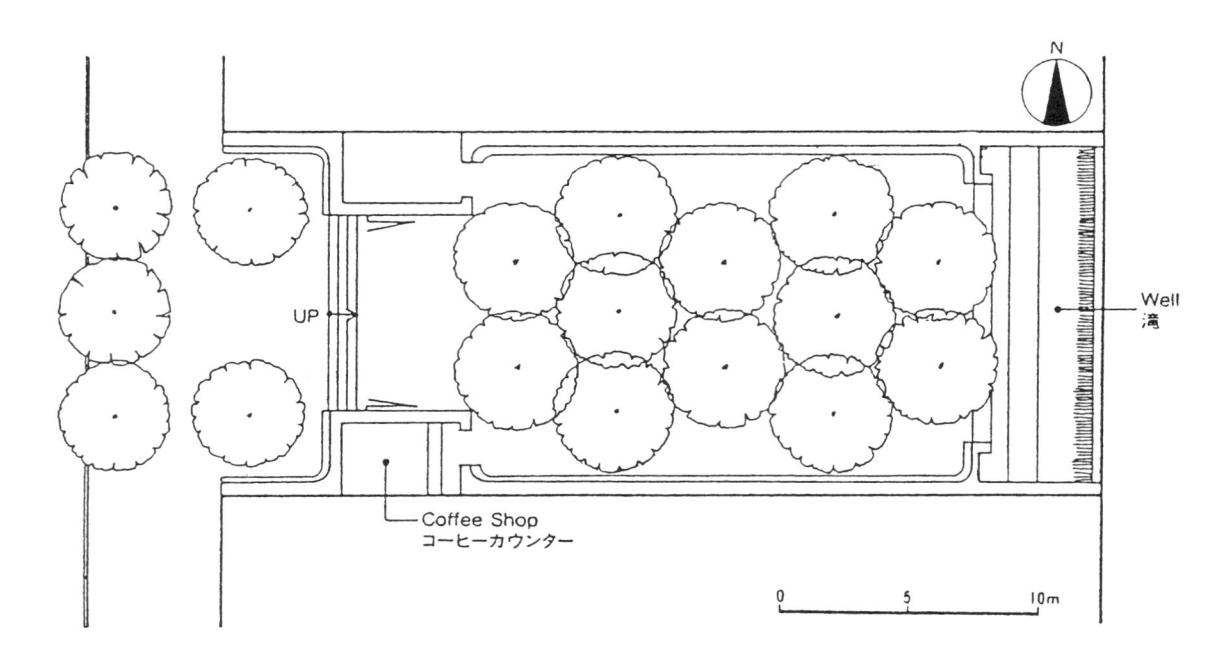

図11・2　ペイリーパーク

辺の喧騒を自然のやすらぎに帰している。中央には17本のニセアカシアが植えられ，両側の煉瓦壁にはツタがからまっている。朝8時から開かれるというこの公園は，常ににぎやかで，「白い丸テーブルや椅子につき，キオスクで売っているコーヒーを飲む」というようなやすらぎや語らいの場を提供している。その後，こうした小空間に植栽とベンチなどのファニチャーを設置し，似たような計画が各地でつくられはじめた。

　日本においては，1980年代に入り，それも後期に近づくにつれて，こうしたポケットパークに関連した計画が全国的に普及し，都市デザインに取り入れられて，今日では，景観計画，環境デザインの中核をなす一分野を形成した。

　ポケットパークは，あらゆる種類があり，種々の立地が可能であり，また呼び名も多々ある。アメリカではポケットパークの代わりにミニパークという呼び方もされる。日本でも，例えば，国レベルの補助事業の対象となっている「ポケットスペース」「都市緑地」といったものから，自治体では，「小公園」「ポケット広場」「にわ広場」（東京都世田谷区），「辻広場」（東京都豊島区），「プチテラス」（東京都足立区），「まちかど庭園」（東京都公園緑地部），「みちばた広場」「街園」「ロードオアシス」（大阪市），「街園」「スポット景観整備」（名古屋市），「まちかど」（高山市，尼崎市など），「アメニティスポット」（草加市），「スポットパーク」（岐阜市），「グリーンプロット」（盛岡市）といったものまで，様々である。

　本稿では，ポケットパークを「市街地や集落内で公開利用可能な，緑やベンチなど何らかの機能を有する道路に接した小広場空間」と定義して，小広場空間の面積範囲については，都市公園法の街区公園では面積標準を2,500m²と位置づけており，国庫補助の基準は，500m²以上であることから，500m²以内を基準に考えた。いまや，ポケットパークは景観の向上（外から見られる景観向上と内から眺める視点場の確保）策の一つとして欠かすことのできないデザイン手法となっている。

(1) 都市景観の向上

　景観にはポケットパークを外観から見る景観向上（外部景観）と，ポケットパーク内部から眺める視点場の確保（内部景観）の2点がある。前者は歩道と沿道建物との変化のない単調なまちなみにオープンスペースを設け，変化をつけることでまちなみにアクセントをつけることができる。緑化することにより緑視率の向上が図られ，文化や伝統的モニュメントの配置により文化的景観の向上にも寄与しうる。後者は適切な眺望地点となる視点場の確保を図り快適な眺望や美しい景観構図

が得られる場所でのポケットパークの設置により休息機能を伴う景観向上を図ることが可能になる。

　点と点を活かした結びつきによる景観の向上により都市美の育成を図ることができる。都市空間内の要所要所をポケットパークとして修景化することにより，単調な景観にアクセントを与え，保存樹や花，モニュメントの設置により地域のシンボル的イメージを醸しだすことができる。

　また，建築物前庭や周辺部等の修景化により，建物のイメージアップを図ることができる。そして要所要所の美観をネットワーク化することにより，まち全体の景観が向上する。小京都といわれるような古い街並みがある観光地や温泉街など，まち全体を公園化して散策が楽しめるようにするには，ポケットパークによる整備が効果的となる。

　その他，彫刻やモニュメントを小空間とセットして整備することにより，存在価値をさらに高めることができる。鑑賞の対象物と鑑賞する場があってこそ空間が活かされ，これらがネットワークすることにより総体的に都市美の向上につながる。

(2)　景観整備デザインの方向性

　ポケットパークを構成する要素には，舗装等の下地，街具・植栽などの上部設備，建築関連の施設物件が平面図の分析で考えられる。これらの基本的な計画条件を，計画者へのアンケート調査やヒアリング等の意見を分析して考察すると以下の点が挙げられる。ポケットパークを構成する施設構成の条件については，基本条件と方向性を6構成とバリアフリーについて示した。デザインにおいては各要素のチェックと全体のチェック，調和が必要である。

(a)　舗装・下地デザインの条件と方向性

　基本的には，歩き易さの確保，耐久性や維持管理性,施工性の良さなど歩道と同様に大切である。そして人の憩いや滞留，地域文化の表現などの場になりうることから，潤いや安らぎ，美しさといった快適性に関わる感覚的なものが歩道以上に要求される。また地域の歴史や，文化，個性といったものを地場産材や床銘版で表現することも考えられ，いわゆるポケットパークとしての景観舗装が求められる。

① 道路の性格，周辺地域の特性などから，周辺との調和を考慮して決める。
② 環境デザインはあくまで人間が主役であり，ポケットパークや下地は，舞台として人間や人間のファッションを引き立たせるものでなくてはならず，舗装色において目立ちすぎる派手な色調は控えるべきである。
③ 歩き易さのためには，滑りにくく（特に雨天時），すべり抵抗性のある材を使い，適度な弾力性のある素材を使用し，透水性があることが好ましく，車椅子等を考慮した平坦性が重要である。
④ 道路標識や案内サイン，モニュメントなどの視認性にも配慮して，舗装の色が同系統にならないようにする。
⑤ 夏季に照り返しの強い素材は避ける。
⑥ 施工の容易性と迅速性を考慮する。
⑦ 維持管理の目的から長期間にわたって使用できる耐久性と補修のしやすさが求められる。
⑧ 材料，色調の選択にあたっては，周辺住民や関係者の意見を尊重することも大事である。
⑨ 住宅地や自然豊かな観光地などは，ダスト舗装や芝生などにより馴染み易さを考慮する。
⑩ 荷重条件は，歩行者空間であることから，歩道と同条件で考えられるが，イベントや緊急時に一時，駐車場としての機能がある場合には，車道に類似して強度を上げた舗装条件が求められる。
⑪ 既存の歩道がある場合は，舗装面のレベルをそろえ，色彩や素材の連続性を考慮し，官民境界沿いにある配水路は，グレーチング等の施設により，歩行者が一体的に利用できるように配慮する。他敷地との境界にはボーダー材等により見切りを明確にしておく。
⑫ 自然素材の活用も考慮する。

(b)　植栽デザインの条件とその方向性

　ポケットパークの上物構成要素で最も存在確率が高いのが花や緑の植栽である。空間デザインとの縁が一番深く，それだけに植栽計画と管理の良否が評価に与える影響が多大であり，基本的な条

件が要求される。
① ポケットパーク内で想定される歩行者動線を阻害しない植栽配置が求められる。
② 車道との交通の死角を作らない，交通安全に支障を来さない植栽配置に注意する。
③ 道路幅員の比較的狭い交差点の角地に設けられる場合は，祭りやイベント時，歩行者天国の際に道路交差点とセットになって広場空間として用いられる場合があり，角地に植栽や施設・設備を配置すると一体となって使用できなくなるので配慮を要する。
④ 隣接する敷地へ落ち葉や枝張りなどが侵入し，悪影響を来さない配慮と管理が求められる。また樹木による日照の障害等も注意する。隣地境界線等に接して植栽される割合が高いため，こうした苦情や問題が生じている。特に高木の植栽は，隣地境界線と余裕の距離を保つことが求められる。
⑤ ポケットパークからの眺望が良い場所である場合は，ベンチ等の視点場から景観を阻害しない植栽配置が求められる。
⑥ 適切な管理により施肥や落ち葉の処理，病害虫の駆除などが求められる。
⑦ また，植栽計画の点検項目としては，計画地の自然環境の状況を調べて，樹種を選定したり，客土厚と植栽スペースの確保，が必要である。
⑧ 既存の歩道がある場合は一体的に利用できるように植栽配置を考慮する。

(c) 街具の条件と方向性

歩道や公園，ポケットパークなどで歩行者の行動を助けたり，便宜を図ったりする道具，設備を街具（ストリートファニチャー）という。ポケットパークへの設置数は，植栽を筆頭に，ベンチが続き，この二つが非常に多いが，3位からは街灯，水施設，東屋，彫刻等，ゴミ箱，灰皿，掲示板，トイレ，バス上屋と続いている。都市の景観や機能の向上，適性配置が望まれ，優れたデザインの街具をどのように設置するかが問われる。特にポケットパークへの配置は歩道上の設置よりも滞留と休憩機能があり，空間の確保と利用者の使い勝手が良いものでなくてはならない。以下にその基本条件を記す。

① 周辺の条件や特性を考慮して，街具の設置条件や内容を決める。
② ポケットパークの面積規模に応じた設置
元々狭い空間であり，広さに応じた設置をしないと空間が混雑し，煩雑となって利用しづらくなる。街具の納まりを十分に検討して配置する。
③ 歩行者動線や眺望の視界を阻害しない配置
植栽条件と同じく，想定される歩行者の動線や視点場からの景色の眺望の視界を阻害しないように配置していく。
④ 街具の配置は分散させずに関連する機能を集約して配置する。例えばベンチと灰皿，ゴミ箱であるとか，街灯の下の案内板など。
⑤ ベンチ等休息するための設備は，美しいデザインの配慮が求められる。
⑥ また，ベンチ等座るための設備は，美しい風景，広場やとおりを見渡すことのできる場所，眺望地点，樹木や噴水のそば，子供の遊び場のそば等それぞれの状況に合わせ，適切で快適に機能する位置に設置する。
⑦ ゴミ箱はオープンスペースの規模に応じて適宜必要な数を設置し，カラスや犬などの鳥獣に荒らされないような構造として，適切な管理が求められる。
⑧ 車止めは，ポケットパーク内への車両の進入を防ぐために設けられるところが多いが，歩行者の動線を妨げないように注意し，植樹枡や夜間照明ポールなど景観上や機能上，有効なものを用いることも効果的である。
⑨ 民間の公開空地は公共のために設けられた空間であることを示す表示板をわかりやすい位置に設ける。公開空地の公共性を保つためには商業販売等の視覚的雑音になる看板は設けないほうが望ましい。また，表示板やサイン，案内板等は，風化によるさびや汚れ，樹木等によって見づらくならないように留意する。
⑩ 各種街具は，良好な状態を保ち，破損した場合は早期に修理する，とともに盗難が起こりにくい状態で設置していく検討も必要である。

(d) モニュメントや野外彫刻の条件と方向性

幅員の狭い歩道空間では極めて鑑賞距離が確保しにくく，休憩しながら鑑賞可能なポケットパー

クに彫刻等が設置されることも多くなってきた。また，モニュメントやパブリックアートを設置するためにポケットパークとあわせて計画されることもあり，芸術性の要素が高く，ポケットパークそのもののイメージを決定付け，無視できない存在である。
① モニュメントや野外彫刻の設置における意味と内容の適合性の重視。
② モニュメントや野外彫刻の設置の物理的条件には，彫刻物件の方向性や，鑑賞距離の確保，視点場の適切な確保，歩行者動線を阻害しない設置等を考慮して配置することが望まれる。
③ ポケットパークの面積規模に調和したスケールのものを配置することが重要と思われる。
④ 適切な維持管理をし，清掃や破損等の維持修繕に努める。

(e) 公衆トイレ等建物条件と方向性

公衆トイレ等の設置条件としては次のものが挙げられる。
① 建築面積の倍以上の面積とかポケットパーク自体の敷地にある程度の面積が要求される。
② 道からあまり離れた位置にトイレを設置すると動線が長くなり使い勝手が悪くなる。
③ 目につきにくいトイレの配置は，落書きなどの被害を受けやすいので注意を要する。
④ 身障者用トイレを設け歩道からバリアフリーで出入り可能とする。
⑤ 隣接した敷地から少し距離を離す。
⑥ 隣接した敷地が住宅にならないように配慮する。
⑦ 水洗トイレが前提となり，公共下水道区域以外であれば浄化槽を設ける。
⑧ 維持管理体制を適切にし，常に衛生的，清潔な管理体制が必要である。

(f) 照明デザインの条件と方向性

基本は，防犯，誘導，演出や修景としての機能があり，視覚的快適性を得るためには，
① 不快なまぶしさが排除されていること
② 案内板であるとか必要なところに適切なルクスがあること
③ 住宅地では防犯等の役目も兼務すること
④ 歩道上空地に街路灯を設ける場合は歩行者動線の障害にならず，周辺との連続性も考慮する

などが求められる。

また照明計画での留意事項としては，
① 樹木のライトアップは樹木を休ませる意味と省エネのために深夜は消す
② ライトアップは最終的に，現地で位置や明るさ，向きなどを調整する必要がある
③ 商業施設やホールなど室内からポケットパークのライトアップを楽しむためには，室内の照明が明るいために室内の光がガラスに映し出される（ミラー効果）ことになるので，手前のテラスなどを照らして，ミラー効果を弱めることが必要である。

(g) バリアフリーへの条件と方向性

ポケットパークにおいても社会的弱者が使用する上で障壁（バリアー）となるものを取り去り，使い勝手を良くしていく必要がある。基本的には歩道や公園と同様なバリアフリーの基準が求められる。車椅子利用者や視覚障害者が，まず，ポケットパークを認知できて，支障なく出入りができ，敷地内での移動や設備利用に不自由を来さない設計と管理が求められる。
① 歩道を歩いていてのポケットパークの位置を示す案内サインから始まり
② 歩道と敷地の段差，敷地内段差は2cm以内
③ 出入口の車止め等の柵は，車椅子が余裕をもって入れる90cm幅は必要である
④ 敷地内の縦断勾配は4％以下としていく
⑤ 連続的な歩行者空間が形成されるように段差をなくし，高齢者や障害者が利用しやすいよう常に配慮する
⑥ エントランスや搬入路，駐車場出入口など車路による分断は最小限にとどめ，分断する場合は，段差を設けず舗装材等にも留意する（頻繁に車の出入りがある場合には，危険防止策として視覚障害者用誘導ブロックの配置や，色による歩車区分，その他の措置を講じる）。

(3) ポケットパークの設置による景観向上策

都市や町におけるポケットパークの設置により景観向上をなすためには，まず，どこにポケットパークが設置可能か，現地での探索とチェックを

写真11・1　伊香保町ポケットパーク
（階段で結ばれた温泉街の一角にあるポケットパーク）

行うことが必要である。そのためには住民参加によるワークショップなど住民主体の行事が有効である。例えば，ポラロイドカメラを持って設置可能箇所を探索して当該箇所の外部景観と内部景観の写真をとり，後で白地図に写真を貼り付けて発表するようなものであるとか，実際の現場の模型を作ってコンペで競うものとか様々な手法が考えられる。

また景観行政でよく行われている啓発事業の都市景観賞の中にポケットパーク部門を作り，民間の公開空地等の有効活用で優れたものは積極的に表彰することが望まれる。景観アドバイザー事業においてポケットパークを適切に誘発・普及させることも重要であると思われる。その際には，商業地や住宅地などの立地特性に応じた個性的な機能・デザインの配慮が求められる。

業務地や商業地であれば，待ち合わせ，情報受発信，休憩，談話，飲食，イベントなどの基本機能が要求される。コンセプトは都市美やゆとり空間の向上の他，賑わいや活力がイメージされても良い。住宅地であれば，情報受発信，休憩，コミュニティ，イベント，祭り，子供の遊び場，等の機能が要求される。コンセプトはコミュニティ，安らぎや潤いが重要となる。住宅密集市街地であれば地下貯水槽や消火栓などの防災設備が必需品となる。設置の規模にも影響されるがこれらの機能を満足しうるデザインが求められる。

11.4　都市の色彩と照明

都市環境の適切な色彩計画によって昼間の地域景観に統一性と変化をつくり出し，美しい街並みや情景を演出することができる。また，夜間景観は照明デザインの良し悪しによって大きく作用され夜間独特の景観を演出する。昼間と夜間における都市景観デザインの重要な要素である。都市の色彩計画においては以下の事項に注意を要する。

① 現状の地区の色彩調査分析で把握した地域の特性をできるだけ活かし，地域の文脈や個性を演出し育成していくことが重要である。

② 美しい調和感のある配色を基調に，周辺との調和や地区の一体感のある街並み・景観の演出が重要である。特に歴史的街並みで使われている白壁やグレー系統の色彩の中や隣接した周囲において，赤，黄色，青や紫色の原色を持ってきて，雰囲気を台なしにすることは避けるべきである。住宅団地の屋根の色もある程度色彩の調和が取れて一体感があれば，まとまりと統一感のある美しい演出が可能となる。この場合，建築協定（一人協定を含む）や景観協定などの手法を地元住民の合意のもとに用いることが有効である。

③ 色彩による視覚的雑音・醜悪な色彩物件を排除していくことが重要である。ビルの上に立つ屋上巨大看板・商業看板などは目立つことが目的とばかり，けばけばしい色が使われることがあるが，周辺の景観に悪影響を与え，かえって広告の品性を落とし悪印象に見られることがある。

④ 景観全体の調和の中でそれぞれの対象物にあった分相応な色彩を選択し，メリハリをつけることが重要である。信号の色彩や交通標識，公共案内サイン，歩行者の目を楽しませる店舗のショーウインドウなどは目立つ必要はあるが，建築外装や公共空間施設・舗装デザイン・街具などは，はでな原色の使用や鮮やかさを抑えた低彩度色を基本としたほうが良い。人間が主役で都市環境は舞台であり，主役のファッションを引き立たせる色相や低彩度色が舞台には求められる。

都市の環境照明は，夜間の高密度化した都市空間に潤いを与え，夜の景観美を醸しだしていくことが重要である。街路，歩道，公開空地や商業

地・業務地など，終業時間後の人々が楽しめる気持ちの良い光環境が求められる。基本は，交通安全，防犯，誘導，演出や修景としての機能があり，視覚的快適性を得るためには，以下の点に注意を要する。
① 不快なまぶしさが排除されていること
② 案内板であるとか必要なところに適切なルクスがあること
③ 住宅地の照明では防犯等の役目も兼務すること

また照明計画での留意事項としては，次のような事項があげられる。
① 樹木のライトアップは樹木を休ませる意味と省エネのために深夜は消す
② ライトアップは最終的に，現地で位置や明るさ，向きなどを調整する必要がある
③ 室内から外部照明のライトアップを楽しむためには，室内の照明が明るいために室内の光がガラスに映し出される（ミラー効果）ことになるので，手前のテラスなどを照らして，ミラー効果を弱めることが必要である

都市の照明計画手順においては，当該地区の光環境調査を行い，照度，輝度，照明手法，灯具の種類などを調査し，現状分析を活かして，照明の課題を整理し，照明デザインの基本構想を立案する。

11.5 ストリートファニチャー（街具）

街路，歩道や公園，ポケットパークなどで歩行者の行動を助けたり，便宜を図ったりする道具，設備を街具（ストリートファニチャー）といい，修景に果たす役割も大きい。ストリートファニチャーとしては，次のようなものがある。
① 快適性提供施設：灰皿，ゴミ箱，フラワーボックス，プランター，ベンチ，テーブルとイス，モニュメント，彫刻，庇，シェルター，東屋，親水施設など
② 安全性提供施設：街路灯，フットライト，消火栓，火災報知器，ガードポール，車止め，交通標識，信号機，横断歩道，身障者レーン，交番など
③ 利便性提供施設：水のみ場，トイレ，自動販売機，パーキング，ロッカー，ショッピングカート，キオスクなど
④ 情報性提供施設：サイン，ポスト，電話，掲示板，案内板，案内所，ステージ，ご意見箱など

路上施設としてはこのほか，地下鉄出入口，ゲート，安全地帯，植樹帯という施設も含まれる。これらの施設装置は近年，歩行者専用道路，遊歩道，モール等歩行系ネットワークの整備の重要性が取り上げられ，デザイン的にも一つの方向性を持たせて設置されるケースが多い。例えば，街路によって，モダンなデザインを採用したり，伝統的なデザインで統一したり，商店街のショッピングプロムナードでは，ゲート施設や店舗の看板，案内表示板等に統一性を持たせて一貫したストリートファニチャーを設置することが少なくない。広場，公園，道路，公共建築周りなどの空間の目的やその場所の持っている風情と調和しながらその空間に統一感をもたらし，より親密な風景として特徴づける役割を持つ。特にわが国の都市景観は街並みが個々バラバラで統一的な美しさに欠けている場合が多く，ストリートファニチャーの果たす役割は大きい。街具の設置数は，植栽を筆頭に，ベンチと街灯が非常に多くなっている。また，水施設，東屋，彫刻等，ゴミ箱，灰皿，サイン表示板，掲示板，トイレ，バス上屋などが多い。

都市の景観や機能の向上，適性配置が望まれ，優れたデザインの街具をどのように設置するかが問われる。特に空地，ポケットパークへの配置は歩道上の設置よりも滞留と休憩機能があり，落ち着きのある空間の確保と利用者の使い勝手が良いものが求められる。街具設置の基本条件は以下のとおりである。
① 周辺の条件や地区特性を考慮して，街具の設置条件や内容を決定：例えば，駅前や交通結節点などでは案内板，休憩・待ち合わせ場所・景色の良いところにはベンチ，名所・旧跡・歴史・伝統・伝説・文化のあるところには，それにまつわる記念碑，モニュメントや説明板，大都市や木造密集住宅市街地などでは，地震や火災を想定した貯水槽，消火器，消火栓などの防災用具，住宅地で子供や家族連れが多いところでは簡単な遊具，観光地では日陰や雨宿り空間，

簡単な飲食ができる東屋や自販機など。
② 小空地や街路歩道幅員など，設置する面積規模に応じた設置：狭い空間に設置する場合が多く，街路歩道幅員や空地の広さに応じた設置をしないと街具によって空間が混雑し，煩雑となって利用しづらくなる。
③ 歩行者動線や眺望の視界を阻害しない配置：植栽条件と同じく，想定される歩行者の動線や景色の眺望の視界を阻害しないように配置する。
④ 街具の配置は分散させずに関連する機能を集約して配置：例えばベンチと灰皿，ゴミ箱であるとか，街灯の下の案内板など。

第12章

都市防災計画

12.1 都市と災害

(1) わが国の災害

「災害は忘れた頃にやって来る」とは，物理学者寺田寅彦の有名な言葉である。わが国では有史以来，その地理的，地形的条件から繰り返し災害に見舞われ，その度ごとに復旧を行い，より災害に強い国土を形づくろうと努力し国土の建設が進められて来たといえる。わが国の地理的，地形的条件を考えると，日本列島全体が環太平洋火山帯の一隅に位置し，かつ太平洋プレート，フィリピン海プレート，ユーラシアプレートの境界付近上に位置していることから地球の火山・地震活動の影響を直接的に受け，また太平洋上赤道付近で発生した台風の定常ルート付近にも位置していることから強い風雨，集中豪雨も発生しやすく，ユーラシア大陸の東端付近にあり冬季には豪雪も見られる（図12・1）。

これらの自然条件に加えて，地形的・地質的条件は，列島の中心をなす脊梁山脈から海岸線までの距離が大陸と比較すると短いため急峻な河川が多く，多くの都市域は河口付近の沖積層の軟弱地

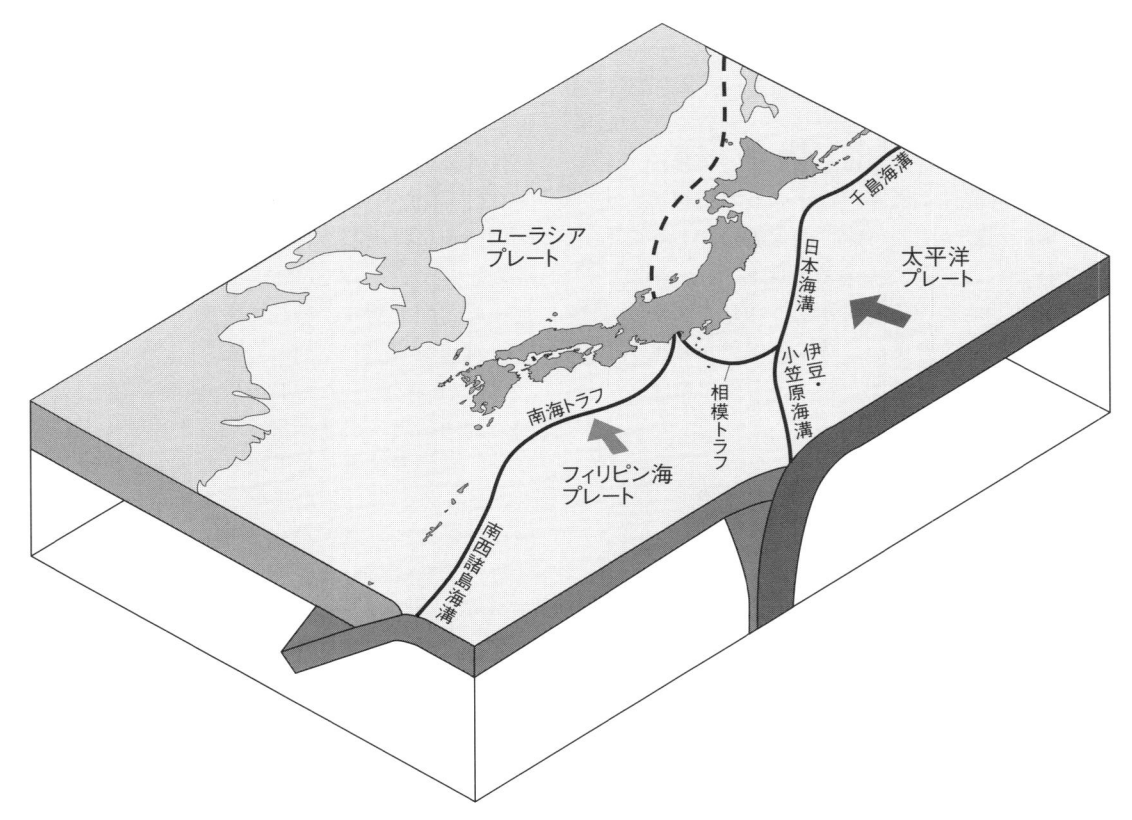

図12・1 日本列島周辺のプレート

盤上に形成されているため，防災に対しては不利な条件がそろっている。この結果として毎年のように台風，集中豪雨による水害に襲われ，地震による被害も受けている。災害とはこれらの自然現象の発生があり，それに対し地理・地形的条件と地域の社会基盤施設の状況，そこで生活する人々の生活状況とが複雑に関連して現れる現象である。わが国においては次のような災害を受けている。

(a) 気象による災害

6～7月期の集中豪雨の発生，毎年のように9～10月期には複数の台風が接近，上陸することによる風雨による被害が見られる。わが国の河川は将来的には100～200年確率で発生する洪水にも対応可能なことを目標に継続的に整備されているが，近年気象の状態が不安定なこともあり局地的短期的な豪雨による堤防の決壊がみられている。また近年は都市内河川の氾濫，地下街，低地における短時間の急激な増水による浸水の被害も多くなっている。このほか，冬期の豪雪，雪崩による被害もあり，稀ではあるが落雷による死傷事故もある（写真12・1）。

(b) 地震・津波による災害

古くは5世紀から日本書紀に地震の記録が残されており，現代に至るまで数多くの地震発生が確認されている。わが国では全国的にどの地域でも地震発生の可能性があり，近年のうちに東海，東南海，南海地震発生の可能性が地震研究者からも指摘されているところである（図12・2）。海底下を震源とする地震の結果引き起こされるのが津波であり，リアス式海岸など特に海岸線が陸地奥に入り込んでいる地域ほどこの被害を受けやすい。

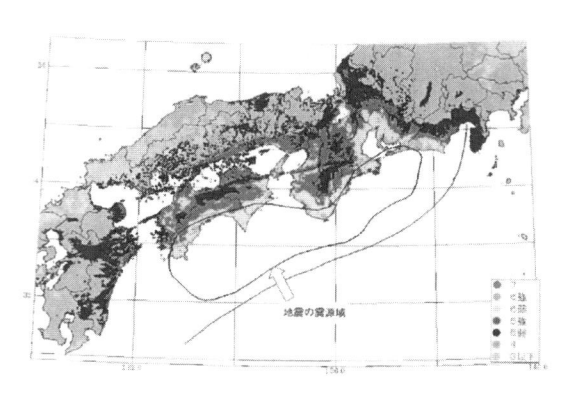

図12・2　東南海・南海地震の想定震源域

(c) 火山の噴火

北海道有珠山，雲仙普賢岳の噴火に伴う土石流よる山麓地域の被害，三宅島からの有毒ガス発生のための全島避難などは記憶に新しい。

(d) 土砂災害

地質不良および地形不良による崖崩れ，岩崩れ，斜面崩壊，地滑りなどが知られているが，豪雨，地震の結果として発生する土石流の事例が非常に多い。また，鉱山，岩石採取場の跡地の地上陥没などの例もある。

(e) 環境災害

酸性雨や酸性雪による森林における植生破壊の可能性が指摘されている。世界的なCO_2算出増加に伴う地球温暖化が危惧されており，これに対して1997（平成9）年12月に採択された京都議定書に従い国別に排出削減目標値を決め，削減へ向けた取り組みが始まっている。これらはいずれも地球規模の問題であり，今後の重要な課題である。

(2) 都市型災害

人々が生活を営む地域の成り立ち，社会基盤施設の整備状況により，自然現象が同じく発生したとしてもその結果として現れる被害状況は違ったものとなる。特に市街地と市街化されていない地域を比較するとき，住居地域の家屋の密集割合，材質，構造は異なっており，被害程度も異なることが多い。都市には過密な市街地が広がっており，住宅の大半は木造家屋である。そのため，わが国の都市は古くから度々地震や風水害などの災害に見舞われ，その都度貴重な人命を失い，経済的にも多大な損失を被り，経済活動に大きな影響を受けた。そして特に高密度な都市域では災害が拡大する危険性および確率が高く，防災への取り組み

写真12・1　兵庫県豊岡市の水没（平成16年10月）
（神戸新聞社提供）

写真12・2　震災時の都市火災
（神戸市長田区，平成7年1月）（神戸新聞社提供）

写真12・3　道路の冠水，東京都中野区
（国土交通省HPより）

が重要となる。

特に1995（平成7）年1月17日に発生した阪神・淡路大震災を教訓として，日本の防災対策に大きな見直しが行われている。その大きな転換の内容は，技術力によって災害の発生を未然に防止しようとするだけでなく，災害がやむを得ず発生した場合に，対処策としていかに柔軟に対応するかという「防災」から「減災」に重点を置くようになったことである。

すなわち，自然現象としての災害に対する予防手段を講じておく必要はあるが，自然を完全に克服しようとするのではなく，予期せぬ災害はある程度起こることを前提として，いかに安全に避難するか，被害の拡大を最小限にとどめ，被災後の復旧・復興を速やかに行うかといったシステムづくりが大切である。また都市を襲う災害には前節で示した，自然現象に起因するものだけではなく，貯蔵危険物の漏出や爆発・火災など大都市としての産業活動が営まれているために，人為的にもたらされるものもある。都市に居住する人々の人命や財産を脅かす災害による被害は，都市域内の様々な原因・要因が複合して生じる場合が多く，都市を災害から守り，被害を最小限に抑えるためには総合的な視野にたった防災計画が必要である。特に地震災害は予知が困難で，火災などの二次被害も都市内では拡大しやすいことから，都市防災で最も配慮しなくてはならない。特に都市がその産業活動を営み，人口，住宅および社会資本の集積があるがために災害となることがらには，次のようなものがある。

(a)　都市火災

地震後の二次災害としての火災発生，なかでも木造家屋の多くある密集住宅地域への延焼は，阪神・淡路大震災での被害拡大の原因となった。また工業地域における，都市ガス・プロパンガスなどのガス製造および貯蔵施設，火薬類・爆発性物質の製造および貯蔵施設，石油やLNGなどのエネルギー製品製造および貯蔵施設，危険物製造および取り扱い施設などにおける爆発事故は，住宅地が近接している地域もあり大変危険である（写真12・2）。

(b)　都市水害

都市内河川は人工的に川道の付け替えが行われたり，川幅拡幅の余裕がないあるいは暗渠区間があるなど，短時間集中豪雨に対して処理能力が不十分な場合がある。また都市内道路はほぼ100％の舗装済みであることから，地表面からの浸透も少ない。このような状況に対し，低地盤の地域もほぼ宅地化され遊水機能を持たせる土地がないこと，地下街およびビルの地下室の普及などにより，水害に遭うケースが近年増加している。

防災対策を進めていくにつれ，災害が減少するのではないかと考えるのが通常である。しかし，一般に都市化の進展とともに新たに災害の芽となる要因が生まれている可能性も否定できない。都市化を支えている科学技術そのものに災害の発生要因が内包されていることを忘れず，人口密度が高く，空間的なゆとりが少ない地域ほど，災害時の被害拡大の可能性が高いことを意識しつつ，まちづくり活動を行っていくことが必要である（写真12・3）。

12.2 防災対策の枠組み

わが国における災害対策の基本的枠組みとして，災害対策業務は国と都道府県，市町村に分かれているが，自治体は近隣自治体との連携が重要であることから，お互いに災害時の応援協定を結び補完する体制が計画されている。防災に対する基本的な枠組みと，防災対策事業を推進する基となる法律体系のうち，基本的なものを挙げると以下のとおりである。

(1) 中央防災会議

わが国の防災に関して基本的方針を決める会議として中央防災会議がある。これは内閣総理大臣を長とし防災担当大臣をはじめとする全閣僚，指定公共機関の長，NHK，NTT，日本銀行，日本赤十字社の社長・総裁が加わる会議で，次のような役割がある（図12・3）。

① 「防災基本計画」「地域防災計画」の作成およびその実施の推進
② 非常災害の際の緊急措置に関する計画の作成およびその実施の推進
③ 内閣総理大臣・防災担当大臣の諮問に応じて，防災の基本方針，防災に関する施策の総合調整，災害緊急事態の布告等の重要事項の審議
④ 防災に関する重要事項に関し，内閣総理大臣および防災担当大臣への意見の具申

などの防災に関する重要事項の審議が行われる。

(2) 防災基本計画

防災基本計画とは，災害対策基本法の規定に基づき中央防災会議が作成する，わが国の防災対策に関する基本的な計画である。この計画は総合的かつ計画的な防災行政の整備およびその推進を図るために，1963（昭和38）年に作成され，1971（昭和46）年に一部修正され，その後，阪神・淡路大震災において大規模な被害が生じた経験・教訓を踏まえ，1995（平成7）年に自然災害対策を中心とした修正を行うとともに，その後，社会・産業の高度化，複雑化，多様化に伴い，事故災害についても防災対策の充実強化を図るために事故災害対策を追加する修正が行われた。さらに，1999（平成11）年に発生した茨城県東海村ウラン加工施設における臨界事故を踏まえた「原子力災害対策特別措置法」に合わせ，原子力災害対策編の修正が行われ，2002（平成14）年には，近年の災害対策の進展に伴い計画の実効性を向上させるため，風水害対策編，原子力災害対策編について修正が行われ，2004（平成16）年には，近年の震災対策の進展を踏まえ計画の実効性の向上を図るため，震災対策編を中心として修正が行われた。その内容は次のようになっている。

① 防災に必要な体制の確立。
② 国，地方公共団体，JR，NHKなどの行政機関・公共機関，および住民の防災に関する責務の明確化。
③ 国の防災関係機関として，23の中央省庁が指定され，これらをまとめて情報収集・指揮する機能が新しい首相官邸に設けられた。
④ 防災関係の公的機関として，日本銀行・日本赤十字社・NHK・高速道路・空港・JR・NTT・電力・ガスなどの機関が指定公共機関となる。
⑤ 中央防災会議による防災基本計画・行政機関・公共機関による防災業務計画，市町村防災会議による市町村地域防災計画などの防災計画の作成。
⑥ 防災訓練，防火物資および資材の備蓄整備などの災害予防措置。
⑦ 警報の伝達，出勤命令，避難の指示物資の収用，通信設備の優先使用などの防災応急対策。
⑧ 自衛隊の災害派遣の効率化，災害発生時の応急措置として，震度5以上の地震発生の場合には自衛隊の航空機が出動しての被災状況の確認，自衛隊の応急措置のための工作物の除去や土地の使用および警察官がいな

中央防災会議			
会長	内閣総理大臣		
委員	防災担当大臣をはじめとする全閣僚	指定公共機関の長（4名） 日本銀行総裁 日本赤十字社社長 NHK会長 NTT社長	学識経験者（4名） 大学教授（2名） 県知事（1名） 日本消防協会会長
専門調査会			
・東南海，南海地震等に関する専門調査会 ・災害教訓の継承に関する専門調査会 ・首都直下地震対策専門調査会 ・民間と市場の力を活かした防災力向上に関する専門調査会 ・日本海溝・千島海溝周辺海溝型地震に関する専門調査会			

図12・3 中央防災会議の組織

い場合の交通規制の権限。
⑨　災害復旧および防災に関する財政金融措置。
⑩　電力・通信の確保と交通輸送の迅速化。

　国土交通省をはじめとする国の「指定行政機関」は，防災基本計画に基づき各機関の所掌事務に関し防災上とるべき措置について，防災業務計画を策定する。
　都道府県および市町村では地域の実状に即した地域の防災計画が策定されなければならない。すなわち都道府県では知事のもとに都道府県防災会議が設けられ，都道府県地域防災計画が策定される。これに基づいて「指定地方行政機関」および「指定地方公共機関」が計画の実施を推進する。市町村では市町村長のもとに市町村防災会議が設けられ，市町村地域防災計画の策定と防災業務の実施が推進される。

(3)　災害対策基本法

　1959(昭和34)年の伊勢湾台風を契機として，総合的かつ計画的な防災行政体制を整備する目的で，1961(昭和36)年に「災害対策基本法」が制定された。基本方針として「国は国土並びに国民の生命，身体及び財産を災害から保護する使命を有することにかんがみ，組織及び機能のすべてをあげて防災に関し万全の措置を講ずる責務を有する」としており，その主な内容は，①防災責任の明確化，②防災体制，③防災計画，④災害予防，⑤災害応急対策，⑥災害復旧対策，⑦災害などに対する財政措置，⑧災害緊急事態に対する措置である。
　都道府県・市町村では，風水害，地震等の災害に対して，地域の実情に即した地域防災計画を策定しなければならない。阪神・淡路大震災では，県庁や市役所も大きな被害を被り，迅速な対応に対し不備な点があったと考えられたため，国がトップダウンで対策を打ち出し，即応体制をとる必要が認められ，災害対策基本法は改訂された。

(4)　大規模地震対策特別措置法

　1978(昭和53)年に，大規模な地震の予知情報が出された場合の防災体制の整備強化を目的として，「大規模地震対策特別措置法」が制定された。特に歴史的経緯から予測して東海地震の発生が懸念され始めたため，神奈川・山梨・長野・岐阜・静岡・愛知県の167市町村（昭和54年時点）にまたがる東海地方が地震防災対策強化地域として指定された。また東海地震の予知に向けた重点的観測地域が指定され，地震予知の検討と地震発生の警戒宣言が出た場合の地域全体に及ぶ体制づくりが主な内容となっている。さらに東京都区部，大阪市，名古屋市および地震防災対策強化地域において，震災時に住民の生命の安全を確保するために，避難地ならびに避難路などの都市防災施設を計画的，効率的に整備することを目的として，防災対策緊急事業計画がたてられている。
　当初1970年代から東海地震の発生が懸念されたため観測体制が強化され，防災のための体制づくりが実施されてきたが，近年はこれより西方の地域である南海地震，東南海地震の発生も同様に懸念されるため，国・地域においても，的確な防災対策を早急に検討する必要があることが認識され，地震対策の充実強化の検討が行われている。

(5)　地震防災対策特別措置法

　阪神・淡路大震災を契機として1995(平成7)年に制定された。この目的は地震防災対策を強化し，社会の維持と公共の福祉を確保することである。中身は，地震による被害から国民の生命，身体および財産を保護するため，地震防災緊急事業5カ年計画を作成し，これに基づいて事業に国から財政上の特別措置を施すこと，地震に関する調査研究の推進のための体制を整備することについて定めている。
　この地震防災緊急事業の5カ年計画として実施できる内容としては，避難地，避難路，消防用施設，消防活動・緊急輸送を確保するため必要な道路，交通管制施設，ヘリポート，港湾施設，共同溝，公的医療機関，社会福祉施設，小・中・盲・ろう・養護学校，海岸保全施設，河川管理施設，砂防設備，地すべり防止施設，急傾斜地崩壊防止施設，ため池，地域防災拠点施設，防災行政無線設備，井戸，貯水槽，水泳プール，自家発電設備，非常・救助用物資の備蓄倉庫，救護設備，老朽住宅密集市街地に係る地震防災対策，などがあり，これら様々な事業に対して，国から助成できることとしている。

(6)　災害救助法

　1947(昭和22)年に，被災地で被災者に対して応急的に必要な救助および援助を行うことにより，被災した者の保護と社会秩序の保全を図ることを

目的として,「災害救助法」が制定された。これは,災害の規模が一定の条件を越えた場合に発動される。例えば市町村の人口が5〜10万人の都市の場合には,80世帯以上の住家が滅失した場合,同様に10〜30万人の都市の場合には100世帯以上の住家,30万人以上の都市の場合には150世帯以上の住家が滅失した場合に発動される。この場合,住家が半壊・半焼した場合には0.5世帯,床上浸水の場合には0.33世帯として計算される。また大規模な都市火災の場合には,自然災害と認められて災害救助法が発動されるが,通常の火災や爆発事故は人為的事故(人災)とみなされ,災害救助法の対象にはならない。災害救助の種類としては,人命救助,医療,応急仮設の供与,炊出しその他による食品・飲料水の供給,被服・寝具その他生活必需品の給与,被害を受けた住宅の応急修理,生業に必要な資金・器具・資料の給与または貸与,などがある。

12.3 災害対策と減災

防災および減災の地域・都市づくりの計画は,各地域固有の状況,自然環境条件を踏まえ,防災に向けた課題を解決していかなければならないが,私たちの平常の生活において安全・安心・快適感に満たされた,質の高い市街地を構築する計画が望まれる。防災および減災機能を有する安全な環境を整備するために,ここでは地震災害および都市水害を中心として,地域計画・都市計画で検討すべき事項について整理する。

自然の大きな力による災害を完全に防ぐことがもちろん理想であるが,災害の発生を前提として,その被害をいかに小さく抑え,あるいは被災後にいかに速く被災者を救援し,被災地を復旧することができるかという観点からの計画が重要であると考えられる。このためには,市街地の広域的な延焼被害を軽減するための遮断帯整備や,密集市街地の改善,避難路および避難地,防災拠点整備の考え方を整理しておく必要がある。

(1) 都市の防火区画

阪神淡路大震災においては二次災害としての大規模火災の発生が知られているが,その延焼の停止した要因すなわち「焼止まり要因」としては,広幅員道路,鉄道線路,公園などの大規模空地の存在や,学校・マンションなど不燃建築物の存在や列状に配置された形が大きく効果を有することが明らかになった。実態調査から,幅員6〜8mの道路では約50%,幅員12m以上の道路では100%の延焼防止効果があったことが報告されている(図12・4)。

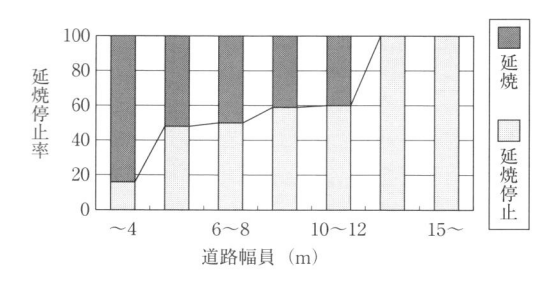

図12・4 道路幅員と延焼停止率
(国土交通省HPより)

このことから火災の延焼防止には,幹線道路,鉄道敷,運河・河川,公園・緑地といった線形のまとまった空間を利用して「都市防火区画」を設定することが有効であり,さらに区画境には不燃建築物が並ぶように配置したり,道路・河川沿いを緑化して「延焼遮断帯」を形成することによりこの「都市防火区画」の効果はさらに高まることになる(図12・5)。

延焼遮断帯による防火区画を設けることによって,区画外からの火を受けることがなくなると同時に,区画内で発生した火災が隣接した区画に燃え移ることも防止される。消防活動による鎮火が困難になってしまった大規模火災の場合には,延焼遮断帯が焼け止まり機能を発揮するため,焼失

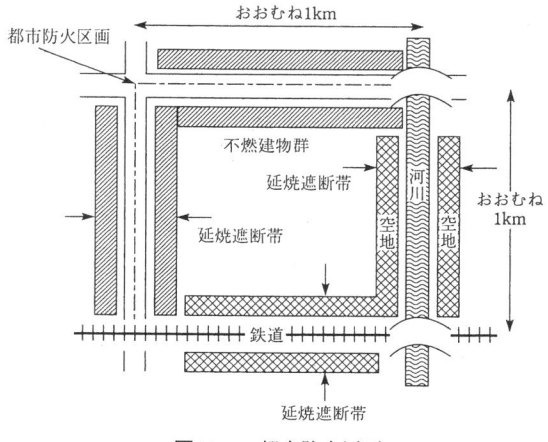

図12・5 都市防火区画

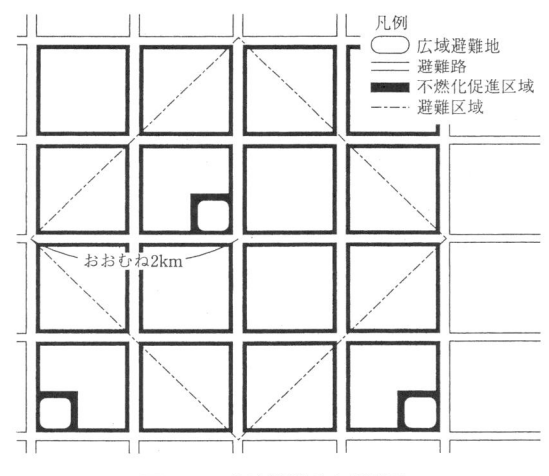

図12・6 広域避難地と避難路

凡例
広域避難地
避難路
不燃化促進区域
避難区域

おおむね2km

地域の拡大を阻止することとなり，これによって人的・物的被害を小さく抑えることになる。

(2) 避難路の確保

震災とそれに伴う大規模な火災が発生した場合，人々を安全な場所へ誘導する避難路と避難地の確保は，密集市街地などにおいては重要な課題である。避難路は一次避難地，広域避難地などに移動するために幹線道路，補助幹線道路等により整備され，幹線道路については1km四方程度の近隣住区の外周道路として，補助幹線道路については，1km四方内に延長2km程度を格子状に配置するのが望ましいとされている（図12・6）。

幹線道路は4車線以上，補助幹線道路は2車線として整備される。避難路は原則20m以上の道路，緑道・歩行者専用道では15m以上とされているが，災害時に避難するために有効な幅員は，駐車・放置車両が占めるため減少し，あるいは沿道の建築物からの落下物等で閉塞されるため狭められても，消防活動等の車両が通行するために必要な幅員を考慮し，なおかつ住民が速やかに避難地まで避難できるための幅員を勘案しなければならないが，阪神・淡路大震災の際の調査結果から8mが通行のための必要幅と考えられている。いずれかの道路が遮断されたとしても，避難地まで到達できるように，避難路は複数の経路をネットワーク状に配置することが望ましい。また地域内のどこからでも500m以内で避難路に出られるよう配慮し，沿道建築物は耐震不燃構造であることが，避難者の安全確保のために望まれる。

(3) 避難地・防災拠点の配置

大規模災害ではある程度の被災者が出ることは避けられず，この人たちの避難できる場所の確保が計画されていなければならない。災害直後に一時的に集合できる場所を一時避難地といい，最終的に到達する安全な場所を広域避難地という。

(a) 一時避難地

一時避難地は，日常生活圏である近隣住区内に確保されている必要があり，集合した避難者の安全が保証される大きさの空間が必要である。街区公園，近隣公園，団地内広場，小・中学校のグラウンドなどで誘致距離500m程度で設定する。広域避難地までの距離が遠い地区の場合には，避難者を一時的に集合させ，安全に広域避難地まで誘導する。

(b) 広域避難地

広域避難地は，誘致距離2km以内ごとに設けられることが望ましい。地区公園，総合公園などのようにまとまった面積が必要である。広域避難地としては，想定避難者数1人当り2m²以上確保することが望ましいとされている。広域避難地周辺で火災が発生した際，その輻射熱などから避難者を守るためには10ha以上の面積が必要と考えられる。しかし密集市街地などで面積を確保できない場合には，周囲の建物を耐震不燃化構造にしておく必要がある（図12・7）。

また広域避難地は防災拠点としても位置づけられる。大規模な地震災害の場合には被害が広範囲に及ぶため，外部からの急な救援に依存しにくい。このため半径2km圏ごとに市民の自主的な防災・救援活動ができるような環境を整えておくことが求められ，その中心となるのが防災拠点である。ここでは，避難者を収容し助ける機能，生活を確保する機能のほか，災害情報を収集・伝達する対策本部としての機能を置くことが必要となる。

平常時から，救出活動や消火活動に必要な機材・非常食を備蓄する防災倉庫，消火栓や防火水槽を有し災害時に備え，市民へ防災意識を啓発・教育するための，地域コミュニティセンター，集会所などが併設されていることが望まれる。また地震時の火災は同時多発的に起こる可能性が高いので，水道水に頼る通常の消火栓や防火水槽だけでは十分な水量の確保できる保証がないため，海，河川，運河，池，井戸などの水を利用できる立地

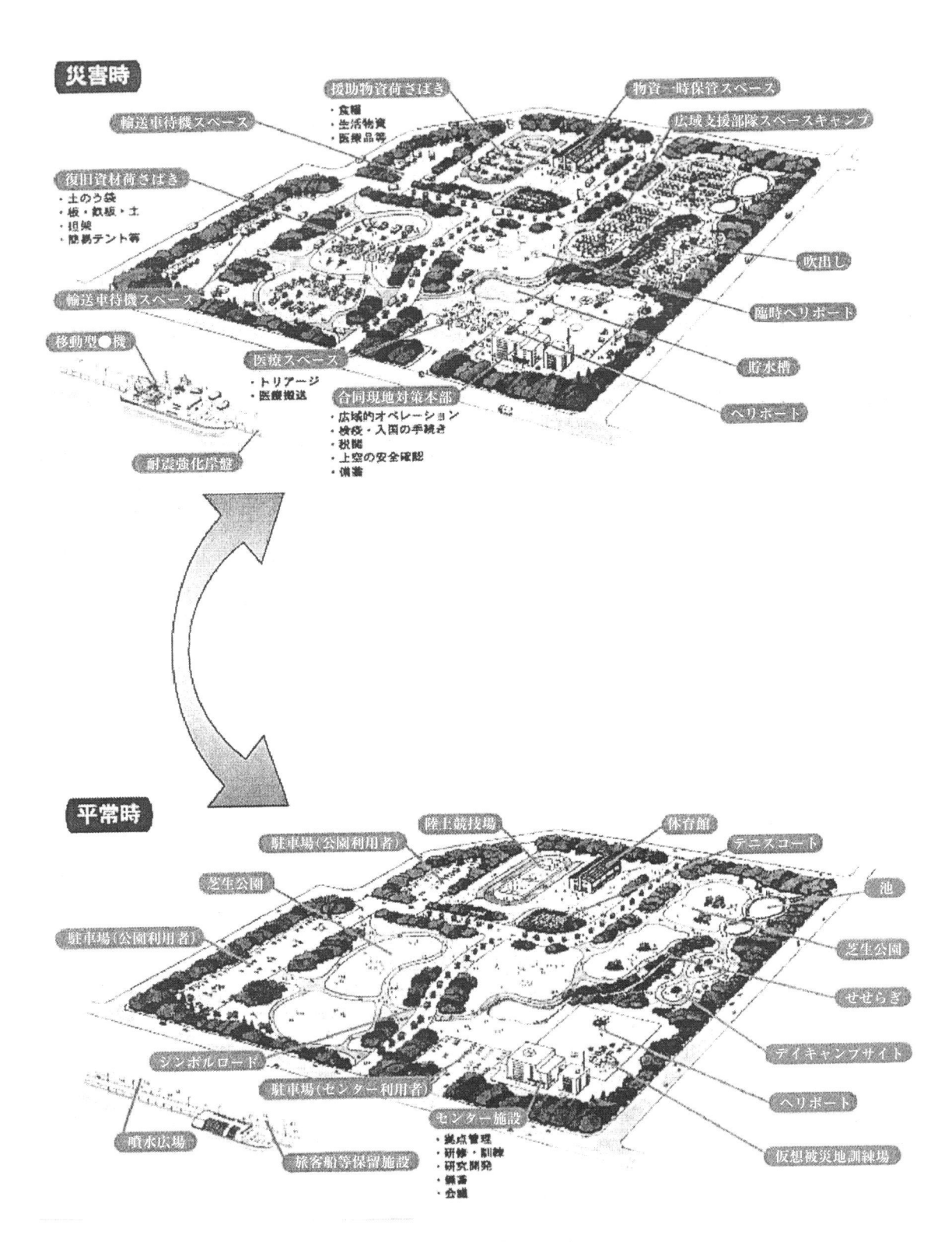

図12・7　広域避難地（防災拠点）整備

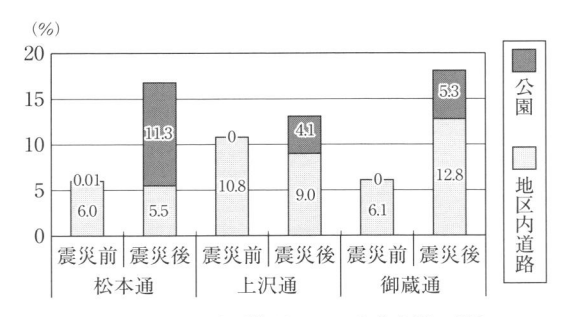

図12・8 土地区画整理による公共空間の増加

が望ましい。

(4) 密集市街地の改善

　阪神・淡路大震災における神戸市内での火災延焼の被害が大きかった地区の分析から，1棟当りの建築面積が小さく建ぺい率が大きい狭小建築物の密集地域で大規模火災になる可能性が高いことがわかった。震災以前から都市計画事業として土地区画整理事業が済んでいた地区内で発生した火災が，同地域内へは延焼せず，隣接する密集地域に延焼した例が知られている（図12・8）。

　これを教訓に大規模火災の被災地区では，面整備といわれる土地区画整理事業，市街地再開発事業などが進められている。これらの事業は，密集市街地を改善する方法として効果が高く，建物や宅地の整備と一体的に道路，公園緑地などの公共空間を広く確保し，消防水利の強化，建築物の不燃化などの対策を進めていくものである。密集市街地の緊急かつ総合的な整備促進を行うため，1997年に密集市街地整備法が施行された。防災上危険な密集市街地を防災再開発促進地区に指定し，効果的な再開発を目的として行うものである。

　このほか，密集住宅市街地整備促進事業は老朽住宅の密集地区において良質な住宅の供給，居住環境の整備等を促進するため，老朽住宅の除去・建替，建物の不燃化や共同化の誘導，および公園や細街路の整備を総合的に行うものである。この結果，一挙に街並みが変わり公共空間が増加することはないが，時間をかけて施設や建物を部分的に段階的に整備するものである。

(5) ライフラインの防災

　道路・鉄道・水道・電気・電話・ガスなど都市のライフラインの安定的維持が重要であるが，阪神・淡路大震災においては以下のような状況であった。

① 道路：高架橋の倒壊，桁の脱落などによる高速道路の不通区間が生じ，一般道でも建物の倒壊により通行不可となるなど自動車の通行の支障のほか，自転車や歩行者にも影響を及ぼした。このため道路は大規模な交通渋滞を引き起こし，復旧支援だけではなく経済活動にまで影響を及ぼした。特に，緊急を要する消防活動，患者の搬送，救援物資や救援者などの輸送への影響が大きかった。

② 鉄道：道路と同様に高架橋の桁の脱落箇所が多く，阪神間の通勤通学を賄っていた路線はもちろんであるが，新幹線をはじめ在来線は中国・九州と東日本・西日本を結ぶ大動脈が寸断され，長期間にわたる乗客・貨物輸送の障害を起こした。

③ 港湾：主要港湾であった神戸港では港湾関連施設の被害が大きく，コンテナの扱い量が激減し現在も震災前の量までには回復していない。

④ 電気：変電所の被災によって，神戸市全域に停電が発生した。また，送・配電設備の被害や，家屋への引き込み線部分での損傷が多く見られたが，応急復旧は比較的迅速に行われ，1週間後には復旧した。今後の課題としては，火災発生の一因ともなるので，建物の被災状況を把握した後の慎重な通電手順が求められる。

⑤ ガス：都市ガスは，中圧管および低圧導管の継ぎ手部分が被害を受け，神戸周辺で中圧導管を閉鎖し供給を停止したが，大規模なガス爆発などの二次災害は起きていない。被災1週間後から供給開始された地域もあるが，最終的には完全復旧までに約3カ月を要した。

⑥ 上・下水道：上水道は神戸市全域にわたって断水し，市民生活に多くの影響が出たほか，消火栓水が水道に依存していたため十分な消火活動を行うことができず，火災被害増加の一因となった。避難所には早期に給水活動が開始されたが，交通渋滞のために十分な給水ができない場面もあった。地中配管のため復旧にはガス同様に日時を要

した。人々の日常生活のほか医療活動などにも大きな影響があった。

神戸市では公共下水道の普及率は約97%であるが，臨海部の軟弱な地盤に建設された処理場やポンプ場などに被害が発生したため，約1カ月間　生活用水の排水に支障を来した。下水道は途中経路が損傷しない場合でも，下流処理場が被害を受けた場合にはシステムとして機能しなくなるという問題が発生する。

⑦　電話：電話交換機の停電による故障，建物倒壊によるケーブルの断線，火災による焼失などの被害と，通常の50倍以上の発着信が輻輳したことにより多くの回線が不通となった。災害時の防災優先電話も機能しないなど，情報の断絶は地域全体に不安と不満を与えた。

以上のようにライフラインの破壊により，被災者への救援活動や日常生活に大きな影響を受けた。

被害を受けた都市を復旧するに際しては，まず人々の生活を支える道路・鉄道・上下水道・電気・ガス・情報通信といったライフラインを回復しなくてはならない。これらのネットワークは，大地震時に破壊されにくいように耐震構造にすることはもちろんであるが，特に電気・ガス・上水道・下水道など共同溝の中に敷設されていたものについては被害が小さかったことが判っており，このことから幹線道路を中心に共同溝化を推進する必要がある。共同溝化は電柱の倒壊による道路遮断を避けるためにも有効な手段である。

(6)　都市水害の発生

わが国の地形は比較的急峻でありながら，夏前の梅雨期，初秋の台風期等に降水量が集中するなど，水害の発生に対しては悪い条件である。土地利用の面からは，河川下流域の沖積平野で経済活動を支える大部分の商工業生産が行われ，洪水時の河川水位より低い地帯も広く利用されており，ここに人口・資産の集中が見られる。

河川改修のための治水投資が永年続けられてはいるが，都市部における中小河川の洪水は増加しており，洪水による被害は減ってはいない。この大きな要因として，都市基盤整備によって都市部における雨水流出のメカニズムが大きく変化した

写真12・4　地下街の浸水（国土交通省HPより）

ことがある。すなわち都市化以前においては，雨水は田畑や空地，山林等に長く貯留し，徐々に浸透し，河川や下水道に時間をかけて流出していった。しかし都市化の進展，社会資本の整備により市街地がアスファルトやコンクリートの不透水層で覆われ，自然の保水・遊水機能が低下し，地中に浸透することなく河川や下水道に短時間で流出することになった。

このように雨水の河川への流出時間が減少し，洪水流出量の増加とピーク流出量の増加が相乗し，しかし都市内河川の治水能力は必ずしも改善していないことから，都市水害が多発するようになったと考えられる。また近年では，地下街の拡大，ビル地下室の利用の増加から，人的資産的被害が大きくなっている。この都市部における不浸透面積の増加は，地下水位の低下と河川の平常時流量の減少となり，地盤沈下の一因ともなっている（写真12・4）。

(7)　市街地の河川整備

これまで都市水害対策事業は，河川および下水道を整備し，洪水流下能力を向上させる工事を中心として整備がなされてきたが，都市河川は大河川に比べて改修整備が遅れた所もあった。

中心市街地付近では，河川直近まで住宅地・商業地がすでに形成されており，河道の拡幅に必要な用地確保が困難であったり，工事上でも周辺都市施設との調整，地域に対する工事の公害問題など多くの制約条件がある。こうした中での河川改修工事は多くの制限を受けるため，コンクリートの3面張りという排水効率を考慮した巨大な排水路の形態にならざるを得ない場合も多く，自然環境を作り出すことは難しいが，親水空間のための

写真12・5　都市河川（神戸市内新湊川）

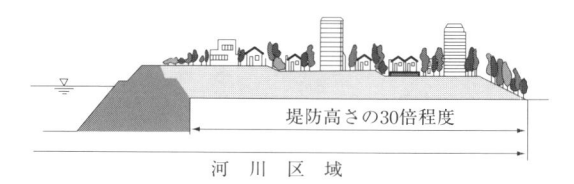

図12・9　スーパー堤防

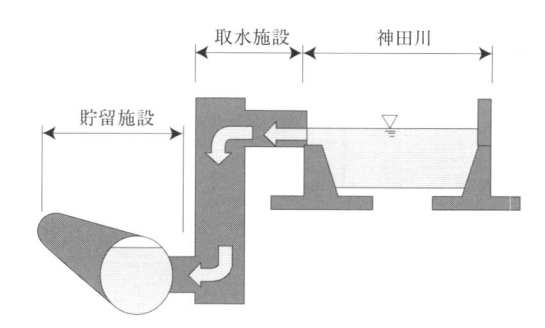

図12・10　地下河川のイメージ（国土交通省HPより）

アプローチ階段や小公園を護岸付近に設けるなどの工夫も重ねられている。また近年の市街地の新しい治水の考え方として，スーパー堤防（高規格堤防）および地下河川が提案され建設されてきている（写真12・5）。

(a)　スーパー堤防

スーパー堤防とは，従来の堤防部分だけではなく，堤防背後にある堤内地全体を奥行き広く嵩上げすることにより，堤防と市街地を一体的に整備するものである。これは堤防決壊のない堤防幅を持たせながら市民の水辺利用に配慮し，再開発整備の手法を取り入れ土地の有効利用を図ろうとするものである（図12・9）。

(b)　地下河川

地下河川とは，排水および遊水の機能を同時に満足させるため，道路の下に新たな人工河川を通すものであり，新しい方策による治水対策として注目されている。具体的には東京区部の外周を走る環状7号線の地下に整備することが計画されている（図12・10）。

(c)　遊水機能の確保

市街地内で保水機能を向上させるには，大量の雨水を一時的に貯留し時間をかけて徐々に河川に排水する，地下へ浸透させるなどが一般的である。大規模な住宅団地の開発では，既存のため池を利用するなどして開発地域内に遊水池を設けることが有効であるが，十分な用地が確保できない場合には，平時には公園や広場として使用し，増水時には遊水池として機能するような工事も実施されている。

また市街地の学校の校庭や公園・広場などを，自然土の状態で整備することは，雨水の地下浸透に対し有効であり，最近では道路整備工事において，雨水が地下に浸透できる「透水性舗装」も実施されている。

第13章

都市エネルギー計画

13.1 都市のエネルギー問題

(1) 環境問題の発生と現状

21世紀は「環境の世紀」といわれ，過去に類を見ないほど，世界的な環境意識の高まりがある。その背景には，あまりにも進んだ科学技術の恩恵もあり，開発規模・開発スピード・開発範囲の拡大や経済発展に伴う消費社会の進展によって，環境破壊やエネルギー消費が進んだことがある。そして，その程度は地球環境に対して取り返しがつかないほどのレベルに達しているとの懸念があるのである。

環境問題は，被害の規模や範囲から，公害問題，環境汚染問題，地球環境問題に分けられる。ここでは，エネルギー消費が原因で発生する環境問題を環境汚染として，エネルギー資源の利用が原因で発生する環境問題を自然破壊として，現在危惧されている環境問題を概観してみる。

(a) 環境汚染：①温暖化，②酸性雨，③オゾン層の破壊

①，②の原因は，ほとんどが石油や石炭などの化石燃料の大量消費によって，二酸化炭素，窒素酸化物，硫黄酸化物が発生することによる。③は，エアコンや冷凍用の冷媒に使用されるフロンが原因である。産業革命から，まだ約200年しかたっていないが，石油や石炭などの燃焼によって発生した汚染物質が大気中に累積し，①と②の環境汚染が顕在化した。さらにフロン利用は歴史が浅いが，③はすでに深刻である。1997(平成9)年12月に京都で開催された「気候変動に関する国際連合枠組条約・第3回締約国会議（COP3）」で，温室効果ガスの排出削減目標が決定されたのは，記憶に新しいところである。

(b) 自然破壊：④海洋汚染，⑤森林・農地の喪失，⑥都市における環境問題

④は，タンカー事故や海底油井による重油の流出が問題となることもあるが，家庭や工場からの排水，農薬の河川を通じた海洋への流入も原因となっている。つまり，都市化や工業化と密接な関係にある環境問題である。⑤は，発展途上国における経済的，産業的，政治的問題や食糧問題等が複雑に絡み合い，進行している。今日のグローバル社会・グローバル経済の浸透によって，この問題はますます解決が困難になっているようである。例えば，日本は木材資源を大量に東南アジアに求めているが，熱帯林の消滅に最も関わりが深いのは日本であるとの指摘がある。そして，⑥は地球環境規模ではないが，無視できない地域的な環境問題である。

(2) 都市における環境問題とエネルギー問題

先進国の都市では，人口や経済活動・産業活動が集中した結果，過密な建物群（都心部では中高層建築が集中的に林立する）やアスファルト舗装の道路により緑地が極端に減少している。その上，通常の日射に加え，空調による排熱，自動車による排熱や排気ガス等によって，都心部の気温が上昇するヒートアイランド現象が顕著化している。そのため，ますます空調用のエネルギー消費が増加するという悪循環が起きている。東京23区のエネルギー消費密度は，1990年時で平均40W/m²であり，局所的には120W/m²を超える所があるといわれている。このまま行けば，2030年には7倍となり，大手町での気温は43℃になるという予測もある。また，ゴミ問題も深刻である。特に三大都市圏のような大都市では，ゴミ処理場やゴミ捨て場を確保することが深刻な問題となっている。これは消費活動の拡大の結果である。再利用可能なモノをより分け，省エネルギーに努めることが

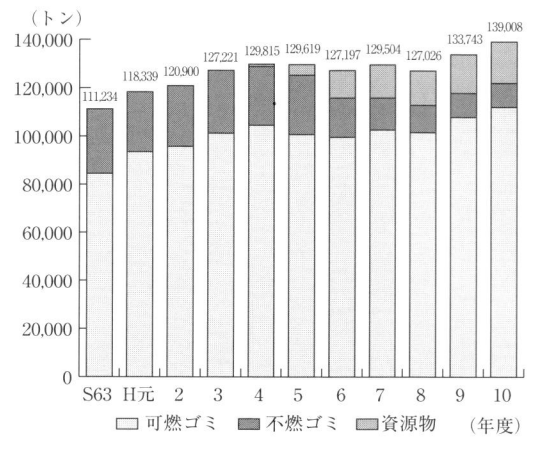

図13・1　長野市におけるゴミ収集量

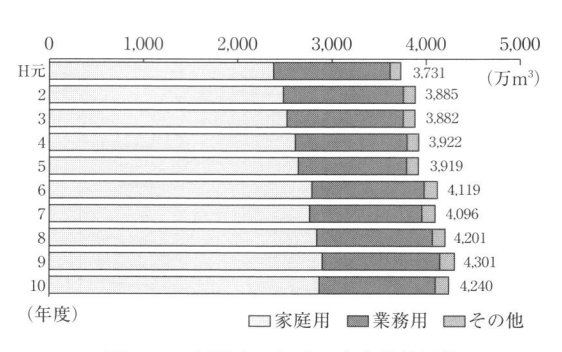

図13・4　長野市における上水道使用量

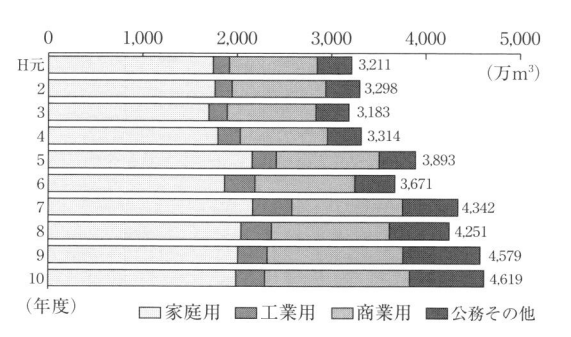

図13・2　長野市における都市ガス使用量

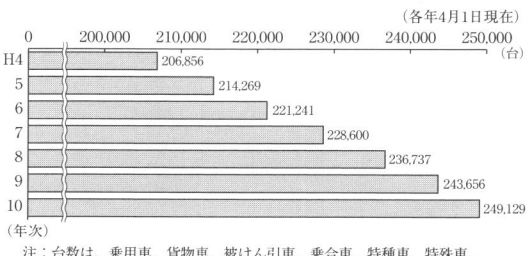

図13・5　長野市における自動車保有台数

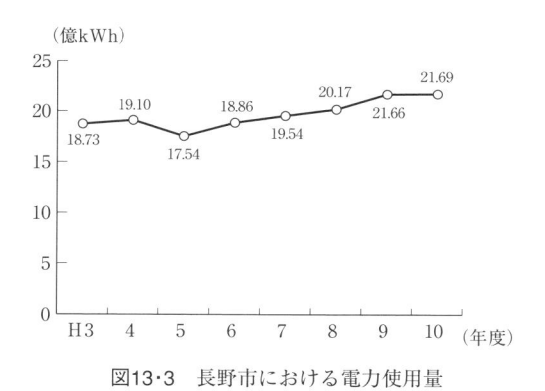

図13・3　長野市における電力使用量

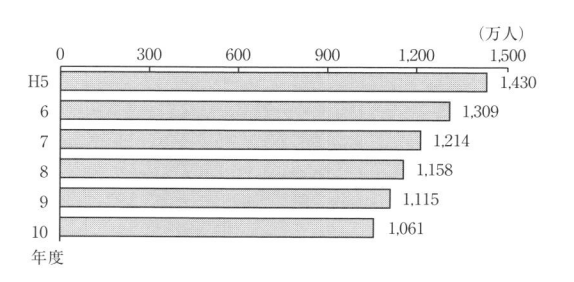

図13・6　長野市におけるバス乗車人数

求められているのである。

　都市におけるエネルギー消費が増加しているのは，大都市ばかりではない。地方中小都市レベルでも，最近10年間のエネルギー消費は着実に増加している。長野市（人口約38万人）の事例でみても，ゴミ収集量，都市ガス使用量，電力使用量，上水道使用量等は着実に増加している（図13・1

〜図13・4）。また，都市内における自動車保有数は毎年増加しているのに対し，市内の有力な公共交通機関であるバス乗車人員数は急減している。逆に，こうしたエネルギー消費の増加を生む形での都市活動の拡大は，都市環境の悪化にも密接に関係している。例えば，長野市のある善光寺平における夜空の明るさは，都心部を中心に明るさが

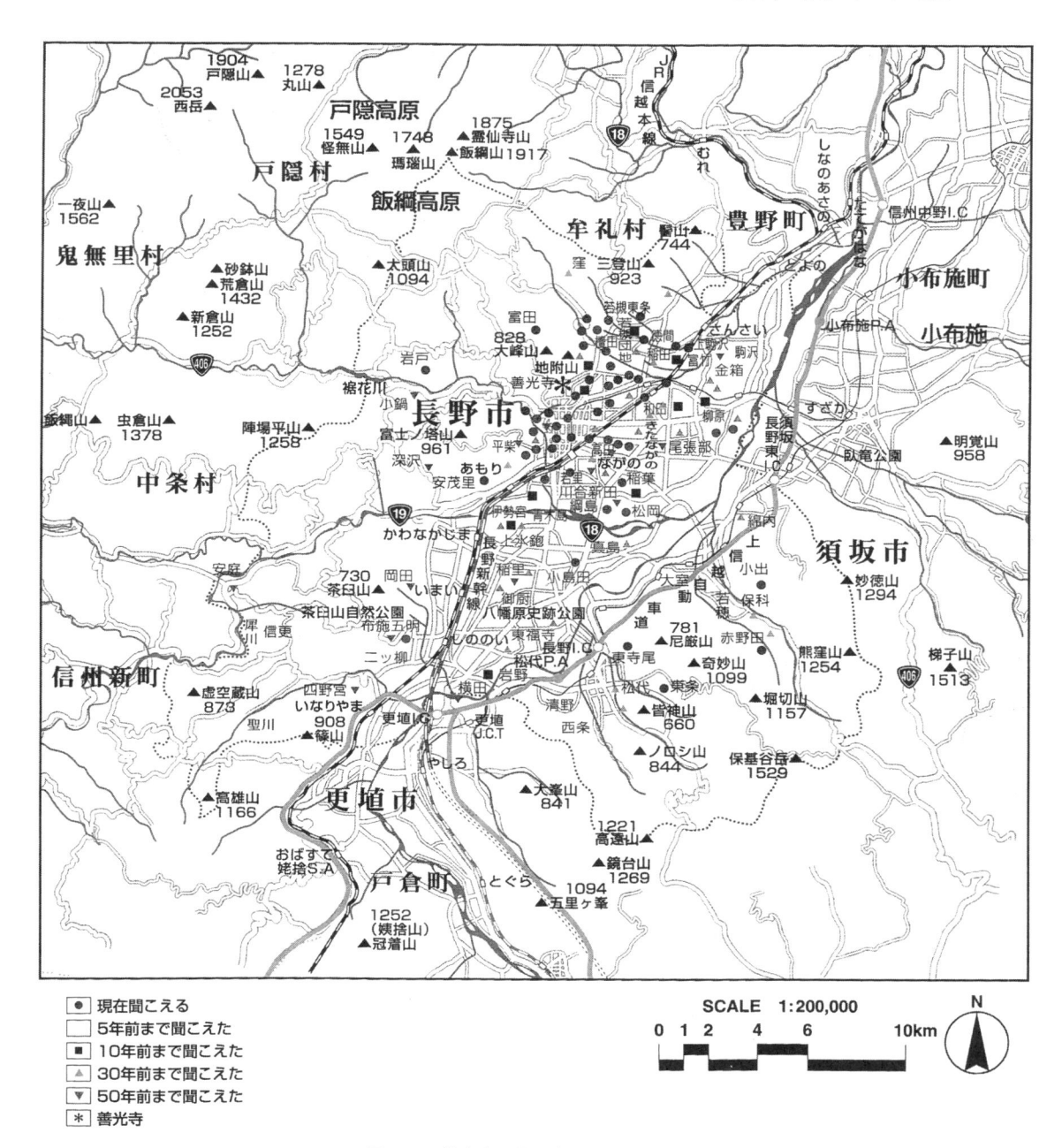

図13・7 善光寺の鐘の音の聞こえる範囲

増している。都市における音に関しても，騒音の増加で静寂さが失われつつあるのである。図13・7は善光寺の鐘の音の聞こえる範囲を図示したものであるが，善光寺に近い市内において，■（10年前まで聞こえた）や▲（30年前まで聞こえた）が見られる。つまり当時より着実に静寂が失われていることがわかる。このように，都市のエネルギー問題は，環境問題と密接な関わりがあり，それは地球環境レベルでの影響を考えるのと同時に，自分たちの住む身の回りの環境問題として考える必要がある。

13.2 都市への新エネルギーの導入

2002（平成14）年，ヨハネスブルグで行われた持続可能な開発に関する世界首脳会議では，環境保

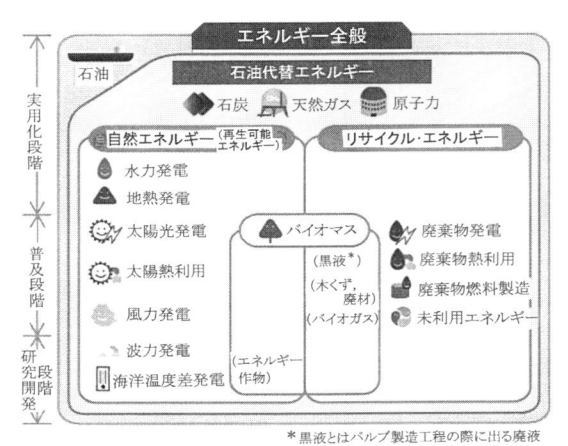

図13・8 エネルギーの開発レベル

表13・1 新エネルギーの導入状況

種別	導入状況
太陽光発電	導入量は過去3年間で約3.5倍。システム価格は過去6年間で1/4まで低減したものの、発電コストは依然高い。
太陽熱利用	近年導入量が減少。経済性が課題。
風力発電	立地条件によっては一定の事業採算性も認められ、導入量は過去3年間で約7倍。経済性、安定性が課題。
廃棄物発電	地方自治体が中心に導入が進展。立地問題等が課題。
廃棄物熱利用	熱供給事業による導入事例はあるが、導入量は低い水準。
バイオマス発電（※）	木屑、バガス（さとうきびの絞りかす）、汚泥が中心、近年食品廃棄物から得られるメタンの利用も見られるが、依然経済性が課題。
バイオマス熱利用等（※）	黒液廃材は新エネルギーの相当程度の割合を占める。
温度差エネルギー	廃棄物同様、導入事例はあるが、まだ導入実例が少ない。
クリーンエネルギー自動車	ハイブリッド自動車、天然ガス自動車が比較的順調に増加し、導入量は過去3年間で約4倍。経済性、性能インフラ整備の面が課題。
天然ガスコージェネレーション	導入量は過去3年間で、約1.4倍。高効率機器設備は、依然、経済性の面が課題。
燃料電池	りん酸形は減少。固体高分子形は実用化普及に向けて内外企業の開発競争が本格化。今後大規模な導入を期待。

注：（※）は、政令改正（平成14年1月25日公布・施行）により、新たに追加されたものを示す。

出典：エネルギー・資源を取り巻く情勢 新エネルギー

全と開発を両立させつつ持続可能な社会を構築することが世界的な重要課題とされた。その中で「新エネルギー」は、この問題の解決に迫るうえで極めて重要なものと位置づけられた。

日本では、1997（平成9）年に施行された「新エネルギー利用等の促進に関する特別措置法」において、新エネルギーを「技術的に実用化段階に達しつつあるが、経済性の面での制約から普及が十分でないもので、石油代替エネルギーの導入を図るために特に必要なもの」と規定している。なお、実用化段階に達している水力発電や地熱発電、あるいは開発研究段階にある波力発電、海洋温度差発電は、経済産業省の規定する新エネルギーとしては含まれていない（図13・8、表13・1、表13・2）。

新エネルギー導入のメリットとしては、以下のことが挙げられる。

① エネルギーの大部分を海外に依存している日本にとっては、国産エネルギーとしてエネルギーの供給構造の多様化に貢献する。
② 自然エネルギーは再生可能であり、無尽蔵で枯渇の心配もなく、地球温暖化の原因となる二酸化炭素を排出しない。
③ 廃棄物発電等のリサイクルエネルギーは、今まで捨てていた資源やエネルギーの有効活用が可能である。
④ クリーンエネルギー自動車などの従来型エネルギーの新利用形態は、燃料として化石燃料を使用するが、よりクリーンで効率的な利用を実現する。
⑤ 新エネルギーの多くは地域分散型であり、需要地と近接しているため、輸送によるエネルギーの損失が低く抑えられる。

新エネルギーは、エネルギー源の性質によって大きく三つに分類することができる。供給サイドのエネルギーとしては、①自然エネルギー（再生可能エネルギー）と②リサイクルエネルギーであり、需要サイドのエネルギーとしては、③従来型エネルギーの新利用形態である。

(1) 自然エネルギー

(a) 太陽光発電

太陽電池（シリコン等の半導体に光があたると電気が発生するという光電効果を応用したもの）によって、太陽の光を直接電気に換えて発電を行う。導入コストが最大の制約要因であるが、技術開発の実施と量産効果によるコストの低減が図られている。発電効率は10～15％と低く、大量に発電するためには、広い面積が必要となる。

第13章 都市エネルギー計画　151

表13・2 新エネルギーの導入目標

単位：万kl（万kW）

種別　　　　　　　　　　　　目標	2000年度	%（※1）	→	2010年度目標	%（※2）
太陽光発電	8.1（33.0）	1.1	約15倍	118（482）	6.2
太陽熱利用	89	12.3	約5倍	439	23.0
風力発電	5.9（14.4）	0.8	約23倍	134（300）	7.0
廃棄物発電	115（103）	15.9	約5倍	552（417）	28.9
廃棄物熱利用	4.5	0.6	約3倍	14	0.7
バイオマス発電（※1）	4.7（6.9）	0.7	約7倍	34（33）	1.8
バイオマス熱利用（※1）	—	—	—	67	3.5
黒液・廃材等（※3）	490	67.9	約1倍	494	25.9
未利用エネルギー（雪氷冷熱含む）	4.9	0.6	約13倍	58	3.0
新エネルギー合計	722	100%	約3倍	1,910	100%
（1次）エネルギー総供給に占める割合	1.2%		—	3%程度	

出典：総合資源エネルギー調査会基本計画部会資料（平成15年5月）
新エネで救おう！地球環境とエネルギー問題（パンフレット）より作成。
（※1）2000年度の新エネルギー導入量（722万kl）に占める割合
（※2）2010年度の新エネルギー導入量（1910万kl）に占める割合
（※3）バイオマスの一つとして整理されるものであり，そのほとんどが熱利用として使われている。なお，発電として利用される分を一部含む。

(b) 太陽熱利用

太陽の熱を集め，水などを加熱する方式で，給水を直接加熱して温水にする太陽熱温水器と，強制循環する熱媒や蓄熱層などにより高度な熱利用が可能となるソーラーシステムに大別される。熱交換率は50～55%である。

(c) 風力発電

風力発電は，自然の風の力により風車を回し，発電器を駆動して発電を行う。現在はプロペラ型の風車が主流である。太陽と同じく無尽蔵の自然エネルギーであり，昼夜を問わず利用可能である。また，発電の際に廃棄物を出さないクリーンなエネルギーである。今後とも地方自治体や民間事業者による積極的な取り組みが期待される。しかし，自然条件に大きく左右されるため立地可能地域が限定される。また，大きな電力を得るためには沢山の風車が必要となるため，離島や一部地域に限った地域発電としての実用化が期待されている。発電効率は25～30%である。

(d) バイオマスエネルギー

植物などの生物体（バイオマス）は，有機物で構成されているため，エネルギー源として利用することが可能である。植物の場合は，太陽の光を受けて光合成を行い，水分と空気中の二酸化炭素から有機物を生成するため，バイオマスエネルギーは太陽エネルギーが形を変えたものといえる。薪や木炭などの固体のままの利用や，アルコール発酵などによる液体燃料としての利用のほか，家畜や糞尿などを発酵させ，メタンガスとしてのほか利用することもできる。

(2) リサイクルエネルギー

(a) 廃棄物発電

廃棄物を焼却するときに発生する熱を利用して蒸気をつくり，タービンを回して発電を行う。廃棄物発電を行うには新しい設備が必要であり，その設置は既存施設の建て替えや新築・増築の場合に限られているため，すべての施設で導入されるには時間がかかる。また，発電効率の面でも問題があるため，最近ではボイラーでつくった蒸気を化石燃料で再加熱して高温にする「リパワリングシステム」や，廃棄物そのものを固形燃料化（RDF）するなどの技術開発が進められている。発電効率は10～20%である。

(b) 廃棄物熱利用

廃棄物を焼却するときの熱を利用して，冷暖房，給湯などを行う。また，温水プールなどへの熱供給を行う。発熱量は1,000～3,000kcal（石炭は4,000～7,000kcal）である。

(c) 黒液・廃材

製紙業のチップ，製造工程の際に除去される樹皮など（廃材）やパルプ化工程において発生する排液（黒液）を燃焼させるときの熱を利用して冷暖房，給湯などを行う。発熱量は3,000kcal/kgである。

(d) 未利用エネルギー

河川水や下水などは大気との温度差があるため，エネルギー源として利用可能である。また，工場などから出る排熱も有効なエネルギー源とし

て利用可能である。これらのこれまで利用されていなかったエネルギーを総称して「未利用エネルギー」と呼んでいる。具体的な熱源としては，①海水や河川水の熱，②生活排水の熱，③超高圧地中送電線からの廃熱，変電所の廃熱，⑤工場の廃熱，その他として，⑥地下鉄・地下街の冷暖房廃熱や換気なども効果的な熱源として利用可能である。

(3) 従来型エネルギーの新しい利用形態

(a) 燃料電池

天然ガス等から水素をつくり，酸素との化学反応を利用して電気を発生させるとともに，反応の際の発熱を有効に利用する（この場合のエネルギー利用効率は80％に達する）。使用する電解質により，リン酸型，溶融炭酸塩型，固体電解質型，固体高分子型に分けられる。このうち，リン酸型と呼ばれる電池の開発が最も進んでおり，商用化段階にあるが，さらなる低コスト化や信頼性確保が求められている。

(b) コージェネレーションシステム

コージェネレーション（cogeneration）とは，「一緒に」という意味の「co」と，「発電する」という意味の（generation）を合わせた合成語で，電力と熱を同時につくり出すシステムである。具体的には，石油や天然ガスなどの燃料を燃やし，その熱でガスタービンやピストンエンジンなどを回して電力（動力）をつくり出す。さらに，その排熱（未使用熱）を給湯や冷暖房の熱源にして，最終的には70〜80％のエネルギー効率を得ようとするシステムである。通常，電力と熱に一定の需要がある工場や業務施設などに導入されるが，今後は，小型機器の導入によって，小売店や飲食店などへの導入促進が期待されている。

(c) クリーンエネルギー自動車

ガソリンの代わりに天然ガスや電気を使うことにより，排ガスの低減，石油依存度の低減を図ることができる。天然ガス自動車は，ガソリン車に比べて二酸化炭素排出の面で20〜50％，窒素酸化物抑制の面で60〜80％の削減効果がある。その他，電気自動車，ハイブリッド自動車，メタノール自動車があり，ハイブリッド自動車については急速に普及が進んでいる。

(d) 中小水力エネルギー

水の落下により水車（タービン）を回転させ，発電機を回す水力発電のうち，出力規模の小さいものを中小水力と呼ぶ。特に小規模なものは小水力発電，マイクロ水力発電と呼ばれ，農業用水，河川水，工業用水など様々な場所で利用できる。大規模ダムの建設が不要なため，自然環境への負荷が小さいのが利点であるが，初期コストが大きいという課題がある。

13.3 都市の省エネルギー対策

(1) 屋上緑化

屋上緑化は，建物の屋上部に植栽を施すもので，都市の省エネルギー化に大きな役割が期待されている。その効果としては，直接的な効果と社会的な効果がある。

(a) 直接的な効果
  ① 身近な環境の改善効果
    ・物理的環境改善効果：夏季の室温の上昇抑制，騒音の低減
    ・生理・心理効果：豊かさ安らぎ感の向上，身近な情操・環境教育の場の創出
    ・防火・防熱効果：火炎延焼防止，火災からの建築物保護
  ② 経済的な効果
    ・建築物の保護効果：酸性雨や紫外線などに

	日中（13時〜15時平均）	夜間（23時〜24時平均）
屋上タイル表面	57.7℃	31.8℃
芝生表面	38.6℃	26.4℃
植栽基盤下面	28.1℃	27.5℃

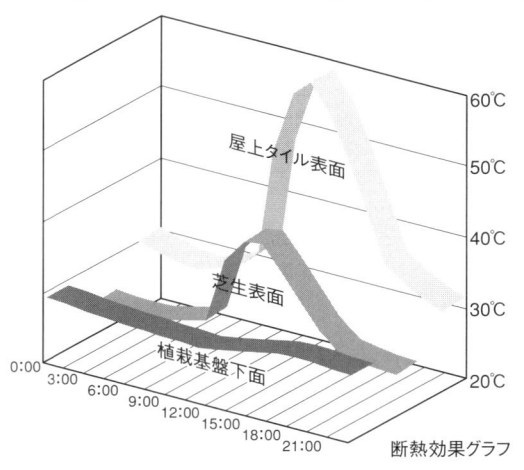

図13・9 国土交通省屋上庭園の断熱効果グラフ
（国土交通省HPより）

よる防水層等の劣化防止，建物の膨張・収縮による劣化の軽減
- 省エネルギー効果：夏季の断熱，冬季の保温
- 宣伝・集客効果：ビルの修景，屋上ビアガーデン等への利用
- 未利用スペースの利用：従業員等の厚生施設，地域住民への公開

(b) 社会的な効果
① 環境低負荷型の都市づくりへの貢献効果
- ヒートアイランド現象の緩和，過剰乾燥の防止
- 空気の浄化（CO_2，NO_x，SO_xの吸着など）
- 雨水流出の遅延・緩和

② 自然共生型の都市づくりへの貢献効果
- 都市内への自然環境の創出
- 都市の快適性の向上

③ 自然循環型の都市づくりへの貢献効果
リサイクル資材の有効利用（下水汚泥，廃コンクリート，廃発泡スチロール等）

国土交通省屋上庭園では，屋上緑化による建築物の断熱効果について，植栽の種類や土壌の厚さ等による効果を測定しているが，屋上緑化により図13・9に示すような断熱効果が観測されている。

(2) ヒートポンプ

物質が液体から気体に変化する現象を気化と呼ぶが，この際，気体に変化する物質は周囲から熱を奪う。逆に，周囲の物体は熱を奪われるので冷却されることとなる。一方，物質が気体から液体へ変化する現象を凝固と呼ぶが，液体へ変化する物質は状態が変化する際に周囲へ放熱し，周囲の

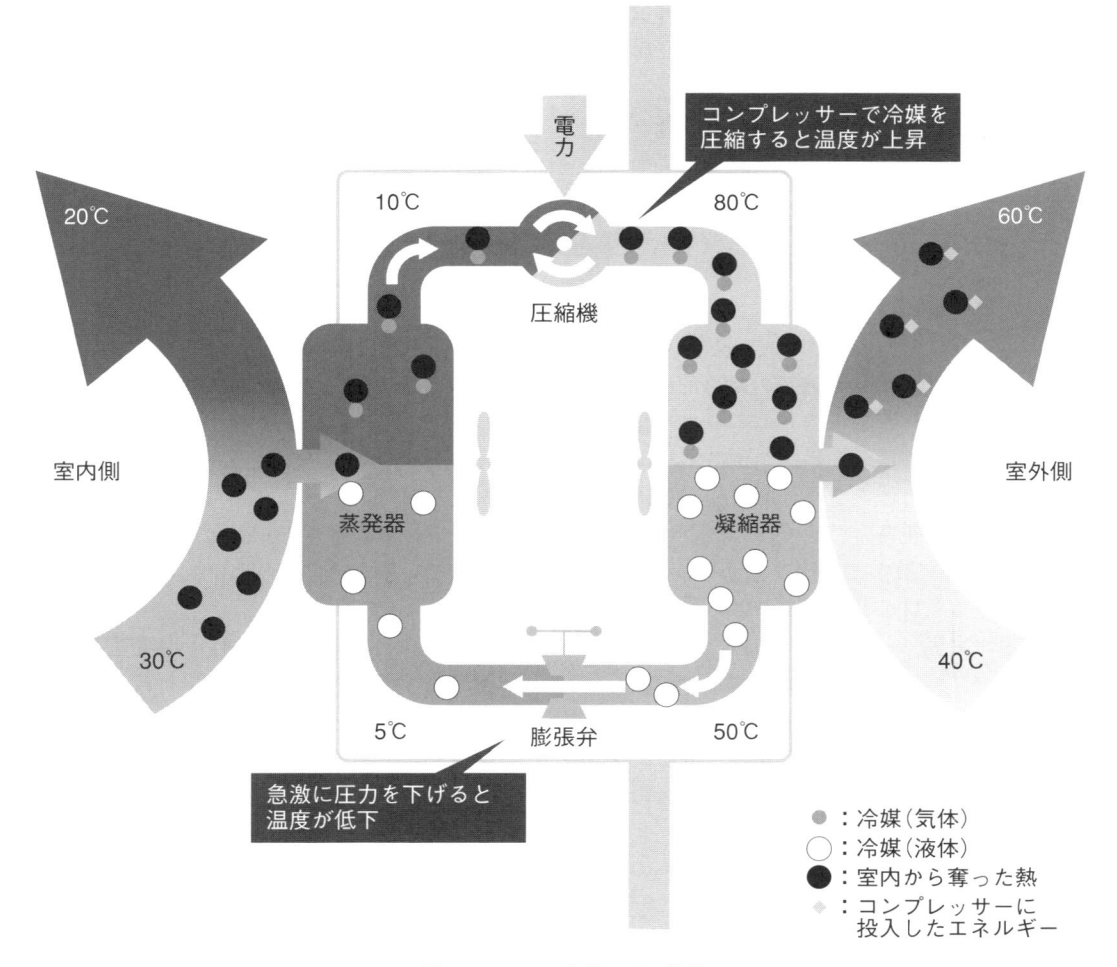

図13・10 ヒートポンプの仕組み

物体は熱を与えられるため，加熱されることとなる（この際の気体や液体を冷媒という）。ヒートポンプとは，この性質を利用し，大気中の熱を圧縮機（コンプレッサー）を利用して効率よくくみ上げ，移動させることによって冷却や加熱を行うシステムである。ヒートポンプ技術を利用した身近な例は住宅の冷暖房用エアコンである。この仕組みは，まず，ヒートポンプエアコンは室内機と室外機のセットであり，両者の間を冷媒が循環している。

① 冷媒は膨張すると温度が下がる性質があり，例えば，冷媒を膨張させて－10℃にすれば，外気が0℃と低くても室外機内で冷媒は外気から熱を吸収して温度上昇する。

② 次に，この冷媒を圧縮して仮に50℃まで温度上昇させれば暖房熱源となり，室内機で屋内に熱を放出して冷媒温度が下がる。

③ この二つのプロセスを繰り返せば，外気の熱をくみ上げて室内の暖房に連続的に利用することが可能となる。

電動ヒートポンプでは，電気は熱エネルギーとしてではなく，熱を移動させる動力源として利用させるため，消費電力の3倍近くの熱を利用できるといわれている。また，石油などの化石燃料を燃やして熱を得る従来のシステムに比べて効率がよく，環境負荷の低いシステムである。エアコンの他，給湯器などに多く利用されている。

(3) 省エネルギー化に向けた施策の総合的展開

実際に，地方自治体が都市の省エネルギー化に向けた施策検討をする場合，当該地域の実状に応じた省エネルギーの可能性を具体的に検討し，複数の施策を総合的に組み合わせて，目標とすべき省エネルギー効果を数字で算出する必要がある。この場合，施策は主に公共部門におけるエネルギー対策と市民（家庭）・事業者における省エネルギー対策の二つに分けることができる。

① 公共部門におけるエネルギー対策
・省エネルギー型公共施設の建設促進，省エネルギー住宅，省エネルギーオフィスの建設促進
・公共施設におけるクリーンエネルギーの積極的活用
・公用車へのクリーンエネルギー自動車の導入

② 市民・事業者における省エネルギー対策
・家庭への環境家計簿の普及を図る等，普及啓蒙の促進
・事業所における環境マネジメント（環境管理・監査）や製品のライフサイクルアセスメント（LCA）の導入に向けた情報提供や啓発及び支援・助成
・市民や事業所，あるいは民間の環境団体に対する環境保全活動への支援

上記における，環境マネジメントとは，環境管理システムや事業所における環境管理を体系的に行うことで，計画・実施・評価・見直しを行い，事業による環境への負荷を少なくするための方法をいう。国際規格としてISO14000シリーズがある。ライフサイクルアセスメントとは，製品の製造・流通・消費・廃棄・再生など，すべての段階の環境負荷を総合的に捉えて評価することをいう。

13.4 都市エネルギー計画

1990年代に入り，地球規模の環境問題に対して世界的関心が高まるにつれ，実効性のある行動が求められるようになってきた。国際的には，1992（平成4）年に気候変動枠組条約に155カ国が署名し（地球サミット），1997（平成9）年12月には，同条約第3回条約国会議（COP3）において，いわゆる京都議定書が採択された。これにより，日本は1990（平成2）年を基準として，2008年から2012年の5年間に基準年から6％の温室効果ガスを削減することとなった。こうした流れの中で，国内では各都市レベルでエネルギー計画を策定する動きが活発化している。その流れと計画の内容を，長野市を例にして見てみよう。

長野市では1997年3月に長野市環境基本条例を制定し，この条例が規定する環境行政のマスタープランとして，2000年3月に環境基本計画を策定した。さらに，2003年2月には，地域省エネルギービジョンを，2004年3月には「アジェンダ21ながの―環境行動計画―」を，2005年2月には地域新エネルギービジョンを相次いで策定した。こうして，長野市の都市エネルギー計画は図13・11のように体系づけられて完成した。

図のように，環境基本条例が規定する環境行政

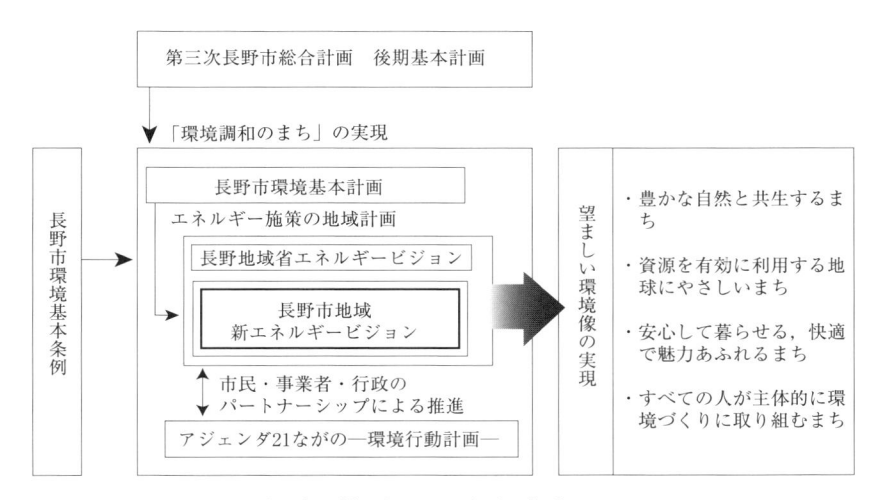

図13・11　長野市の新エネルギー計画の体系

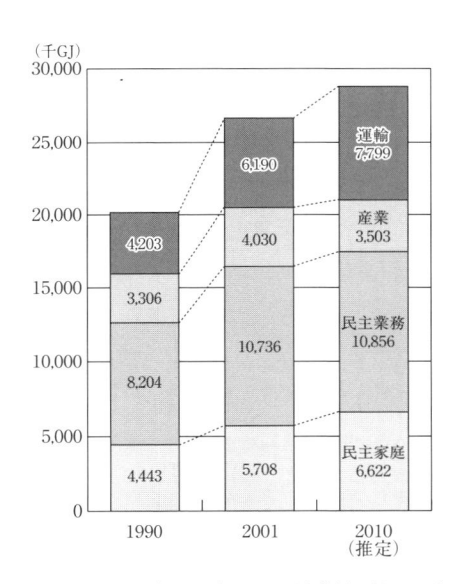

図13・12　長野市のエネルギー消費量（部門別）

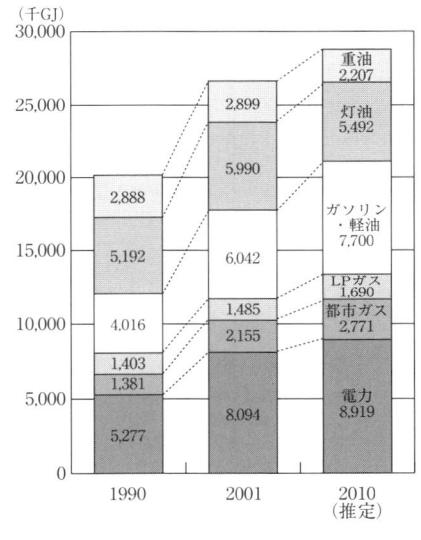

図13・13　長野市のエネルギー消費量（エネルギー別）

の2本柱は，マスタープランとしての環境基本計画と，市民・事業者・行政のパートナーシップを宣言した環境行動計画である。そして，都市の省エネルギー化を実質的に推進する目標値設定方式の計画として，地域省エネルギービジョンと地域新エネルギービジョンが，環境基本計画に根拠づけられる形で並列されている。さらに，これらの環境行政の体系は，第三次長野市総合計画（後期基本計画）と整合している。このように，都市のエネルギー計画は，マスタープランを基としつつ，具体的目標値設定を施しており，同時に数値設定だけではなく，官民両面の行動計画をも含んでいる。市民や事業者の協力や参加がなければ，実効性が伴わないのである。

(1) 省エネルギー計画

都市の省エネルギー計画は，当該都市におけるエネルギー消費量の現状を試算した上で，目標とする省エネルギー量を，実行可能性を考慮に入れながら省エネ施策を具体的に積み上げて計画するものである。長野市の例をみてみよう。

長野市地域省エネルギービジョンの目的は，市全域の温室効果ガスの排出状況を見据え，地球温暖化防止のための地域計画の基本を示すものと位置づけられている。計画では，都市全域でのエネ

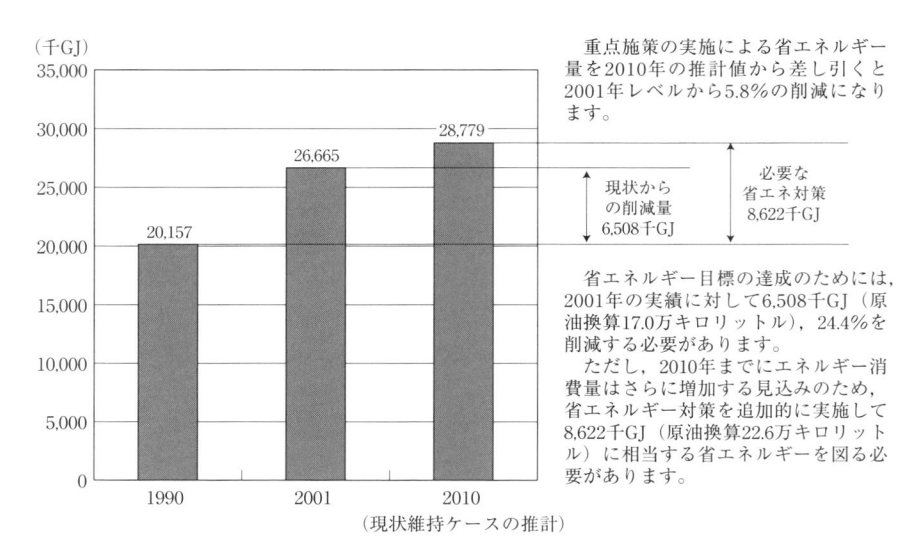

（千GJ）のグラフ：
- 1990年：20,157
- 2001年：26,665
- 2010年：28,779

現状からの削減量 6,508千GJ
必要な省エネ対策 8,622千GJ

重点施策の実施による省エネルギー量を2010年の推計値から差し引くと2001年レベルから5.8%の削減になります。

省エネルギー目標の達成のためには、2001年の実績に対して6,508千GJ（原油換算17.0万キロリットル）、24.4%を削減する必要があります。
ただし、2010年までにエネルギー消費量はさらに増加する見込みのため、省エネルギー対策を追加的に実施して8,622千GJ（原油換算22.6万キロリットル）に相当する省エネルギーを図る必要があります。

（現状維持ケースの推計）

図13・14　長野市の省エネルギー目標

表13・3　長野市の省エネルギー重点施策と省エネ効果の見積り

No.	重点施策	施策の概要	省エネ効果（千GJ）
1	水道凍結防止の省エネ化	水道凍結防止用の凍結防止帯（ヒーター）から水抜き，屋内配管等への転換を図ることによりエネルギー消費を削減します	44
2	省エネ住宅の確立・普及	長野の気候を十分踏まえた高断熱・高気密の住宅や建築物を普及することにより，住宅やビル等での冷暖房等に関連するエネルギー消費を抑制します	492
3	節水や雨水・中水利用の促進	節水や雨水・中水利用を普及し，市内の水道使用量を削減することにより，浄水場や下水処理場におけるエネルギー消費を抑制します	25
4	直結給水の普及促進	受水槽式給水が行われているビル等において，直結給水設備への転換を促し，ポンプ等に要するエネルギーを削減します	33
5	市中心部へのマイカー利用の削減	鉄道，バス等の公共交通機関の利便性向上，パークアンドライド駐車場等の整備を行い，市民の通勤手段をマイカーから鉄道・バス等にシフトさせることによりエネルギーを削減します	122
6	市中心部以外へのマイカー利用の削減	自動車利用が集中している地域の主要な事業所，店舗などと連携して，マイカー利用を削減するための送迎バス等の使用など諸事業を実施し，エネルギーを削減します	486
7	自動販売機の合理化	飲料自動販売機の登録制度，設置機種や稼働方法に関する規制について検討し，エネルギーを抑制します	21
8	ESCO事業の活用促進	エネルギー消費量の伸びが著しい民生業務部門や中小製造業において，ESCOを活用した省エネルギーを促進します	727
9	観光客のマイカー利用抑制	主要な観光地周辺への自動車乗り入れを制限するとともに，観光地の周縁部等に駐車場や自転車貸出所を設置することにより，徒歩や自転車による観光を促進します	83
10①	省エネ会員制度による家庭での省エネ促進	双方向型の情報交流システムとして，市民等が参加できる省エネ会員制度を導入し，市民等の具体的な省エネ行動を促進します	1,620
10②	学校教育と連携した家庭での省エネ促進	市内小中学校において，省エネ家計簿等の課題を活用した環境教育の実施を拡充し，各家庭における省エネへの意識醸成，省エネ行動の実践を促進します	
	合　計		3,653
	目標達成に必要な省エネルギー対策に占める比率		42.4%

◎アミカケは優先度の高い施策としたものです。取り組みやすく省エネ効果に優れたものと省エネ効果は小さいですが，身近で意識啓発効果が高いと判断したものから優先しました。

第13章 都市エネルギー計画

ルギー消費量を算出し，それを基に必要な省エネルギー量を総量で算出している。それによれば，2010年時において，1990年に対して8,622千GJの省エネルギー化が必要である（図13・14）。さらに，地域特性と実効性を考慮した上で，具体的な施策と各々の省エネ効果を見積もっている。これによれば，合計3,653千GJであり，目標値に対して42.4％の水準に留まっている（表13・3）。このように，ビジョンとはいえ，計画の具体性が高いこと，他方で省エネルギーの実施は非常に困難であることが分かる。

(2) 新エネルギー計画

都市の新エネルギー計画は，当該都市の地域特性を考慮に入れ，導入可能な新エネルギーを抽出すると同時に，導入目標を数値で明確にする必要がある。以下に，長野市の事例をみる。

長野市地域新エネルギービジョンの位置づけは，エネルギーの安定供給及び地球温暖化防止に資する地域計画とされている。計画は，地域特性を踏まえて新エネルギーの導入可能性を検討し，導入目標を具体的に設定している（表13・4）。また，そのための導入施策を挙げている（表13・5）。

表13・4 長野市における新エネルギーの導入目標

新エネルギー等（発電）	導入実績（2004年）	導入目標（2010年）
太陽光発電（住宅用）	2,800kW	8,800kW
太陽光発電（公共施設・事業所等）	87kW	1,500kW
バイオマス発電（事業所）	0 kW	1,300kW
廃棄物発電・熱利用（公共施設）	1,300kW	6,000kW
天然ガスコージェネレーション（公共施設・事業所等）	1,348kW	18,100kW
風力発電・中小水力発電（公共施設・事業所等）	600kW	700kW
合　計	6,135kW	36,400kW
新エネルギー等（その他）	項目	追加導入目標（2010年）
太陽熱利用	集熱面積	3,300m²
バイオマス熱利用（ペレットストーブ*・薪ストーブ）	導入台数	280台
クリーンエネルギー自動車	導入台数	5,000台

＊木くずなどを原料とした木質ペレットを燃料として用いる暖房用ストーブ

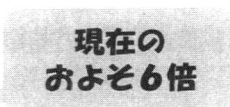

表13・5 長野市における新エネルギー導入施策

プロジェクト	概　要
公共施設等への新エネルギー導入プロジェクト	・市民の接する機会が多い施設等への新エネルギー率先導入 　想定される導入先：市役所本庁舎、文化施設、公民館、公用車（乗用車・トラック等） ・教育施設等への新エネルギー率先導入 　想定される導入先：学校、保育園、学習施設等 ・その他公共施設への新エネルギー率先導入 　想定される導入先：老人福祉施設等
木質バイオマスエネルギー活用プロジェクト	農家など剪定枝排出者からの搬出情報を集約し、広報に掲載するなどして、薪ストーブの使用者に情報提供を行うシステムを構築する。
廃棄物エネルギー活用プロジェクト	新設する清掃工場に廃棄物発電・熱利用システムを導入し、廃棄物エネルギーの活用を図ります。電力は所内利用のほか売電し、余熱は近隣の熱利用施設に供給する。
新エネルギー普及促進システム構築プロジェクト	・市民・事業者のパートナーシップによる太陽光発電導入システム 　市民や事業者による寄付・出資、地域通貨の活用などの手法を活用して、多くの市民や事業者が参画することにより、新エネルギー導入を図ることができるシステムを構築する。 ・光熱費削減による新エネルギー普及・啓発システム 　公共施設等での省エネ等による光熱費削減分を市民による新エネルギー機器の導入補助金や、学校等で利用する環境・エネルギー教材の購入資金として活用する。 ・新エネルギーに取り組む市民や事業者の認定・表彰制度 　市民や事業者の先進的・意欲的な新エネルギー導入事例に対して、長野市として認定、表彰等を行う。

しかし，導入目標とされる2010年の36,400kWは，2010年の省エネルギー目標の8,622千GJの約6％にすぎず，省エネルギービジョンの省エネ効果数値と足しても，この目標値の50％に達していない。このように，都市における省エネルギー化は，各自治体における取り組みも本格化しているが，なかなか達成は難しい現状にあるといえる。

しかし，さらに長期的展望を見ると，効率的な新エネルギーの導入促進が期待されている。国の総合資源エネルギー調査会では，長期エネルギー需要見通しの中で，最終エネルギー消費は2010年以降，2021年度にピークを迎えた後，徐々に減少し2030年度には2010年度と同程度にまで減少すると試算している。また，新エネルギーの導入見通しについては，コストダウンやRPS法などによる急速な普及を想定した「新エネルギー進展ケース」を公表している。これによれば，

① 太陽光発電（現行の2010年度目標の33倍）
② バイオマス熱利用（同じく6.3倍）
③ クリーンエネルギー自動車（全保有台数の5割）
④ 天然ガスコージェネレーション（2002年度導入量の7.3倍）

とされる。今後のさらなる新エネルギーの導入が期待されている。

第14章

都市再生とまちづくり

14.1 都市再生および地域再生事業によるまちづくり

都市再生とは，都市再生特別措置法（2002年6月施行）の定義では，「情報化，国際化，少子高齢化などに対応した都市機能の高度化および都市の居住環境の向上」と定義される。都市再生事業とは，都市再生緊急整備地域（都市再生特区）内における都市開発事業（都市における土地の合理的かつ健全な利用および都市機能の増進に寄与する建築物およびその敷地の整備に関する事業のうち公共施設の整備を伴うもの）であって，緊急整備地域の地域整備方針に定められた都市機能の増進を主たる目的とした。

「都市再生基本方針」で都市再生の意義は，『21世紀の我が国の活力の源泉である都市について，急速な情報化，国際化，少子高齢化等の社会経済情勢の変化に対応して，その魅力と国際競争力を高めることが，都市再生の基本的な意義である。また，都市再生は，民間に存在する資金やノウハウなどの民間の力を引き出し，それを都市に振り分け，さらに新たな需要を喚起することから，経済再生の実現につながる。さらに，都市再生は，土地の流動化を通じて不良債権問題の解消に寄与する』こととしている。主な内容としては，
① 大都市の臨海部や駅周辺などを都市再生緊急整備地域に指定する。
② 地域内では容積率や用途地域等の規制を適用せず民間の事業者が事業計画を提案できる。
③ 計画提案から半年以内に都道府県が都市計画と事業認可を決定し迅速に事業を進め，民間施設と公共施設を一体的に整備する。
④ 事業者に対し公的機関を通じ無利子融資などの金融支援ができる。
⑤ 土地買収や機能の集約が円滑に進むように民間事業者に強制力を与える。

などであり，2005年6月までに全国で19の都市再生プロジェクトが内閣に設けられた都市再生本部により決定，推進された。土地計画等の規制緩和や金融支援などの措置が可能となり，経済の再生や不良債権問題の解消にも寄与することが期待されている。

また，2002年12月に設立した構造改革特別区域法（特区法）により，構造改革特区が生まれた。規制緩和の特別措置ができる区域で，特区での成果の全国への波及，地域経済の活性化などを狙って導入された。

2003年より全国都市再生モデル調査が行われ，市町村，NPO等の地域が「自ら考え自ら行動する」都市再生活動を「全国都市再生モデル調査」として，全国から提案を募集し，選定・支援した。2003年度は644件提案・171件選定，2004年度は566件提案・162件選定，2005年度は587件提案・156件選定，2006年度は541件提案・159件選定された。2004年度には，都市再生特別措置法を改正（平成16年4月1日施行）し，市町村の創意工夫が生かせる新たなまちづくり交付金を創設した（国土交通省へ予算計上）。

特徴としては，計画を一体として採択（各種の事業・複数年度），各年度所要額を一括交付（概ね国費が4割），対象施設の限定・縦割なし，提案による追加が可能（民間活動への助成などソフト施策等），施設別採択規準・補助率に縛られず，交付金の充当は市町村の自由，個別施設に関して国は事前の詳細な審査は行わない，などである。ちなみ2004年度予算1330億円，新規採択341地区となった。

地域再生事業とは，2005年4月には地域再生法が施行され，地方の市区町村やその一部など地域を限定して実験的に規制を緩和する構造改革特区が構想された。経済の活性化を進めていく施策の一貫として，地方公共団体や民間事業者等の自発的な立案により，地域の特性に応じた規制の特例を導入する特定の区域を設け，当該地域において地域が自発性を持って構造改革を進めるのが構造改革特区であり，地方公共団体等がその特性に応じ責任を持って実施するものである。構造改革特区において地方自治体が地域再生計画を申請し，内閣府の地域再生本部が認定する。町おこしを目的とした地域再生基盤強化交付金や投資への税優遇策などで地域の再生を資金面から支援している。2006年9月には，構造改革特別区域計画の第12回認定および地域再生計画の第5回認定等について，地方公共団体から特区計画および地域再生計画の申請を受け付けた。特区計画については，今回，初適用になる「特別養護老人ホーム等の2階建て準耐火建築物設置事業」を活用した計画など構造改革特別区域法に基づく第12回の認定となる39件の特区計画の認定，地域再生計画については，地域の知の拠点再生プログラムに位置づけられ，新たに利用可能となった「現代的教育ニーズ取組支援プログラム（現代GP）」を活用した計画7件，新たに利用可能となった「先買い公有地の用途範囲の拡大」を活用した計画など地域再生法に基づく第5回の認定となる33件の地域再生計画が認定された（表14・1）。

　これにより，2006年度までに誕生した特区の累計は910件，地域再生計画の累計は810件となった。なお，2006年度までの特例の全国展開等により，現在の特区計画数は604件，また，市町村合併等により，地域再生計画数は802件となる。

表14・1　第3回認定　地域再生計画の概要（都道府県別）

番号	都道府県名	申請主体名（地方公共団体名）	地域再生計画の名称	番号	都道府県名	申請主体名（地方公共団体名）	地域再生計画の名称
1	北海道	滝川市	新産業育成による地域活性化プラン	18	兵庫県	姫路市	賑わいと活気あふれる中心市街地再生計画
2	北海道	足寄町	木質バイオマス未利用資源利活用構想	19	兵庫県	三木市	市民との協働による歴史文化の香るまちづくり　〜三木市中心市街地再生と市民融和〜
3	秋田県	藤里町	緑と魅力あふれる町・ふじさと再生計画				
4	山形県	鶴岡市	つるおかの森再生構想	20	奈良県	室生村	アートアルカディアの村づくり再生計画
5	山形県	遊佐町	持続的協働食糧生産計画				
6	福島県	福島市	飯坂町地域再生計画　〜もてなしとくつろぎの飯坂温泉郷を目指して〜	21	和歌山県	太地町	鯨の民の鯨による街作り計画
				22	島根県	島根県	しまね田舎ツーリズムの推進による農山漁村地域再生計画
7	茨城県	真壁町	歴史的たたずまいを継承したまちづくり	23	広島県	竹原市	竹原ひぎわい観光再生計画
				24	山口県	美弥市	自然と調和した中心地区のにぎわいの再生計画
8	千葉県	市川市	男女共同参画の推進による市民交流活動とにぎわい活性化計画	25	愛媛県	西条市	西条市起業家マインド醸成計画
9	新潟県	新井市	人がイキイキ！生命輝くふれあいの郷『妙高』再生計画	26	愛媛県	西条市	西条市食品加工流通コンビナート構想
10	新潟県	川西町	仙田郷自然体験交流ゾーン推進計画	27	熊本県	菊池市	里山コミュニティー再生計画
				28	大分県	日田市	人・自然と歴史が輝くまち日田市
11	新潟県	松之山町	癒しとくつろぎの里地域再生計画	【支援措置の追加を伴う変更】			
12	富山県	富山県	とやま創業ベンチャー活性化計画	29	静岡県	小山町	交流人口拡大による地域再生計画
13	福井県	武生市	武生市里地里山地域再生計画	30	兵庫県	兵庫県	明舞団地再生計画
14	福井県	小浜市	「心やすらぐ美食の郷・御食国若狭おばま」推進計画	31	兵庫県	小野市	NPOとの協働によるまちづくり　〜自治体と住民の関係再編による地域活性と自治体改革〜
15	岐阜県	飛騨市	地下空間活用地域まるごと再生計画				
16	愛知県	豊橋市	東三河の顔再生計画	【支援措置の追加を伴わない変更】			
17	愛知県	豊田市，藤岡町，小原村，足助町，下山村，旭町，稲武町	水と緑のゆたかさ創造都市づくり計画　〜都市と農山村の共生〜	32	北海道	利尻富士町	「地域資源の再生と活力ある島づくりプラン」
				33	東京都	八王子市	余裕教室の活用によるのびのび子育て支援計画

14.2 中心市街地の現状と方向性

業務地・商店街の用途地域上商業地区に分類される地域は，地価，建物や人口密度が比較的高い地域であり，いわゆる地方自治体の街の顔，中心市街地と呼ばれており，鉄道駅を中心に発達した所が多い。ところが1970年代以降，国民の自動車利用化が促進し，地価が安く駐車場面積が広く取れる郊外型のショッピングセンターの立地が相次ぎ，地価が高く駐車場面積が確保できない全国地方都市における中心市街地の，空洞化や衰退が見られるようになった。バブル経済の崩壊後の1990年代は，個人消費の落ち込みと同時に特に顕著な傾向となった。これに対処して中心市街地活性化法が1998年から施行され，都市計画法の改正，大規模小売店舗立地法等とあわせて通称，「まちづくり三法」といわれる法体制により，中心市街地活性化計画を立てて活性化事業を進めていき，大規模店の立地にあたり環境規制を行い，都市計画法の改正で地元自治体が特別用途地区を指定でき，大型店など土地利用での誘導規制を立てられるようになった。

中心市街地活性化計画を立てる実行組織として，TMO（Town Management Organization）が位置づけられ，商工会議所・商工会・財団法人・公益法人等が受け皿となっている。TMOが行う実践的業務は中心市街地の商業地を一つのショッピングモールに見立て再構築しようということである。具体的には，①キーテナントや各商店街の特徴づけなど，域内のテナントの配置・誘致，②駐車場・ポケットパークなどの環境整備，③域内美化，イベント，共通カードなどの関連ソフト事業などの実施が挙げられる。しかし，佐賀市のTMO等の倒産に見るように採算面での困難性も指摘されている。

中心市街地活性化の市町村基本計画の提出状況（地区）は，全国690件，TMO構想の認定状況（地区）は，全国413件，TMO計画の認定状況（地区）は，全国233件（2006年8月21日段階）となっている。こうした背景のもと，まちの中心商店街の衰退化に歯止めをかけ，再生への糸口をつかもうと全国的な動きが広がっている。しかし長浜市，豊後高田市など商店街にテーマ性を持たせた再生で有名になった一部の自治体を除き，郊外型大型店・ロードサイドショップや市街地空洞化，未だ高い家賃や地価，厳しい不況化に押され，困難性が高くなっているのが実状である。大型店の撤退等で集客性が激減し，魅力がないから人が来なくなり，空き店舗が増え，ますます人が来なくなるという，悪循環に陥っている自治体も多い。なお，中心市街地活性化法は平成18年に改正施行される。

活性化とは中心街の魅力が保持，育成され，通行量の減少を見ず，商業サービス他都市機能が十分果たされ来街者が満喫している状況と仮定すれば，様々な課題と対策が考えられる。地方都市の中心市街地の衰退を食い止め，持続的発展に向ける意義は，①公共交通の結節点であり利便性がある中心性の高い地域での有効な効率の良い土地利用の実現であり，②衰退・空洞化による今までの社会資本，公共・民間投資等の無意味化を防ぐことであり，③空洞化により街の顔が消失し町全体のイメージや魅力が低下するのを防ぐことである。

2006年をピークに人口が減少していくと予測されているわが国において，無秩序な市街化の拡散を防ぎ，公共投資の効率性に有効であり，住民に郊外以外の働く場や暮らしの場を提供し，職住近接や市街地周辺の緑地確保などの環境面に有効なコンパクトに住める都市の実現に向けても，中心市街地の再生や持続的発展が必要である。基本的には中心市街地内の居住人口と来街者人口が確保され，減少に歯止めをかける施策が緊急的に必要である。そこには衰退しつつある商業機能に対しての施策として，商業だけにとらわれることなく，業務機能の補完，就業の場の確保や居住機能の魅力ある充実，公共施設や集客要素の高い施設の郊外拡散を防ぎ，立地促進を図ることと同時に，住民の暮らしの場としての愛着性意識の確保や高揚も重要であると考えられる。こうした考え方を念頭に，どのようにして中心市街地に人を集め，賑わいを生み出すかという「人を集める仕掛けづくりと仕組みづくり」が，活性化の基本となる。そのために「中心市街地活性化のすすめ2004年版」（中心市街地活性化関係府省庁連絡協議会）を引用して整理すると以下のような手法が基本となる。

(a) 中心市街地の魅力・吸引力を高める

① 商業などの魅力を高める：空き店舗・空きビル等の活用や不足業種の補足，再開発や大規模空地の活用による核テナントの誘致や共同店舗の整備，アーケードの架け替えやファサードの改修による商店街の環境整備，カード事業や宅配事業等の導入によるサービスの向上などハード・ソフト両面の事業を関係者が協力して実施する。
② 文化・公共施設・福祉などの機能を強化する：文化，公共施設，福祉，学習，情報等に関する機能を強化し，中心市街地を地域住民にとっての「生活・文化・福祉の拠点」として整備する。
③ イベントなどを催す：まちに出かける楽しさを演出するため，祭り，街角コンサート，朝市，大道芸大会などのイベント開催やイベントが可能な場を用意する。
④ 観光や交流・ビジネスを目的にその街を訪れる人を増やす：地域の観光資源の有効活用や新たな観光資源の開発，交流機能・宿泊施設の充実や地域情報の提供によるサービスの向上，それらを通じた各種の大会や会議の誘致などを行う。

(b) 中心市街地を快適に過ごせる環境整備

コミュニティ道路やポケットパークなど歩きやすい環境を整え，緑化・公園や広場，カフェテラス，公衆トイレなどを用意して憩いの場をつくる。その際，高齢者や障害者が安心して歩けるようなバリアフリーへの配慮や，街並みの統一，電線類の地中化などによる美しい景観形成への配慮を行う。

なお，バイパスの整備，公共交通機関の利便の向上などを通じて，中心市街地への必要以上の自動車交通の流入を抑えることや，駐輪場整備による放置自転車対策なども有効である。

(c) 中心市街地に来やすくする
① 関連道路や駐車場を整備する：郊外の住宅地と中心市街地とを結ぶ道路やバイパス・環状道路の整備，市街地内の自動車交通の円滑化による渋滞解消，適切な場所への駐車場の配置やサイン・案内システムの整備などにより，自家用車利用の買い物客などの足を中心市街地に向ける。
② 公共交通の利便を向上させる：コミュニティバスの導入，パークアンドライド等の実施，鉄道サービスの向上，LRTの導入を含む路面電車の整備，交通ターミナルの整備などにより公共交通の利便性を高める。
③ 交通バリアフリーの強化

(d) 住む人を増やす

中心市街地に住む人を増やし，コミュニティの維持・回復を図ることは，中心市街地の商業・サービス業の振興や賑わいづくりに効果的で，福祉の向上や災害時の安全性の向上にも効果がある。このため，住みやすい環境を整備することや，新たな居住者の受け皿となる住宅供給を行う。また，中心市街地の活性化のための事業に伴って移転する人の受け皿住宅の供給や，高齢者に配慮したシルバーハウジング等の供給などを考慮する。

(e) まちづくりの仕組みや組織づくり

中心市街地の活性化に向けた様々な取り組みを円滑に，かつ強力に推進するための仕組みや組織，環境を整える。このため，積極的な情報発信と住民参加の元にまちづくりのイメージを共有し客観的な目標を定め，市町村内の体制を整え，関係者による協議会をつくる。また行政や民間事業者と連携しながら機動的に行う組織（まちづくり公社，NPOなど）をつくることも有効である。

(f) コンパクトシティづくり

郊外の大規模開発を抑制し，中心市街地に施設や人口を集約させる環境に優しいコンパクトなまちづくりを目指す。

14.3 中心市街地活性化のための法体系

(1) 中心市街地の活性化に関する法律（平成10年法律第92号）

(a) 法の背景と目的

中心市街地の活性化に取り組む市町村などを強力に支援するため，平成10年7月に「中心市街地における市街地の整備改善および商業等の活性化の一体的推進に関する法律」が施行された。その後，十分な成果が得られなかったことを反省して，平成18年に「中心市街地の活性化に関する法律（略称：中心市街地活性化法）」に題名変更されるとともに，基本理念，国・地方公共団体・事業者の責務規定が創設された。

少子高齢化の進展，消費生活の変化等に対応し

て，中心市街地における都市機能の増進および経済活力の向上を総合的・一体的に行うことを目的とする法律である。

(b) 法の内容

国が作成する基本方針に基づき，市町村が国と都道府県の助言を受け基本計画を作成する。民間事業者等が基本計画に基づき，商店街整備や中核的商業施設整備等に関する事業計画を作成し，国の認定を受けて実施する場合，補助金，融資等の支援措置がある。

中心市街地活性化法の特徴としては，
① 中心市街地活性化本部の創設
② 基本計画の内閣総理大臣の認定
③ 多様な民間主体が参画する中心市街地活性化協議会の法制化
④ 中心市街地は基本的に1市町村に1区域
⑤ 基本計画には，現在施行中または概ね5年以内に着手できると考えられる事業について，実施予定者，概ねの位置または区域，おおよその実施期間などを記載
⑥ 市街地整備事業では，土地区画整理や市街地再開発，駐車場などを想定
⑦ 商業活性化事業では，中核的商業施設整備や空き店舗活用，商店街の情報化などを進める
⑧ 都市型新事業の立地促進のため，賃貸型の事業場や展示・販売などの施設整備
⑨ 都市福利施設整備事業として，教育文化施設，医療施設等の整備
⑩ 住宅供給事業として，中心市街地共同住宅供給事業等の街なか居住の推進
⑪ 公共交通機関の利用者の利便性の増進を図る事業
⑫ 市町村は関係部局会議や窓口組織，商業団体との協議などの整備に努める
⑬ 国は優れた基本計画に定められた事業に対して重点的に支援
⑭ 都道府県は市町村へ適切に支援・助言する
（図14・3参照）

(2) 大規模小売店舗立地法

(a) 法の背景と目的

2000（平成12）年6月1日から施行された大規模小売店舗立地法は，大規模小売店舗の立地に関しその周辺の地域の生活環境の保持のため大規模小売店舗を設置する者によりその施設の配置及び運営方法について適正な配慮がなされることを確保することにより，小売業の健全な発達を図り，もって国民経済及び地域社会の健全な発展並びに国民生活の向上に寄与することを目的としている。

(b) 法の内容

大規模小売店舗の新設（建物の床面積を変更し，または既存の建物の全部もしくは一部の用途を変更することにより大規模小売店舗となる場合を含む。以下同じ）をする者は，政令で定めるところにより，次の事項を当該大規模小売店舗の所在地の属する都道府県（以下単に「都道府県」という）に届け出なければならない。
① 大規模小売店舗の名称及び所在地
② 大規模小売店舗を設置する者及び当該大規模小売店舗において小売業を行う者の氏名又は名称及び住所並びに法人にあっては代表者の氏名
③ 大規模小売店舗の新設をする日
④ 大規模小売店舗内の店舗面積の合計
⑤ 大規模小売店舗の施設の配置に関する事項であって，経済産業省令で定めるもの
⑥ 大規模小売店舗の施設の運営方法に関する事項であって，経済産業省令で定めるもの

大型店が地域社会との調和を図っていくためには，大型店への来客，物流による交通・環境問題等の周辺の生活環境への影響について適切な対応を図ることが必要であり，このため，大規模小売店舗立地法を制定し，地域住民の意見を反映しつつ，地方自治体が大型店と周辺の生活環境との調和を図っていくための手続等を定めている。なお，基本的な事項は以下のとおりである。
① 対象となる大型店は，店舗面積1,000m²超のもの。
② 調整対象の事項は，地域社会との調和・地域づくりに関する事項として
・駐車需要の充足その他による周辺の地域の住民の利便及び商業その他の業務の利便の確保のために配慮すべき事項（交通渋滞，駐車・駐輪，交通安全その他）
・騒音の発生その他による周辺の生活環境の悪化の防止のために配慮すべき事項
③ 本法の運用主体は都道府県，政令指定都市

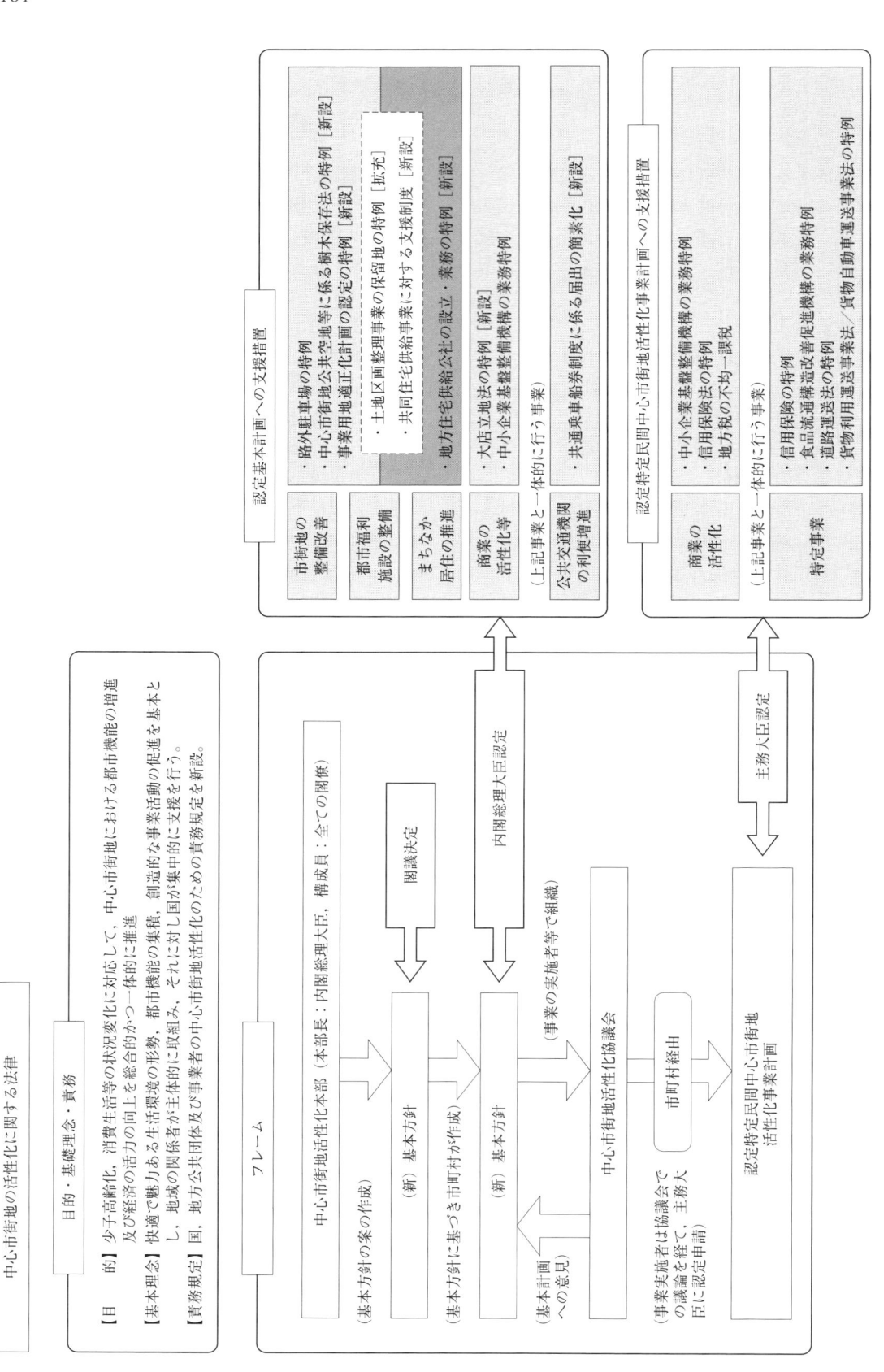

図14・3 改正中心市街地活性化法の概要（出典：経済産業省資料）

とする。同時に市町村の意思の反映を図ることとし，また，広範な住民の意思表明の機会を確保する。

14.4 地域資源を活かしたまちづくり

(1) まちづくり活動と地域資源

まちづくりとは，住民と行政とが力を合わせて行うもので，まちづくり活動とは「住民自らの関わりによる地域の空間や社会をより良く構築していく一切の活動」をいう。1962（昭和37）年名古屋市で都市再開発の市民運動において「まちづくり」という用語がはじめて使われたとされる。住民主体や参加によって地域・都市計画・地域づくりを支える意味合いが大きい。まちづくり活動の目的は，主役である住民がまちを住みやすく良くしていこうという思いで住民が地域・都市計画・まちづくりにかかわることにより，住民にとってより満足度の高い地域や都市環境が構築されることである。行政側にとっては，様々な都市計画事業に住民のお墨付きともいえるコンセンサスが得られやすくなる。また施設完成後の維持管理面においても住民の協力が得られやすくなる，といった種々の利点がある。

まちづくり活動には，人づくり，ものづくり，環境づくり，イベント・ソフト事業，仕組みやルールづくりといった五つの類型がある。

① 人づくり：人材を育てる，人を結びつける，NPOの育成，ふるさと塾，まちおこし塾，各種研修会，シンポジウム，講演会，視察，パンフレット，PR，冊子づくりなど
② ものづくり：地域を活性化させる生産物，特産品，みやげもの，郷土料理，企業（化）製品，各種グループの手作り製品など
③ 環境づくり：そうじ・美化活動，緑化・手づくり花壇活動，手づくり公園，ポケットパークづくり，家の外側にプランター配置，各種施設，環境デザインの要望・協力，クラインガルテン，グリーンツーリズム，道の駅，地域振興施設づくりなど
④ イベント・ソフト事業：まちづくり・村おこし活動としての祭り，ゲーム，展覧会，大会，フリーマーケット，コンサート，コンクール，販売促進イベント，社会イベント，スポーツ，ワークショップ，各種会合・委員会，各種企画・調査・計画，案内・宣伝・情報発信事業など
⑤ 仕組み・ルールづくり：各種まちづくり協定や憲章，条例・規則など

そして，まちづくり活動の基本となるのは，住民・関係者の参加・計画・実行・反省である。活動の地域別特性は，地縁社会（コミュニティ）における住生活環境を良くする（住宅地・自治会・集落等）ことと，利益社会（アソシエーション）における労働・産業環境を良くする（商店街・業務地・観光地・温泉街・工業地・産業団地等）ことに大別できる。

まちづくりは，その地域が有する地域資源を活用して行われることが多く，地域の個性や魅力を発揮しうる点でも有効である。地元で採れたものを地元で消費する地産地消の考え方でもある。その地域資源とは，地域に産し，関連する，人材をはじめ，地域条件，自然資源，人文・歴史資源，特産的資源を指す。「地域内に時系列も含んで存在する資源で，地域内の人間活動に利用可能なあらゆる要素」として地域資源がある。

地域資源を活かしたまちづくりの基本的考え方は，地域が人を育て，人材が地域資源を発掘し活用して地域振興やまちづくりを図ることである。地域振興とは，地域内の人間活動が活発になって住民の幸福度や経済諸指標等の総体的価値が向上することをいう。

地域資源は，固定資源と流動資源に大別・分類できるが，基本となるのは資源を活かしてまちづくりを行う人材で，この役割が一番大きく，最も重要な地域資源である。

(a) 固定資源（地域に固定されており，地域内で活用，消費されるもの）
① 地域条件：気候的条件（降水，日照，温湿度，風，潮流など），地理的条件（地質，地形，地勢・位置等），人間の条件（人口，人口分布，年齢構成など）
② 自然資源：原生的自然資源（原生林，自然草地），二次的自然資源（人工林，里山，農地），生物（身近な生物，希少種など），鉱物資源（化石燃料，鉱物素材など），エネルギー資源（太陽光，風力，地熱など），水資源（温泉，地下水，表流水，河川，湖沼，

海洋など），環境（風景，観光資源，環境関連など）

③ 人文資源：歴史的資源（遺跡，遺産，歴史的文化財・建造物，歴史的事件，伝説など），社会経済的資源（文化資源，伝統文化，芸能，民話，祭りなど），人工施設資源（建築物，構築物，市街地，街路，公園など），人的資源（人材，労働力，技能，技術，コレクター，知的資源など），情報資源（知恵，ノウハウ，電子情報など）

(b) 流動資源（地域内で生産・関与され，地域外でも活用消費されるもの）

① 特産的資源（農林水産物・同加工品・工業部品・製品・手づくり産品など）

② 中間生産物（間伐材，家畜糞尿，下草や落ち葉，コンポスト，一般廃棄物，産業廃棄物等）

地域資源のうち自然資源を活用した地方の市町村における地域振興事例には，例えば，自然資源を守りソフト事業で活かす事例として，以下のようなものがある。

① 大分県由布市（旧湯布院町）は，リゾート法による乱開発から由布岳や農山村の景観を守った潤いのあるまちづくり条例が有名で，音楽祭や映画祭などのイベントも多く実施し多くの交流人口を集めた。

② 自然素材の商品化では，北海道池田町は地元で取れる山葡萄を活かした十勝ワインを生産した。

③ 山形県西川町では，月山の水販売という自然の水を売ることをいち早く実施して町民所得を増やし，福祉医療の里作りへと発展した。

④ 徳島県旧上勝町では，木の葉を料理のつまものに活かした第3セクター彩による商品化によって地域ブランドを創出した。和歌山県南部川村では，梅製品による村おこしで活性化した。

⑤ 自然資源を活かしたイベント・ソフト事業では，北海道進徳町及び十勝地域の流木等を活かした環境アートや，宮崎県諸塚村による山村の地域資源を体験するエコツアーの実施がある。

⑥ 自然エネルギーを有効活用した例として，滋賀県石部町は太陽光発電による市民協働発電所を作った。

⑦ 自然の負の資源の有効活用として，新潟県安塚町は，雪の宅配便を送ったり，山形県立川町では，強風を逆手に取った風力発電を行っている。

このほかにも地域資源を活かした多くの活性化事例がある。地域資源の一環として，産業遺産，文化遺産，温泉，観光資源等を活かしたまちづくりも最近の動向として注目される。

(2) 産業遺産を活かしたまちづくり

産業遺産（インダストリアル・ヘリテージ）とは，地域を支えてきたすべての各産業にかかわる施設や設備のうち，現在は使われていない，あるいは当時とは異なる使われ方をしているものであり，近年ではまちづくりの資源として活用されている事例が数多く見られる。産業建築・倉庫等，身近なものから大工場，鉱山など様々なものがある。

産業遺産が注目を浴び出したのは，1980年代に入ってからであり，当初は産業遺産が創出する地域固有の景観としての観点から，あるいは文化財概念の拡大に伴って近代におけるわが国の歴史文化としての観点からの再評価を受けるようになった。そして1990年代になると，観光を中心とするまちづくりへの活用や，まちのシンボルとして位置づける市町村の存在が顕著に見られるようになった。

別子銅山（愛媛県新居浜市）は1691（元禄4）年に開鉱し，最盛期の産銅量は年間1,500トン以上に上り当時の世界最高を記録するなど，地域社会とともに発展してきた。しかし，湧き水や地圧による坑道崩壊の危険性，銅価格の下落などにより1973（昭和48）年に閉山し，300年近くの歴史に終わりを告げた。閉山後もレンガ造りの採鉱本部や水力発電所などの建物だけがほぼ当時の姿のまま残されていたことに着目し，周辺の関連産業遺産とのネットワーク化を図り，ヘリテージツーリズムによるまちづくりを展開している。中でも，1991（平成3）年に第3セクターとして開設された「マイントピア別子」道の駅登録は，火薬庫として実際に使用された坑道を活用して別子銅山の歴史を学習できるように整備され，観光客から人気を博している。

(3) 文化遺産を活かしたまちづくり

文化遺産とは，歴史的や学術的，あるいは芸術的価値の高い「モノ」だけでなく，モノとモノの関係性やモノを取り巻く事象としての「コト」を含む遺産である。

文化遺産は，高度経済成長期には経済優先のまちづくりが先行し開発による消失や変容が相次いだが，1990年代に入り生活の質，空間の質が重視されるようになると文化遺産を保存活用しようとする機運が高まりを見せた。近年では，文化遺産を「今日までに残された遺産」というよりも「未来に残したい遺産」と積極的に捉えて，法制度の充実を図りながら広くまちづくりに活かそうとする市町村が増えてきている。

金沢市は，加賀百万石で有名な歴史的都市であり，戦災や大きな災害に見舞われることがなかったため，市の中心部では伝統的な街並みや狭小な街路が数多く残り，城下町らしい雰囲気を今日に伝えている。金沢市は全国に見られる伝統的建造物群保存地区を市内に有しているが，それとは別にまちなかの「ちょっとした良い街並み」を積極的に保存育成することを主旨とした「金沢市こまちなみ保存条例」を1994（平成6）年に制定しているところに特色が見られる。この条例では，まず保存が必要な街並みを「こまちなみ保存区域」として指定し，指定したそれぞれのまちの特徴を考慮した「保存の基準」を策定し，改築や修繕に市が補助を行いながら保存や修景を進めるとされている。

こまちなみを活かしたユニークなまちづくりも各地区で展開されている。例えば，醤油醸造業が盛んな大野町区域では，かつて醤油の製造に使用されていた蔵を改装し，ギャラリーや喫茶店を開いて観光客から人気を集めている。なかでも喫茶店では飲み物以外に，醤油味のソフトクリームを販売しており話題となっている。

(4) 温泉資源を活かしたまちづくり

温泉とは，「温泉法」により地中から湧出する温水，鉱水および水蒸気その他のガス（炭酸水素を主成分とする天然ガスを除く）で，温泉源での温度が摂氏25度以上のものか，鉱水1kg中に定められた量以上の物質が含まれているものをさす。世界でも有数の温泉国であるわが国は1000年以上前から温泉街を形成しわが国独自の温泉文化を育ててきた。温泉は疲労回復，健康増進ほか，泉質に応じて様々な病気への適応症がある。

国内旅行種別の筆頭を占めるのは温泉旅行であり，数々の温泉街が魅力ある温泉街をつくって集客を向上させようとソフト，ハード両面でのまちづくりを展開してきた。最近の動向・特色は，以下のようなことがあげられる。

① 温泉旅館の連携や街の一体化による施策が多く，各旅館の風呂や外湯を巡ることのできる温泉街が増加してきた。
② 団体旅行から個別・グループ旅行が主流になりそれに応じた対応が求められるようになった。
③ 単なる温泉への観光だけでなく医療・福祉・健康療養・癒し・湯治・コンベンションなどの温泉利用種別が増加してきた。
④ 露天風呂，足湯，飲泉等に人気があり，それに応じた施設整備が増加してきた。
⑤ 日帰り温泉施設整備も増加してきた。
⑥ 高齢者・身障者に配慮したバリアフリー対応が増えてきた。
⑦ 特色ある各種イベントが行われ，インターネット予約利用客が増加してきた。

(a) 熊本県黒川温泉

熊本県の黒川温泉は，1970年くらいまでは，湯治場として利用されるのが一般的だった。それが露天風呂がブームになると，渓流と緑豊かな景観に囲まれた露天風呂をめぐることができることから人気を博した。広葉樹に囲まれた自然と和風景観を重視し，派手な色の看板は取り外し，ガードレールやサイン看板は街並みに溶け込むように黒色に塗り替えるなど，まち全体で温泉街を盛り上げた。黒川温泉の入湯手形は，小国杉の間伐材を輪切りしたものに3枚の温泉マークのシールが貼ってある。立ち寄り入浴1軒につき500円のところ，入湯手形なら，黒川温泉の旅館25軒（ほか別館3）のうち3カ所の湯巡りができる。1,200円で6カ月間有効。立ち寄り利用はいずれの旅館も8時半～21時。入った軒数によってパーフェクト賞や敢闘賞も用意されている。温泉に入る旅館にシールをはがして渡す。1枚400円のうち，250円は旅館に，150円は組合費に入り多くの収入を上げた。

(b) 大分県別府温泉

大分県別府市の別府温泉は「人に優しい別府温

泉」のコンセプトにより以下のような様々な施策を行ってきた。「別府八湯ウォーク」は，別府八湯（別府・浜脇・亀川・観海寺・堀田・鉄輪・明礬・柴石）を地元住民ボランティアガイドが歩きながら案内する，ウォーキングツアーである。観光地としてではない，そこで生活する地元住民の「おすすめスポット」を解説を交えながらのんびりと散策する。また，健康に配慮して，旅館やホテルでは，「ヘルシーランチ」という夕食1,000kcal以下の低カロリーの料理メニューを出し，温泉療法のアドバイスをする。オンパクというイベントは「別府八湯温泉泊覧会」を略したもので，別府温泉を構成する八つの個性的な温泉郷「別府八湯」をベースに，温泉の再認識と新たな観光資源の創出を目指す泊覧会である。福祉の一例として，「ほっとマンマの日」という，乳がんの患者や完治者に，周りの目を気にせずゆったりと温泉に浸かって，ほっとしてもらおうという日を設けた。別府温泉では，旅館ホテルの温泉が，時間指定で乳がん患者だけの貸しきりにしている。

(c) 宮城県鳴子温泉郷

宮城県鳴子温泉郷は，「街を歩けば下駄も鳴子」をキャッチフレーズに様々な展開をしている。温泉地を下駄で歩くこと，下駄を履いていると特典を受けられること，特典の提供は商店街が行い，商店街は一店逸品運動を展開し，鳴子逸品カタログを提供し，魅力ある商品開発を行っていることで，街歩きを楽しくさせている。また，「温泉療養プラン」に取り組み，温泉旅館に泊まりながら鳴子温泉病院で診察を受け，医師の指示で温泉療養やリハビリの指導を受けるというもので旅館は病院の予約と送迎の手伝いをする。「生きがい活動支援通所事業」は，利用者の減少に悩む温泉街の活性化を目的とし，温泉を使い新しいデイサービス事業の運営を行っている。

(d) 山口県俵山温泉

山口県長門市俵山温泉は，山里の中にある1100年の歴史を有する名湯で西日本屈指の湯治場である。源泉100％掛け流しの本物の温泉と豊富な自然，昔ながらの情緒が受けて，関西から4泊5日の湯治ツアーなど都会からの人気が浮上してきた。2004（平成16）年3月には俵山温泉活性化ビジョンを立て，2004年12月に露天風呂がある新しい温泉施設『白猿の湯』が開設された。ここには，毛細血管の血流を促進し，健康増進に役立つとされる，1/100mm以下の気泡を水中に発生させるマイクロバブルを世界で初めて温泉に導入し，人気を博している。また，山口県のグリーンツーリズムモデル地域にも指定され，温泉と農山村の共存が活かされている。近くには，音信川沿いに大型旅館が立ち並び，魅力あるイベントが多い長門市湯本温泉があり，温泉街同士の連携事業も進んでいる。

(5) 観光資源を活かしたまちづくり

わが国では21世紀の将来像として「観光立国」を掲げ，その実現に向けて「観光立国行動計画」を策定し，それに基づいて様々な施策が展開されている。そもそも「観光」とは，中国の易経にその語源があるといわれ，「国の光を観る」「その地域の暮らしを探訪する」ことを意味する。すなわち，「観光」とは単なる物見遊山ではなく，国や地域，国民を見つめるまちづくりの一つのプロセスとして位置づけられるべきものと考えられる。地域レベルでは，国に先行する形で各地域が地場の自然・歴史・文化・産業などを創意工夫を重ねて観光資源として捉えなおし，それらをまちづくりの柱として地域活性化につなげようとする試みが見られる。

滋賀県長浜市は，豊臣秀吉が築いた城下町に都市の基盤が形成され，以来商工業を中心として大きな発展を遂げた。明治・大正時代には官営鉄道建設をはじめとする文明開化を先取りし，また大阪・京都から北陸に至る北国街道の宿場町としても華やかな賑わいを見せた。しかし近代化とともに，他の都市と同様に旧来型の商店街は機能しなくなり，郊外型のショッピングセンターの進出などにより中心市街地は衰退の道をたどるようになった。

そのような中，危機感を抱いた市民8名と長浜市の出資による第三セクターとして1988（昭和63）年に㈱黒壁が発足した。黒壁は，民間主導の運営により地域の商業と競合しないガラス工芸を主要産業とし，また地域に残る歴史的建築物の壁を黒漆喰の壁として全国の歴史的都市の中でも特徴的な景観の形成を図った。まちづくりの推進体制として，㈱黒壁や行政だけでなく，地域と観光客とのパイプ役や情報発信の役割を担うNPO法人

「まちづくり役場」と連携しながら商店街の活性化に取り組んできたことも特徴の一つである。

現在では，元銀行を修景して世界中のガラス作品を集めた「黒壁ガラス館」を中心として，その周囲にはガラス工房，ステンドグラスやギャラリーなどガラスの魅力にこだわった施設が建ち並び，ガラス工芸以外にも郷土料理や土産物店，作陶が体験できる店など多種多彩な店舗が集まり，衰退していた商店街に活気を呼び戻すことに成功した。

第15章

住民参加による地域づくり

15.1 パブリックインボルブメント

(1) PIとは

PI（Public Involvement）とは、「公衆の巻き込み」と直訳されるが、一般的には、「公共政策・事業の推進にあたっての住民参加の一手法であり、関係者に対して計画当初から計画内容を公表し、意見をフィードバックして計画内容を改善し、合意形成を進める手法」とされている。PIの性質・目的等を踏まえてまとめてみると、「地域住民に限らず、その事業の施術者（民間企業、関連団体）を巻き込みながら、基本計画の段階から関係情報を公開し、それに対する意見を交換しあい、行政と住民とのより良い合意形成を効率的に推進すること」といえる。

PIの発祥はアメリカとされ、1950年以前にまでさかのぼる。当時の道路計画は地域・社会の発展に大きく関係する事項であったにもかかわらず、市民と関係することなく決定されていた。計画決定後に計画に関する問題を指摘されたとしても、正しい理由を並べて自己防衛に終始する姿勢だった。しかし、1950年に改正された連邦道路法の中で、連邦高速道路が市や町を通過する際に公聴会を開催するように義務付けられたのが始まりである。この頃から事業段階におけるPI活動の必要性が漠然と認識されるようになった。

しかしながら、現在のように明確な形でのPI活動が盛んに行われるようになったのは、1991年にISTEA（Intermodal Surface Transportation Efficiency Act：陸上交通効率化法）が成立してからである。ISTEAが成立した背景には、環境・エネルギー・経済・社会・土地利用などの改善にねらいがある。すなわち、これらの目標達成がコミュニティにいずれも大きく影響を与えることが明らかであり、効果や影響の計量化が大変困難な部類に属するものについて、事前に住民の意見を反映させようとするものである。

そのために、必然的に数字で納得させる努力だけでは不足することになり、市民の合意を積極的に得る努力や市民皆で決めたという方向が期待されることとなり、PIの重要性が高まったと考えられる。日本においては、国土交通省が第11次道路5カ年計画（平成5〜9年度）に続く、「新道路計画」の策定にあたり、PI手法が導入された。

(2) PIの内容

具体例として道路事業の場合に、ルート選定、道路構造の決定、環境対策などに住民が計画段階から参加し、広く住民の意見を聴いて計画づくりに反映させるものである。PIの実施には対象となる事業により、ケース・バイ・ケース的な対応となることが多いが、一般的には次のような手順で進められる。

① ホームページを開設したり、広報誌を広く配布したり、記者発表などの広報により、検討を進めている計画案の情報を公開する。

② 都市計画、環境、生態系、景観などの専門家に、周辺の地域住民の代表を加え、沿線自治体や関係機関の行政担当者を交えた協議会を設置する。

③ 協議会には必要に応じて分科会を設ける。

④ 専用の電話・FAXを設置し、電子メール、郵便、アンケート、相談窓口などの公聴の方法で地域住民の意見を聴取する。募集した意見をまとめたものをキックオフレポートといい、これを集計・分析したものをボイスレポートという。

⑤ ボイスレポートに基づいて、協議会において概略ルート、その必要性や環境問題など

表15・1　パブリック・インボルブメントの主な手法

情報提供手法	意思把握手法	意思決定プロセス参画手法
・広報誌やパンフレットの発行 ・マスメディアを介した情報発信 ・インターネットを活用した情報発信 ・事業説明会の開催	・関係者へのヒアリング ・関係者へのアンケートの実施 ・インターネット上の掲示板上での議論の実施 ・公聴会の開催	・関係者が参加する検討委員会の設置 ・事業の実施の可否や，事業内容の選択等を問う住民投票の実施

を含めて検討し，道路構造なども検討する。
⑥　協議会の結果について広報を行い，再度，電話・FAX，電子メール，郵便，アンケート，相談窓口などの公聴の方法で地域住民の意見を聴取する。主なPI手法を事業の段階別にまとめると表15・1のようになる。

　これらの手法が，関係する公共事業の種類や実施場所，住民等の関心の高さ等を配慮して，有機的・効果的に組み合わされ，実施されることとなる。また，今後はITの進歩や関係者の経験の積み重ねや努力により，さらに新しい手法が開発されていくものと思われる。

(3)　別大国道拡幅事業とPI活動

　別府市と大分市を結ぶ別大国道は，地域の景観に調和し，さらに地域のシンボルロードとして発揮されるように，PIを利用して，一般利用者に情報を公開し，住民を様々な面で事業に巻き込み，道路計画を策定した。行政や学識者だけではなく，ホームページや新聞等で意見（アンケート等を含む）などを取り込みながら計画を立案した。歩道デザインを対象としたPIの取り組みは，大分県では初であり，大変画期的なものといえる。以下に詳細を述べる。

(a)　別大国道景観整備検討委員会の設置

　一般国道10号は，北九州市門司区を起点とし，大分市，宮崎市を経由して鹿児島市に至る主要幹線道路である。この一般国道10号の中で別府・大分間は，年間1,100万人の観光客が訪れる国際観光都市「別府市」と東九州の中心都市である「大分市」を結ぶ重要な幹線道路である。また，別府市東別府から大分市生石間（L＝7,000m）を別府湾沿いにJR日豊本線と並行して海岸線を走っており，山と海の自然に恵まれた良好な景観を有している。このようなことから，県内外の人々から通称「別大国道」と呼ばれ，親しまれている。

　別大国道の交通量は，63,000台／日（平成9年度道路交通センサスより）と九州の中でも極めて多く，沿道には猿の餌付けで有名な高崎山自然動物公園や水族館「マリーンパレス」があり，年間を通して多くの観光客が訪れている。しかし，この周辺は地形が険しいために，両市をつなぐ道路は一般国道10号と大分自動車道（濃霧のため交通規制が多い）のみで，災害，交通事故等が発生すると交通途絶，渋滞が発生していた。そこで，国土交通省大分河川国道事務所において4車線を6車線に拡幅する工事が行われ，歩道についてはゆとりある空間に配慮して幅員を8mと計画し，道路完成後には現況道路との間に残地が発生することとなる。これより，検討委員会は，周辺の諸計画との整合を図りながら，地域の個性を表現したより良い道路景観と機能の形成を目指し，新設歩道の景観整備，護岸工作物等の整備，道路残地についての検討を行うために設置された。さらに，自然と地域づくりに配慮した「美しい別府湾にふさわしいみちづくり」「交流を支援するみちづくり」を目指し，景観整備を行うことを基本理念とした。

(b)　PI活動

　この検討委員会は，2000（平成12）年11月16日に発足し，第1回の委員会が開催された。そこで，「美しい別府湾にふさわしいみちづくり」を行うために，景観を楽しむ休息空間づくりの必要性，周辺の自然資源と調和した景観づくり，ゾーンをネットワークする歩行空間における構造物の形態・色彩の調和を図るなどの基本方針が議論された。また，①「交流を支援するみちづくり」を実現させるためには，地域の歴史・文化を道路に表現・提示する，②地域イベント等を積極的に案内・誘導し，学習機能を備えた休息施設を整備することなどを取り決めた。

　検討委員会の下部組織として，「拠点小委員会」と「植樹小委員会」を設置した。前者は，別大国道の全区間の中で5カ所に及ぶ拠点箇所の取り決めを行う小委員会であるが，県民を対象に新聞・ホームページ等を通じて，拠点施設のデザインを公募した。その結果，国の内外から多数の応募があり，公開審査を経て第3回の拠点小委員会（平

成14年10月21日）にて決定された。この審査会は，大分県総合文化センターにて公開審査という極めて異例の形式で実施され，注目を集めた。

植樹小委員会では，街路樹についても植栽後の予想図を載せてホームページ，新聞等により広くアンケートを行った結果，シマトネリコ・ホルトノキの二樹種に決定した。現在，これらの街路樹の管理は，道路美化活動を住民自ら行うために設立された「道守大分会議」の構成団体である「別大マイツリー会議」と国土交通省大分河川国道事務所との両者で行っており，新しい形の住民参加型維持管理として注目されている。

写真15・1　公開審査の模様

写真15・2　別大マイツリー活動

写真15・3　別大国道の歩道デザイン

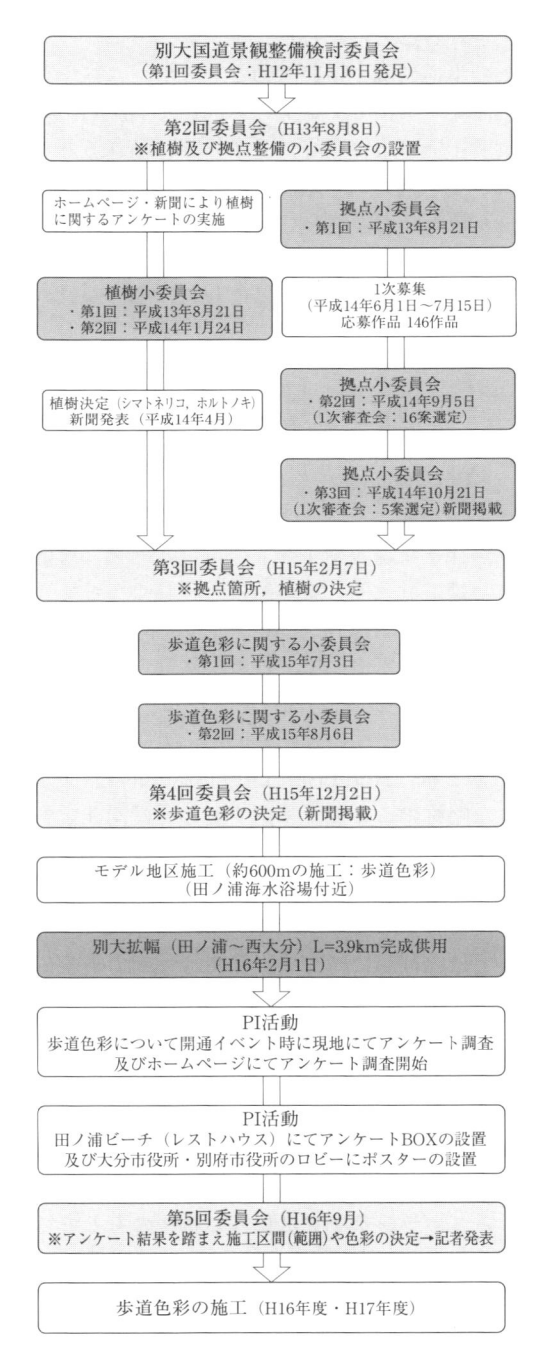

図15・1　別大国道景観整備事業のフロー図

さらにその後，拠点小委員会では，歩道デザインに関する検討会議を開催し，2003（平成15）年12月2日に歩道デザインを決定し，新聞等で大きく発表された。その2カ月後の平成16年2月1日に田ノ浦～西大分間の3.9kmの拡幅工事完成に合わせ，田ノ浦ビーチの後背地にあたる600m間に全国的にもユニークなデザインを有する歩道が試験施工されることになった。

この歩道に関するPI活動としてホームページや田ノ浦ビーチにてアンケート調査を実施し，大分市役所・別府市役所等，公衆の眼に触れるところに大きなポスターを貼ることで市民への浸透とアピールを行った。さらに，平成16年9月には7カ月間のアンケート調査の結果を踏まえて残り区間の歩道デザインを決定した。これら一連の流れを図15・1に示す。

15.2 特定非営利活動団体（NPO）

(1) NPOとは

近年，市民ニーズが多様化・複雑化する中で，行政が様々な課題やすべての市民ニーズに対応することは，財政的・組織的にも難しくなってきている。一方，NPOは社会のために何かをしたいという意識に基づいて，様々な活動を自主的・自発的に行っており，NPOが新たな公共サービスの担い手として期待されている。

NPOとは，Non-Profit Organizationの頭文字をとった略称のことで，和訳すると「民間非営利組織」となる。ここで「民間」とは，政府の支配に属さないこと，「非営利」とは，利益を団体の活動目的を達成するための費用に充てること，「組織」とは，社会に対して責任ある体制で継続的に存在する人の集まりのことを指す。つまり，NPOとは株式会社などの営利企業とは異なり，「社会的な使命（ミッション）の実現を目指して活動する組織や団体」のことをいう。

NPOとボランティアの違いは「ボランティア＝個人」「NPO＝組織・団体」と考えることができる。ボランティアは個人の責任のもとで行われており，NPOは目的達成のために運営のルールを持ち，継続的・組織的に活動しているところに違いがある。

(2) NPOの現状

1995（平成7）年の阪神・淡路大震災では100万人以上のボランティアが活躍し，市民の自発的な活動が社会の大きな力になることを全国的に認知させることとなった。また，内閣府が2004（平成16）年1月に実施した「社会意識に関する世論調査」では，社会の一員として何か社会のために役立ちたいと思っている人が約6割に上るなど，国民の社会貢献意識も高まっている。

国においても，1998（平成10）年に「特定非営利活動促進法」が制定され，これまで任意団体として活動してきたボランティア団体などの法人格取得が可能となったことから，全国的にNPO法人が次々と誕生し，その活動も活発になってきている。

しかしながら，NPOには法人格を取得していないところが多いため，正確な数を把握することは難しいのが現状である。また活動内容も，対象とする地域が町内の地区であったり，市であったり，国であったりするため様々な内容が存在し把握することが難しい。そこで，現在把握できるNPOのうち，法人として認証されている数は，2006（平成18）年11月末現在，全国で約29,000あまりである。

(3) NPO活動と地域づくり

NPO法で挙げられている活動分野は17分野あり，主なものに，①保険・医療または福祉の増進を図る活動，②社会教育の推進を図る活動，③まちづくりの推進を図る活動，④学術，文化，芸術またはスポーツの振興を図る活動，⑤環境の保全を図る活動，などがある（表15・2）。このうち，環境に配慮したまちづくりに関する事業を行っている「特定非営利活動法人 府内エコロジーネット21」（大分県；2000年4月設置）では，活動の拠点となるエコエコプラザで近隣の小学生が環境教育の授業を受けたり，環境文具の配布を行ったりしている。また，事業面では民間の柔軟な発想が取り入れられ，エコエコプラザの一角にリユースショップ（市民が不用品を持ち込み，必要な人に販売する）を設け，開設一年で1200人もの登録会員が誕生した。結果的に，ものを大事にする市民の育成と会の活動資金の基盤づくりの一石二鳥の効果を生み出している。

このように，NPOによる地域づくりには，「市

表15・2　特定非営利活動の分野

1. 保健・医療又は福祉の増進を図る活動
2. 社会教育の推進を図る活動
3. まちづくりの推進を図る活動
4. 学術，文化，芸術又はスポーツの振興を図る活動
5. 環境の保全を図る活動
6. 災害救援活動
7. 地域安全活動
8. 人権の擁護又は平和の推進を図る活動
9. 国際協力の活動
10. 男女共同参画社会の形成の促進を図る活動
11. 子どもの健全育成を図る活動
12. 情報社会の発展を図る活動
13. 科学技術の振興を図る活動
14. 経済活動の活性化を図る活動
15. 職業能力の開発又は雇用機会の拡充を支援する活動
16. 消費者の保護を図る活動
17. これらの各号に掲げる活動を行う団体の運営又は活動に関する連絡，助言，又は援助の活動

民参加の場」としての役割があることが分かる。地方分権が進展する中で，地域のことは地域が自己責任で取り組んでいくことが求められている。そのためには，行政や企業だけでなく，課題の解決に向けて行動する市民が主体的に参加することによって，全体の知恵を結集した地域づくりが必要不可欠となる。NPOに，意欲と情熱を持って行動する市民同士をつなぎ，活動を組織的に支える市民参加の場としての機能が期待されるゆえんである。

NPOの課題としては，現状ではNPOのほとんどが人材や活動資金の不足，事務機能が整備された活動拠点がない，団体の活動が市民に知られていない等の個別の課題を抱えているほか，団体相互の情報，交流の場がないことにより団体間の協力関係が構築できないなどの課題が横たわっている。

15.3　アダプト・プログラム

近年わが国においても，アメリカ合衆国で始められた「アダプト・ア・ハイウェイ」を参考にして，歩道の清掃やゴミ拾いや落ち葉の処理等を地域住民が行政と連携しながら，環境美化活動の一環として取り組む動きが全国的に急増している。このシステムは「アダプト・プログラム」と総称されているが，アダプト（adopt）とは英語で「養子にする」という意味で，adoptの対象が道路のとき，アダプト・ロード・プログラム（Adopt Road program）と呼ばれている。これは，そのまま直訳すると「道路の養子縁組」となるが，こうした，人と道の養子縁組というユニークな活動が，最近，日本各地の自治体でも盛んに行われるようになってきている。

アダプト・プログラムは，道路や公園などの公共空間の美化を，市民・地元企業と自治体が契約を結び，継続的に進めていく維持管理システムであるが，行政側にとっては維持管理費の低減が期待でき，住民サイドにとっても道路への愛着心の形成や地域社会への貢献等に効果があるとされており，今後のまちづくりにおいて，新しい可能性を秘めた環境パートナーシップとしても注目されている。

そこで，以下にアダプト・プログラムの起こりとわが国における現状を先進地の事例とともに紹介する。

(1)　アダプト・ア・ハイウェイ・プログラムの起源

アダプト・ロード・プログラムは，1985年頃にアメリカのテキサス州交通局で始まった「Adopt-A-Highway Program（アダプト・ア・ハイウェイ・プログラム）」がその原型とされている。毎年15～20%の割合で増え続ける州ハイウェイに散乱するゴミの量に頭を悩ましていた交通局が，道路の一区画の里親になってくれるよう住民に協力を呼びかけたのがきっかけである。この新たな発想に賛同してくれたのは住民グループや企業の人たちで，やがて，道路のゴミ拾いという地道な活動に参加してくれている人々を勇気づけようと，ボランティアの団体名の入ったサインボードを掲げるようになった。

サインボードを掲げることによって，「自分たちの町を自分たちできれいにしているんだ」という自信が芽生え，清掃への意欲がさらに高まりを示す。また，活動の励みと同時に，責任を持って里子を管理する意識が生まれ，さらにはポイ捨て行為を抑制する効果，活動を通したコミュニティの絆の深まりなど，思いがけない効果も表れるところとなった。

このようにして誕生したボランティア団体が里親となり，道路脇の一区画を里子として，散乱ゴミ回収などを行う活動は，「Adopt-A-Highway Program」（アダプト・ア・ハイウェイ・プログラム）

(2) プログラムの基本的な仕組み

ここで，テキサス州で生まれたアダプト・ア・ハイウェイ・プログラムにおける，養子縁組が行われるまでの基本的な仕組みについて説明する（図15・2）。道路の［里親］としては，一定期間にわたってゴミ清掃に携わることができる地域の住民ボランティア・グループや地元企業の社員グループなどの団体が候補として考えられるが，テキサス州第一号の里親グループ「タイラー・シビタン・クラブ（TYLER CIVITAN CLUB）」の場合は住民グループであった。このように，活動に必要な人数が確保できる団体であれば誰でも里親になることができるのが特徴である。

［里子］とは，一定の区画に区切った道路のことで，テキサス州では，ハイウェイ道路脇の片側2マイル（1マイル＝約1.6km）を一区画と定めている。里親と里子をコーディネイトする役目を担うのが［管理者］（テキサス州では，テキサス州交通局が担当）である。里親と管理者の間で［同意書］（テキサス州の場合，里子の区画を2年間にわたって年に4回以上清掃することなどが明記）が交わされると，管理者は里親名入りのサインボードを設置し，安全指導の徹底を図る一方で，万が一の場合に備えての保険加入の手続きなどの支援を行っている。また，安全ベストやトング（ゴミを挟む道具），ゴミ袋など必要な備品を用意する役割もある。

(3) アダプト・ア・ハイウェイ・プログラムの意義

散乱ゴミを拾い，清掃するだけでなく，あえて道路と「養子縁組」するのはなぜであろうか。アメリカ社会にそのような考え方が芽生えてきた歴史的背景を探ることにしたい。

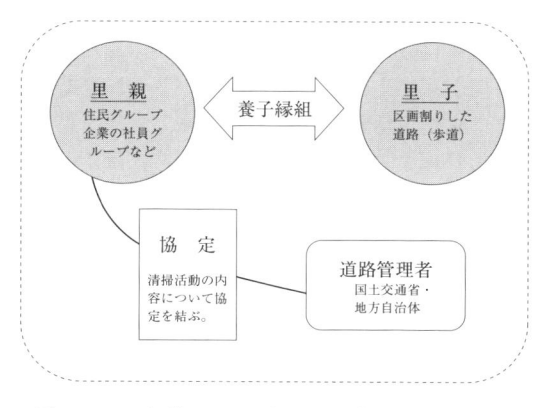

第一に，ボランティア活動の下地があったことが考えられる。それは，「地方分権主義と生活個人責任制」で説明できるであろう。本国イギリスでは1601年に成立した法律に基づいて，すでに福祉活動が行われていたが，植民地アメリカではそれぞれの地域で対応せざるを得なかった。また，プロテスタントの考え方から怠惰は罪とされ，両親が扶養できない子供や孤児は，師弟奉公に出されていた。

第二の理由として，連邦政府を頼らない自治の伝統があったことが挙げられる。連邦政府成立後も，社会福祉の責任を負うべきとは考えず，労働が不可能な者の救済は民間の社会福祉がその役割を担ってきた。

第三に，個人責任の徹底である。世界恐慌の後のニューディール政策以来，福祉予算は膨らむ一方であったが，レーガン大統領時代に「個人責任」とされた。福祉の支援が必要になった場合にも，個人や民間の諸団体の主導で行われるべきであるとの明確な方針が示されたのである。このような政策の後押しを受けて，1970年代後半から，「アダプト・ア・スクール」などのボランティア活動が推進されてきている。

(4) アダプト・ア・ハイウェイ・プログラムの発展

テキサス州から始まったアダプト・ア・ハイウェイ・プログラムは，以後，広くアメリカ48州，カナダ，プエルトリコ，ニュージーランド，オーストラリアなどに広がりを見せる中で，様々に形を変えて，散乱ゴミ抑制の成果をあげるとともに，コミュニティの絆を深める役割を果たしてきている。ちなみに，3月9日は「国際アダプト・ア・ハイウェイの日」として知られているが，これは，アメリカで最初の里親グループ「タイラー・シビタン・クラブ」の名前入りサインボードが道路脇に立てられた日を記念して定められたものである。

現在，テキサスで始められたプログラムは各地で手本となっているが，一方，活動の輪が広がるにつれて，新しいアイディアも生まれ，さらに発展したプログラムも誕生してきている。

当初，道路のクリーン・アップ（清掃）を目的としてスタートしたアダプト・プログラムは，その後，活動の対象がゴミの清掃だけではなく，野生の草花の手入れ，壁の落書きの消去，植栽など

図15・2　アダプト・ア・ハイウェイ・プログラムのしくみ

景観や自然環境を見つめた活動が展開されるなど，多様化してきている。

一例として，カリフォルニア州のアダプト・プログラムでは，草花を植えるときも，見た目の美しさよりもその土地に自生している花（ワイルドフラワー）に限定するなど，生態系を壊さないような配慮がなされている。また，里子の多様化として，「州ハイウェイ（州道）」だけではなく，「郡道」「市道」「休憩所」「公園」「壁」など，道路という線からスタートした取り組みが，面へ，そして空間にまで広がりをみせている。

一方，里親のあり方も多様化をみせており，同州では里親名の表示にロゴマークやトレードマークが許可されていることもあり，企業がフィランソロピー（社会貢献）を行っていることをアピールするために，企業の里親が目立っている。また，交通量が多く民間人では危険だと思われる路線に関しては，住民がスポンサーになり，清掃は専門の清掃業者に委託するという「スポンサー里親」制度が登場し，特に，フリーウェイ（高速道路）などでこの制度が採用されている。自らの手で清掃作業を行わなくてもサインボードを立てることができるスポンサー里親は，まさにアメリカ人好みの制度だといえよう。

(5) わが国への導入

近年アダプト・プログラム実施団体は急増しており，2004（平成16）年9月現在で1,010団体に上っている（ただし，この数字は後述する国土交通省が管理する国道におけるボランティア・サポート・プログラムの実施団体であり，県・市町村等が管理する道路におけるアダプト・プログラム実施団体は含まれていない）。

わが国でアダプト・プログラムが導入されたのは，1997（平成9）年の建設省四国地方建設局松山工事事務所（当時の名称を使用）の呼びかけによって生まれた「あいロード」だとされている。アメリカに遅れること12年であるが，この時期にこのようなボランティア活動が生まれてきた社会的背景としては，1995年1月17日に発生した阪神・淡路大震災が挙げられよう。この未曾有で不幸な災害は，一方でボランティア活動が社会的に認知されるきっかけともなったことは，良く知られているところである。この「あいロード」以降，わが国においても，次々とアダプト・プログラムが全国各地で誕生してくるのであるが，以下の先進事例でもわかるように，わが国では，四国・中国地方を中心に導入が進んだのが特徴といえる。

なお，わが国では「アダプト・プログラム」という名称が一般的に馴染みが薄いため，国土交通省では，現在，これを「ボランティア・サポート・プログラム」と呼んでいる。そこで，以下では国土交通省が管理する道路のアダプト・プログラムを「ボランティア・サポート・プログラム」と呼び，略語としてVSPを用いることにする。

図15・4にボランティア・サポート・プログラムの仕組みを示す。「実施団体」（＝ボランティア活動を行う団体）が，道路脇の簡単な清掃や美化活動を行うことを「協定」で確認し，その「協定」の内容に従って活動を実施する。道路管理者は清掃用具等を貸与・支給し，実施団体名入りのサインボードを立てて，実施団体の活動を公表している。

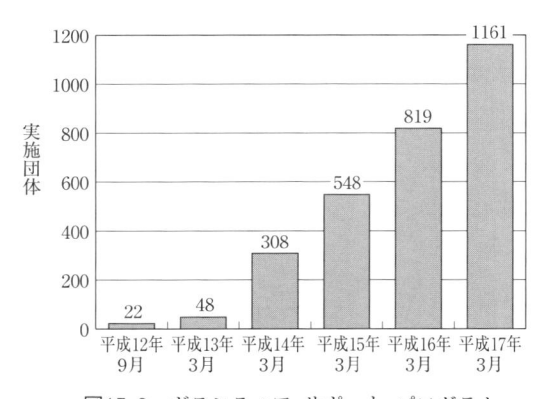

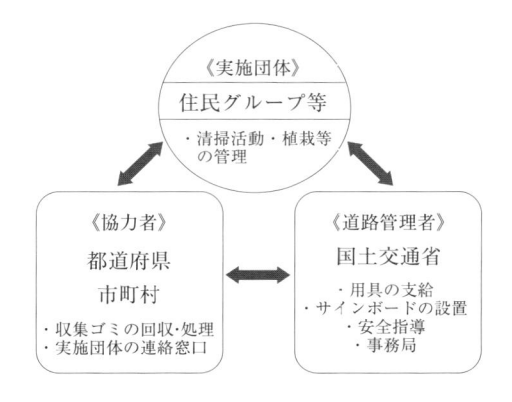

図15・3 ボランティア・サポート・プログラム実施団体数の推移

図15・4 ボランティア・サポート・プログラムのしくみ

写真15・4　サインボードの例（徳島市）

写真15・5　いいことメンバー認定書交付式

(6) 先進地の事例紹介—みすゞいいこと花壇—

(a) アダプト・プログラム導入の背景と概要

長門市仙崎地区で，住民参加でまちを花で飾る山口県版アダプト・システム（里親制度）が2000（平成12）年4月，県内で初めてスタートした。仙崎地区は，童謡詩人，金子みすゞ誕生の地であり，平成16年に金子みすゞ生誕100年を迎えるのを機に地域おこしの一環として，あるいは平成13年7月に開催される「山口きらら博」の影響で多くの観光客が訪れるということもあり，当地区を市民自らの手できれいにし，観光客を気持ちよく迎えたいという声が起こっていた。その頃，長門市よりアダプト・システム導入の話が持ち込まれ，その受け入れに対して地区で議論したが，特に異論がなく，スムーズに導入が決定された。

「みすゞいいこと花壇」は，JR仙崎駅前の県道仙崎港線（700m）の歩道の花壇を一区画約8m^2（51区画）に分け，市民（参加者172人）に開放し，花の植えつけから草取り，水やりなど一切をボランティアとして管理してもらうシステムである。参加者は「いいことめんばー（里親）」に認定され，その証として認定書が交付され（写真15・5），記念に花壇にはメンバーのネーム入りプレートが設置される（写真15・6）。

この「みすゞいいこと花壇」の名称にある，「いいこと」の由来は，金子みすゞの詩の一つである，「古い土べいがくずれてて，墓のあたまのみえるとこ。道の右には山かげに，はじめて海のみえるとこ。いつかいいことしたところ，通るたんびにうれしいよ。」という，「いいこと」（みすゞ詩画集：秋）の詩から引用されている。現在，全区画が認定済みで，個人，家族，グループが参

写真15・6　みすゞいいこと花壇（サインボード）

表15・3　みすゞいいこと花壇の概要

```
□活動名称：みすゞいいこと花壇
□美化区域：いいこと通り
□ボランティア：いいことめんばー
□役割分担：
  地区住民：割り当てられた花壇に季節の花を植え，草取
          りや水やりを行い，道路を含めた美しいまち
          づくりに努める。
  山口県：ボランティア活動の受け皿となる花壇外郭施設
         を整備し，傷害保険への加入費用を負担する。
  長門市：花の苗を提供し，プレートを設置する。
```

加し，草取りや水やりなど花壇の状況も大変良好で，市民や観光客に親しまれている。

表15・3にみすゞいいこと花壇の概要を，図15・5にみすゞいいこと花壇の仕組みを示す。なお，「みすゞいいこと花壇」は，スタート時は「みすゞいいことシステム」という名称であったが，平成15年6月からは，いいことメンバーの総意により，当初の「みすゞいいことシステム」を発展的に解消し，「みすゞいいこと花壇」と改称した。

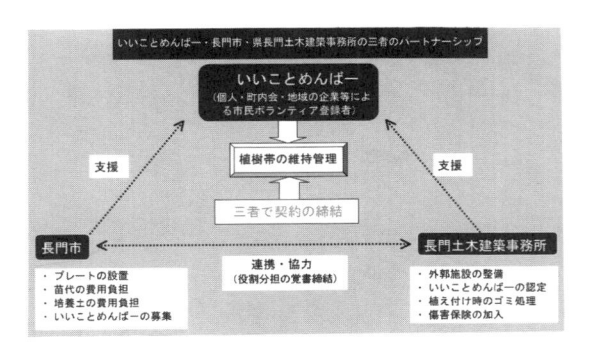

図15・5 みすゞいいこと花壇の仕組み

(b) 活動の特徴と成果

仙崎地区アダプト・プログラムの特徴は、「みすゞいいこと花壇コンクール」の実施である。みすゞいいこと花壇のレベルアップを図り、花に対する興味と愛着心を育むために、毎年8月にはメンバー全員による会員審査と特別審査員による特別審査を実施し、11月に表彰している。このコンクールにより、花壇のレベルアップが図られ、かつ会員の意欲・やる気を高める作用をしていることは間違いない。

活動の成果として、「町全体でゴミが減少した」「花壇から雑草がなくなった」「観光客のゴミのポイ捨てが見られなくなった」等の意見が市に寄せられており、「平成12年度花の観光地づくり大賞奨励賞」をはじめ、数々の栄誉ある賞を受賞するなど地域づくりに多大な成果を挙げている。

仙崎地区のみすゞいいこと花壇は、県内のその他の地域の花とみどりのまちづくりにも多大な影響を与えている。山口県ではこうした芽生えを制度化し、さらに全県下に広げていくため、平成13年度から「やまぐち道路愛護ボランティア支援制度」を立ち上げ、各地でボランティア団体による花壇の手入れなどが実施されている。

参考文献

1) 三村浩史：地域共生の都市計画，学芸出版社，1997年
2) 加藤晃：都市計画概論第4版，共立出版，1997年
3) 佐藤圭二・杉野尚夫：新都市計画総論，鹿島出版会，2003年
4) 樗木武：都市計画第2版，森北出版，2002年
5) 小嶋勝衛：都市の計画と設計，共立出版，2002年
6) 国土交通省編：国土交通白書2005，ぎょうせい，2005年
7) 日本まちづくり協会編：地域計画第2版，森北出版，2003年
8) 地域計画ハンドブック2004編集委員会：地域計画ハンドブック，ぎょうせい，2004年
9) 国土庁計画・調整局編：「21世紀の国土のグランドデザイン」戦略推進指針，大蔵省印刷局，1999年
10) 日本建築学会編：日本建築史図集，彰国社，1949年
11) 都市史図集編集委員会編：都市史図集，彰国社，1999年
12) 内藤昌：江戸と江戸城，鹿島出版会，1966年
13) 石田頼房：日本近代都市計画の百年，自治体研究社，1987年
14) 網野善彦：日本論の視座，小学館，2004年
15) 原広司：集落の教え100，彰国社，1998年
16) 光崎育利：現代建築学 都市計画（改訂版），鹿島出版会，1984年
17) 張在元編著：中国 都市と建築の歴史，鹿島出版会，1994年
18) 越沢明：満州国の首都計画，日本経済評論社，1988年
19) 西澤泰彦：満州都市物語，河出書房新社，1999年
20) 大河原春雄：都市発展に対応する建築法令，東洋出版，1991年
21) 大河原春雄：物語 東京の都市計画と建築行政，鹿島出版会，1992年
22) 石田頼房：日本近現代都市計画の展開，自治体研究社，2004年
23) 石井一郎・湯沢昭編著：環境計画総論，鹿島出版会，2005年
24) 高木任之：都市計画法を読みこなすコツ，学芸出版社，1998年
25) 石井一郎・亀野辰三：すぐに役立つ土木法規の知識，鹿島出版会，1997年
26) 石井一郎・亀野辰三他：環境都市計画，セメントジャーナル社，1998年
27) 伊藤真：伊藤真の民法入門―講義再現版―，日本評論社，1997年
28) 石井一郎・湯沢昭・亀野辰三他：最新都市計画第3版，森北出版，2000年
29) 不動産取引研究会編：平成17年版宅地建物取引の知識，住宅新報社，2005年
30) 高木任之：イラストレーション 都市計画法，学芸出版社，2003年
31) 交通工学研究会編：交通工学ハンドブック（CD-ROM版），丸善，2001年
32) 国土交通省道路局監修：道路統計年報，2002年
33) 元田良孝他：交通工学，森北出版，2001年
34) 建設大臣官房技術調査室監修：建設技術行政 7市街地の面的整備，大成出版社，1991年
35) 国土交通省都市・地域整備局市街地整備課監修：土地区画整理必携（平成16年版），社団法人日本土地区画整理協会，2004年
36) 国土交通省都市・地域整備局市街地整備課監修：都市再開発ハンドブック（平成16年度版），ケイブン出版，2004年
37) 国土交通省道路局監修：道路経済調査データ集平成16年版，道路広報センター，2004年
38) 交通工学研究会編：やさしい非集計分析，丸善，1995年
39) 交通需要マネジメントに関する調査研究委員会編：わが国における交通需要マネジメント実施の手引き，道路広報センター，2000年
40) 大蔵泉：土木系大学講義シリーズ16 交通工学，コロナ社，1993年
41) 越正毅編著：交通工学通論，技術書院，1998年
42) 佐々木綱監修・飯田恭敬編著：交通工学，国民科学社，1995年
43) 内閣府編：平成17年版防災白書，国立印刷局，2005年
44) 熊野稔：「ポケットパーク」手法とデザイン：都市文化社，1991年
45) 熊野稔・亀野辰三：ポケットパークの設立目的と空間特性，ランドスケープ研究65号，2002年
46) 建設省土木研究所：広場の特性及びその計画・設計への応用に関する研究，1993年
47) 亀野辰三・熊野稔・岩立忠夫・松井万里子：運転者から見た分離帯高木植栽の景観イメージの評価：ランドスケープ研究64号，2001年
48) 日本まちづくり協会：景観工学，理工図書，2001年
49) 亀野辰三・八田準一：街路樹・みんなでつくるまちの顔，公職研，1997年
50) 渡辺達三：「街路樹」デザイン新時代，裳華房，2000年
51) 石井一郎編著：都市景観の環境デザイン，森北出版，2000年
52) 江刺洋司：都市緑化新世紀，平凡社新書，1999年
53) 建設省都市局都市防災対策室監修：都市防災実務ハンドブック地震防災編，ぎょうせい，1997年
54) 内閣府編：平成16年版防災白書，国立印刷局，2004

年
55) 田中忠良：環境エネルギー工学，パワー社，2001年
56) 水原渉訳：環境共生時代の都市計画，技報堂出版，1998年
57) 長野市：長野市環境基本計画，2000年
58) 長野市：アジェンダ21ながの－環境行動計画－，2003年
59) 長野市：長野市地域省エネルギービジョン，2004年，2005年
60) 国土計画協会編：地域計画要覧，国土計画協会，1965年
61) 熊野稔：ポケットパークの計画と管理に関する研究，博士学位論文，2002年
62) 中心市街地活性化関係府省庁連絡協議会：中心市街地活性化のすすめ　2004年度版
63) 三井情報開発（株）総合研究所：いちから見直そう！地域資源，ぎょうせい，2003年

索　引

あ
安積疎水　9
アダプト・プログラム　175

い
インダス文明　2

え
エジプト文明　3
エネルギー問題　147
沿道地区計画　75

お
屋上緑化　152
温泉資源　167

か
開発許可制度　62
河川整備　144
河川の環境対策　121
仮想評価法　55
過疎地域の振興　27
環境影響評価法　116
環境基本法　112
環境財　54
環境照明　132
環境問題　147
観光資源　168
換地　92
街路樹　125

き
基本計画の立案　46
拠点業務市街地整備土地区画整理促進区域　75
近畿圏基本整備計画　23
近世の都市計画　33
近代の都市計画　36
近隣住区　6

く
区域区分　60, 69

け
計画目標の設定　45

景観条例　124
景観地区　73
景観法　123
建築基準法　57
下水道　86

こ
広域地方計画　19
公園　84
黄河文明　2
航空機騒音障害防止地区　74
高層住居誘導地区　72
高速道路交通システム　109
交通事故減少便益　54
交通渋滞　105
交通渋滞対策　106
交通需要マネジメント　107
交通量調査　100
鉱毒公害　111
高度地区　72
高度利用地区　72
国土形成計画　18
国土総合開発法　11
国土利用計画法　67
古代の都市計画　31
コミュニティバス　82
コンジョイント分析　55
豪雪地帯の振興　26

さ
災害救助法　139
災害対策基本法　139
再評価　49
産業遺産　166
産業関連表　51
産業関連分析　51

し
市街化区域　70
市街化調整区域　70
市街地開発事業　61
市街地開発事業等予定区域　61
市街地再開発事業　93
市街地再開発促進区域　74

色彩計画　　*132*
市場財　　*51*
自然エネルギー　　*150*
社会調査データ　　*48*
集落地区計画　　*76*
首都圏基本計画　　*20*
将来交通需要推計　　*101*
新エネルギー　　*149*
新交通システム　　*80*
新住宅市街地開発事業　　*95*
新全国総合開発計画　　*12*
事業化計画の立案　　*47*
事業実施計画の立案　　*47*
事業評価　　*49*
事後評価　　*50*
地震防災対策特別措置法　　*139*
事前評価　　*49*
自動車起終点調査　　*101*
自動料金収受システム　　*110*
住宅街区整備促進区域　　*74*
準都市計画区域　　*59*
準防火地域　　*73*
上水道　　*85*

す
水質汚濁　　*114*
スクリーニング　　*116*
スコーピング　　*117*
ストリートファニチャー　　*133*

せ
政策評価法　　*49*
生産緑地地区　　*74*
全国計画　　*19*
全国総合開発計画　　*11*

そ
騒音　　*116*
走行経費減少便益　　*53*
走行時間短縮便益　　*53*
総合保養地域整備法　　*15*
促進区域　　*60, 74*

た
大気汚染　　*113*
田邊朔朗　　*9*
第一種歴史的風土保存地区　　*73*
大規模小売店舗立地法　　*163*
大規模地震対策特別措置法　　*139*
第三次全国総合開発計画　　*14*

代替法　　*55*
第四次全国総合開発計画　　*14*
大ロンドン計画　　*6*

ち
地域計画　　*43*
地域地区　　*60, 70*
地域の課題　　*45*
地区計画　　*61, 75*
中央防災会議　　*138*
駐車場　　*83*
駐車場整備地区　　*73*
中心市街地　　*161*
中心市街地活性化法　　*162*
中世の都市計画　　*32*
中部圏基本開発整備計画　　*24*
中量軌道輸送システム　　*81*
地理情報データ　　*48*

て
典型7公害　　*112*
デマンドバス　　*82*
デュアルモードバス　　*81*
田園都市　　*5*
伝統的建造物群保存地区　　*74*

と
統計データ　　*47*
特定街区　　*72*
特定非営利活動団体　　*174*
特定防災街区整備地区　　*73*
特別用途制限地域　　*72*
特別用途地区　　*72*
都市エネルギー計画　　*154*
都市型災害　　*136*
都市計画区域　　*58, 60*
都市計画提案制度　　*62*
都市計画道路　　*77*
都市計画法　　*57*
都市高速鉄道　　*78*
都市交通　　*99*
都市国家　　*2*
都市再開発方針　　*60*
都市再生　　*159*
都市再生特別地区　　*73*
都市施設　　*61*
都市水害　　*144*
都市の環境対策　　*119*
土地区画整理事業　　*89*
土地区画整理促進区域　　*74*

土地利用基本計画　67
道路交通情報通信システム　110
道路交通調査　100
道路の環境対策　120
土壌汚染　115

に
21世紀の国土のグランドデザイン　16

は
配分交通量推計　104
発生・集中交通量推計　102
バスターミナル　81, 82
パーソントリップ調査　101
パブリックインボルブメント　171

ひ
ヒートアイランド現象　119
ヒートポンプ　153
非市場財　54
非集計モデル　104
避難地　141
避難路　141
広場および駅前広場　85
琵琶湖疎水　9

ふ
風致地区　73
復興国土計画要綱　11
文化遺産　167
分担交通量推計　103
分布交通量推計　102

へ
ヘドニック法　55

ほ
防火区画　140
防火地域　73
防災街区整備地区計画　75
防災基本計画　138
ポケットパーク　127

ま
まちづくり活動　165

め
メソポタミア文明　1
減歩　91

も
モノレール　80

ゆ
遊休土地転換利用促進地区　61

よ
用途地域　70
四大公害病　112
四大文明地域　1

ら
ライフライン　143
ラ・デファンス　7
ラドバーン・システム　7

り
リサイクルエネルギー　151
離島の振興　24
流通業務地区　74
緑地保全地域　74
旅行費用法　55
臨港地区　73

る
ル・コルビジェ　8

れ
歴史的風土特別保存地区　73

ろ
ロジットモデル　105
ローマ帝国　2
路面電車　80

[MEMO]

著者紹介

石井 一郎（いしい いちろう）
元・東洋大学 教授，三城コンサルタント顧問，工学博士

丸山 暉彦（まるやま てるひこ）
長岡技術科学大学 教授　工学博士

湯沢　昭（ゆざわ あきら）
前橋工科大学 教授　工学博士

元田 良孝（もとだ よしたか）
岩手県立大学 教授，博士（工学）

橋本 渉一（はしもと しょういち）
神戸市立工業高等専門学校 教授　工学博士

亀野 辰三（かめの たつみ）
大分工業高等専門学校 教授　博士（工学）

熊野　稔（くまの みのる）
徳山工業高等専門学校 准教授　博士（工学）

浅野 純一郎（あさの じゅんいちろう）
豊橋技術科学大学 准教授　博士（工学）

地域・都市計画

2007年 3 月 20 日　第1刷発行©
2010年 3 月 30 日　第2刷発行

編著者　石井　一郎
　　　　湯沢　昭

発行者　鹿島　光一

発行所　鹿島出版会
104-0028　東京都中央区八重洲2丁目5番14号
Tel. 03(6202)5200　振替 00160-2-180883
無断転載を禁じます。
落丁・乱丁本はお取替えいたします。

開成堂印刷(DTP組版)・壮光舎印刷(印刷・製本)
ISBN978-4-306-07256-5 C3052　　Printed in Japan

本書の内容に関するご意見・ご感想は下記までお寄せください。
URL：http://www.kajima-publishing.co.jp
E-mail：info@kajima-publishing.co.jp

関連図書のご案内

環境計画総論
石井一郎＋湯沢昭＝編著

●執筆者

石井一郎
元・東洋大学 教授、三城コンサルタント顧問

湯沢昭
前橋工科大学 教授

亀野辰三
大分工業高等専門学校 教授

熊野稔
徳山工業高等専門学校 准教授

伊藤修
株式会社環境総合研究所 社長

B5・160頁　定価2,730円（本体2,600円＋税）

環境計画の全体像を知るために

本書は、大学や高専のテキストとして取り纏められた、環境重視の新時代に相応しい、環境計画の入門書です。
環境計画の全体像をひととおり知るには、地球環境問題、生活汚染、リサイクル社会、自然再生、生活環境の創造、美しい街並みと景観、さらには、環境アセスメント、グリーン化、環境保全、環境経済など、広範に及ぶ知識を学ぶ必要があります。
本書の内容は建設工学を基礎としているため、技術士試験の受験者への参考書としても活用できます。

第1章　公害問題から地球環境問題へ
人口増加による環境問題／わが国の環境行政／地球環境問題

第2章　日常生活における環境問題
社会経済と環境問題／大気汚染による健康被害／水質汚濁による健康被害／環境ホルモン（内分泌攪乱化学物質）／土壌汚染と地下水汚染／廃棄物処理とダイオキシン

第3章　リサイクル社会が創る循環型社会
循環型社会とは／わが国における物質循環／環境基本法と環境基本計画／循環型社会の形成に向けた法体系

第4章　建設副産物のリサイクル
建設副産物の現況／建設副産物対策の施策・取組みの経緯／コンクリート塊とアスファルト・コンクリート塊／建設発生木材／建設発生土／建設汚泥

第5章　損なわれた自然を取り戻すための自然再生
自然再生推進法／釧路湿原自然再生への取組み／建設事業における生物多様性の保全と回復

第6章　潤いある生活のための快適環境
都市環境問題の経緯／都市公園／河川における親水・レクリエーション活動

第7章　美しい街並みづくりのための景観形成
景観の概念と構成／都市景観と景観行政／道路および街路景観／河川景観／港湾景観／景観の調査、計画および評価

第8章　環境破壊を防ぐための環境アセスメント
環境問題の発生と環境アセスメント／環境アセスメントの手順／環境保全対策／環境影響評価書の作成／戦略的環境アセスメント

第9章　社会経済のグリーン化
環境マネジメントシステム／グリーン購入／ライフサイクルアセスメント／地域通貨／新エネルギーの供給／エコクラブ／交通需要マネジメント

第10章　持続可能な社会を目指すための環境保全
地域社会における環境保全活動／環境教育・環境学習／足尾町における環境保全の取組み

第11章　環境計画のための環境経済
環境会計／社会資本整備の政策評価／環境財の価値分類と評価方法

鹿島出版会　〒104-0028　東京都中央区八重洲2-5-14　Tel.03-6202-5201　Fax.03-6202-5204
http://www.kajima-publishing.co.jp　E-mail:info@kajima-publishing.co.jp